Marine benthic dinoflagellates
– unveiling their worldwide biodiversity

海洋底栖甲藻
——揭示其全球范围内的生物多样性

[德] 莫娜·霍彭拉思（Mona Hoppenrath）
[澳] 肖纳·默里（Shauna A. Murray） 著
[法] 尼古拉斯·乔米拉特（Nicolas Chomérat）
[日] 和口武夫（Takeo Horiguchi）

梁计林 吴瑞 译

清华大学出版社
北京

内容简介

本书详细介绍了海洋底栖甲藻并揭示了这一类群所展示的全球生物多样性。全书共 7 章，主要内容包括底栖甲藻研究概况、材料与方法、分类学、系统发育学及系统分类学、生物地理学、生态学、底栖甲藻毒素与底栖有害水华等，详细记录了全球范围内的底栖甲藻 45 属 189 种，并配有多幅微观图片和绘图，以方便读者鉴定时参考。本书还编制了索引，以方便读者查找底栖甲藻属、种的鉴定特征，并查看相关图版。本书可供植物学、藻类学、生态学等领域的科研工作者以及高等学校生物、水产、环境、生态等专业师生参考。

北京市版权局著作权合同登记号　图字：01-2021-4079

Original title：Hoppenrath/Murray/Chomérat/Horiguchi：Marine benthic dinoflagellates—unveiling their worldwide biodiversity(978-3-510-61402-8).

© E. Schweizerbart'sche Verlagsbuchhandlung (Nägele u. Obermiller), Stuttgart, Germany
Senckenberg Gesellschaft für Naturforschung, Frankfurt am Main2014
Simplified Chinese Edition licensed through Flieder-Verlag GmbH, Germany
The Chinese language translation of this book was carefully revised by Dr. Haifeng Gu, Third Institute of Oceanography, Ministry of Natural Resources, Xiamen, China.

此版本仅限在中华人民共和国境内(不包括中国香港、澳门特别行政区和台湾地区)销售。未经出版者预先书面许可，不得以任何方式复制或抄袭本书的任何部分。

版权所有，侵权必究。举报：010-62782989，beiqinquan@tup.tsinghua.edu.cn。

图书在版编目(CIP)数据

海洋底栖甲藻：揭示其全球范围内的生物多样性/(德)莫娜·霍彭拉思等著；梁计林，吴瑞译．
北京：清华大学出版社，2025.5
ISBN 978-7-302-64447-7

Ⅰ.①海… Ⅱ.①莫… ②梁… ③吴… Ⅲ.①海洋生物－海洋底栖生物－甲藻门－生物多样性－研究 Ⅳ.①Q178.53

中国国家版本馆 CIP 数据核字(2023)第 153997 号

责任编辑：	张瑞庆　战晓雷
封面设计：	何凤霞
责任校对：	郝美丽
责任印制：	宋　林

出版发行：清华大学出版社
网　　址：https://www.tup.com.cn, https://www.wqxuetang.com
地　　址：北京清华大学学研大厦 A 座　　邮　编：100084
社 总 机：010-83470000　　邮　购：010-62786544
投稿与读者服务：010-62776969, c-service@tup.tsinghua.edu.cn
质量反馈：010-62772015, zhiliang@tup.tsinghua.edu.cn
课件下载：https://www.tup.com.cn, 010-83470236

印　装　者：大厂回族自治县彩虹印刷有限公司
经　　销：全国新华书店
开　　本：170mm×230mm　　印　张：16.75　　插　页：16　　字　数：378 千字
版　　次：2025 年 6 月第 1 版　　印　次：2025 年 6 月第 1 次印刷
定　　价：89.90 元

产品编号：086471-01

彩图 1　南非开普敦科美杰。多种生境在一个样点同时存在：沙滩、包含潮汐池的岩石海岸和漂浮的大型藻类

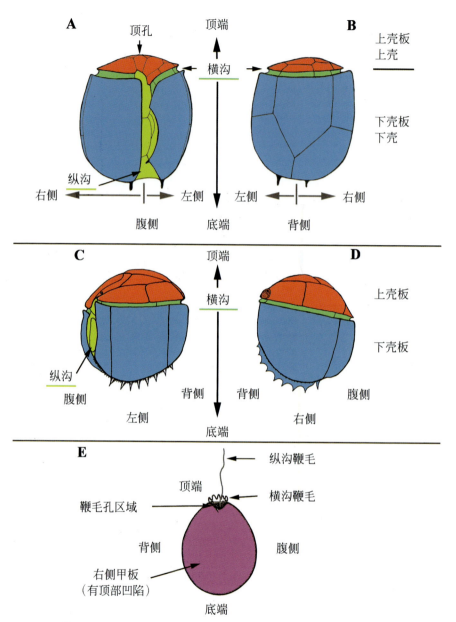

A~D—横裂甲藻细胞;A,B—背腹扁平细胞;C,D—左右侧扁细胞;E—原甲藻(Prorocentroids),纵裂甲藻细胞。

彩图 2　细胞的方位

(见图 1-1)

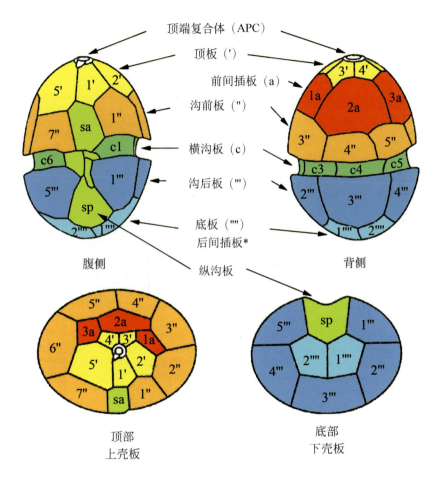

*本类群不存在

彩图 3 甲板命名的 Kofoid 系统
（见图 1-2）

A—日本石狩市的沙滩;B—加拿大温哥华市英吉利湾的砂质潮间带;C—澳大利亚鲨鱼湾叠层石之间的砂质沉积物;D—意大利厄尔巴岛的海草床,图片由德国 HYDRA 海洋科学研究所提供;E—暹罗蛎甲藻(*Ostreopsis siamensis*)在团扇藻(*Padina*)上的附生细胞,图片由 Nguyen 提供;F—慢原甲藻(*Prorocentrum rhathymum*)在大型藻类上的附生细胞染色后的荧光图像,图片由 Ho 提供;G—日本阿拉萨基海滩从低到高潮间带的潮池;H—有底栖甲藻细胞的粗滩沉积物,图片由 Houpt 提供;I—长在石头上的 *Spiniferodinium* 细胞的细节,图片由 Houpt 提供。

彩图 4　生境

(见图 2-1)

A—在潮间带低潮时取样用的简单勺子;B—在低潮时或水下取样时用的取样管;C—潮下带的水肺潜水,图片由德国 HYDRA 海洋科学研究所提供;D—Uhlig 法,用融化的海冰进行提取;E—盖玻片法。

彩图 5　采样与分离提取

(见图 2-2)

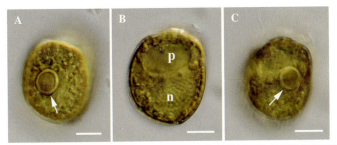

A~C—细胞位于不同的聚焦平面,标示出淀粉核周围的环状淀粉鞘(箭头);p 为液泡,n 为细胞核。比例尺—10μm。

彩图 6　*Adenoides eludens* 细胞

(见图 3-1)

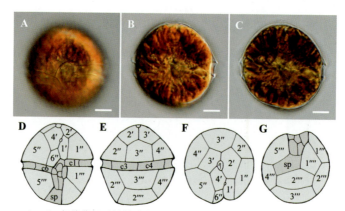

A~C—细胞位于不同的聚焦平面,比例尺—10μm;D~G—甲板排列绘图,根据 Kita 和 Fukugo(1988)修改,其中,D 为腹面观,E 为背面观,F 为顶面观(上壳板),G 为底面观(下壳板和纵沟)。

彩图 7 *Alexandrium hiranoi*

(见图 3-3)

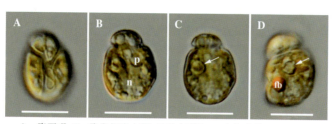

A—腹面观;B—聚焦细胞中部,标示出液泡(p)和细胞核(n);C—标示出淀粉核周围的淀粉环(箭头);D—标示出淀粉核(箭头)和食物泡(fb)。比例尺—10μm。

彩图 8 *Amphidiniella sedentaria*

(见图 3-4)

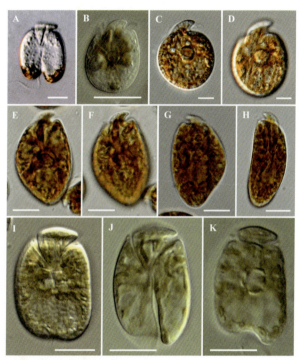

A—*A. bipes*;B—*A. carterae*;C,D—*A. cupulatisquama*;E~H—*A. gibbosum*;I~K—*A. herdmanii*。比例尺—10μm。

彩图 9 狭义的前沟藻属种类(*Amphidinium* sensu stricto)(一)
(见图 3-10)

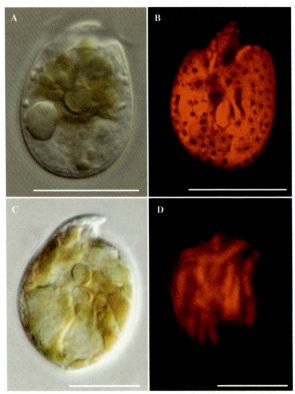

A,B—*A. carterae*；C,D—*A. massartii*。B,D—荧光显微镜下的叶绿体形态；C—照片由 Tamura 提供。比例尺—10μm。

彩图 10　狭义的前沟藻属种类(*Amphidinium* sensu stricto)(二)

(见图 3-11)

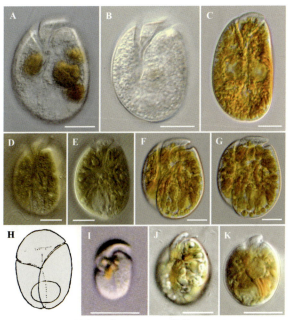

A,B—*A. incoloratum*(照片 B 由 Sparmann 提供);C—*A. mootonorum*;D~G—*A. operculatum*;H—*A. ovum*(根据原图修改);I—*A. psittacus*;J,K—*A. trulla*。比例尺—10μm。

彩图 11 狭义的前沟藻属种类(*Amphidinium* sensu stricto)(三)

(见图 3-12)

A～C—*A. boggayum*，标示出 A 和 B 中的顶部眼点(箭头)、B 中的细胞核(n)和不动细胞周围透明的胶质物，其中，A 为腹面观，B 为细胞中部聚焦，C 为背面观；D～F—*A. corpulentum*（照片 D、E 由 Sparmann 拍摄），其中 n 为细胞核。比例尺—10μm。

彩图 12　广义的前沟藻属种类(*Amphidinium* sensu lato)(一)

(见图 3-13)

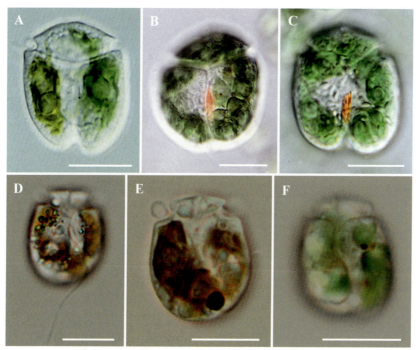

A~C—*A. latum*；D~F—*A. poecilochroum*。比例尺—10μm。

彩图 13　广义的前沟藻属种类（*Amphidinium* sensu lato）（二）

（见图 3-14）

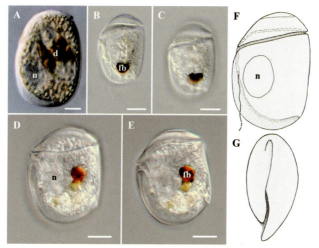

A~E—3 个不同细胞的光学显微图；F,G—细胞特征绘图；G 为带有鱼钩状顶沟的上壳；d 为硅藻,fb 为食物体,n 为细胞核。比例尺—10μm。

彩图 14　*Ankistrodinium semilunatum*

（见图 3-16）

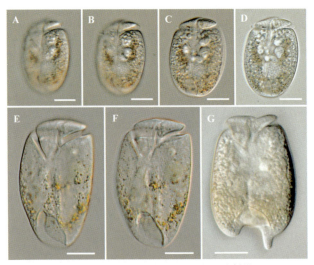

A~D—*A. glaber*；E~G—*A. parvidiaboli*。比例尺—10μm。

彩图 15 *Apicoporus* spp.

（见图 3-17）

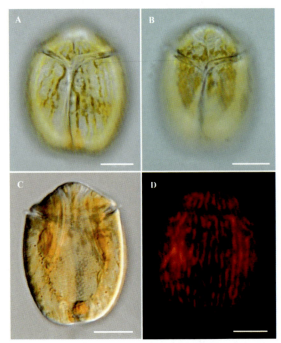

A—腹面观,展示出横沟和纵沟;B—腹面观,展示出部分顶沟;C—细胞中部聚焦,展示出棘突和圆形细胞核;D—荧光显微镜下的叶绿体。比例尺—10μm。

彩图 16 *Bispinodinium angelaceum*

（见图 3-19）

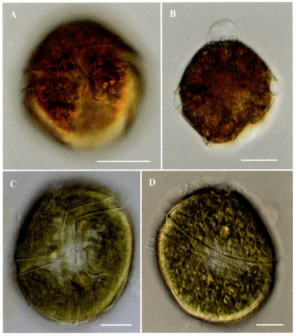

A,B—B. gregarium,其中,A 为腹面观;B 为细胞中部聚焦;C,D—B. teres,其中,C 为腹面观,D 为背面观。比例尺—10μm。

彩图 17　*Bysmatrum* spp.

（见图 3-21）

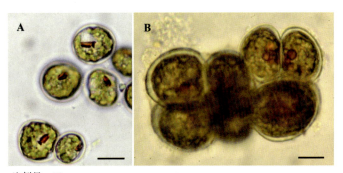

比例尺—10μm。

彩图 18　*Dinothrix paradoxa*

（见图 3-30）

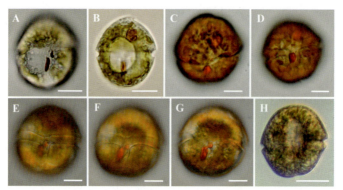

A,B—*D. agilis*(Saburova 提供),图 B 展示了顶钩;C～G—*D. baltica*; H—*D. capensis*。比例尺—10μm。

彩图 19　*Durinskia* spp.

（见图 3-31）

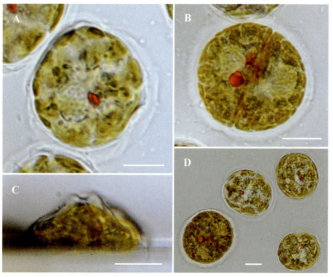

A—不动细胞;B—分裂细胞;C—侧面观,展示细胞附着于表面。比例尺—10μm。

彩图 20　*Galeidinium rugatum*,不动细胞

（见图 3-33）

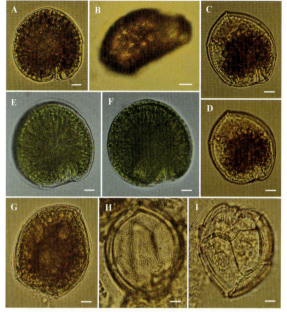

A，B—*G. australes*；C，D—*G. belizeanus*；E，F—*G. carpenteri*；G～I—*G. pacificus*，其中，H 为上壳板，I 为下壳板。比例尺—10μm。

彩图 21　冈比亚藻（*Gambierdiscus* spp.）光镜图

（见图 3-36）

A～D—*G. dorsalisulcum*；E—*G.* cf. *myriopyrenoides*；F，G—*G. venator*，n 为细胞核。比例尺—10μm。

彩图 22　狭义的裸甲藻属（*Gymnodinium* sensu stricto）种类

（见图 3-40）

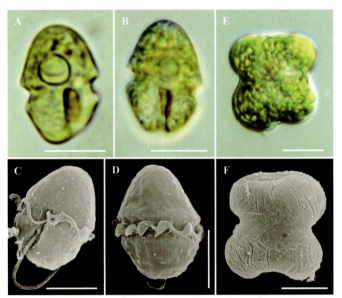

A~D—*G. pyrenoidosum*，A、B展示了橙色眼点位于纵沟以及淀粉核（环状淀粉鞘）；E，F—*G. quadrilobatum*。比例尺—10μm。

彩图 23　广义的裸甲藻属（*Gymnodinium* sensu lato）种类

（见图 3-42）

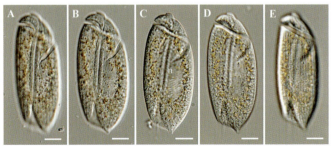

A~E—同一细胞位于不同聚焦平面（光学侧拍）。横沟下旋。比例尺—10μm。

彩图 24　*Gyrodinium* spec.

（见图 3-44）

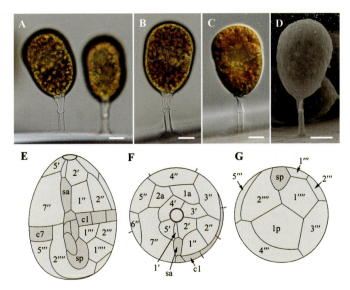

A~D—不动细胞,展示了顶部柄,其中,A~C 为光镜图,D 为扫描电镜图;E~G—甲板排列图,其中,E 为腹面观,F 为顶面观,G 为底面观。比例尺—10μm。

彩图 25 *Halostylodinium arenarium*

(见图 3-45)

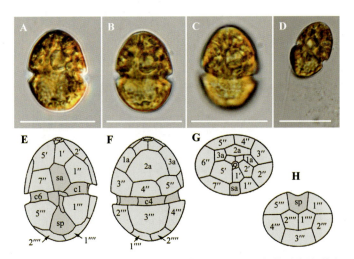

A~C—同一个细胞;D—展示了纵沟鞭毛;E~H—甲板排列绘图,其中,E 为腹面观,F 为背面观,G 为顶面观(上壳板和纵沟的一部分),H 为底面观(下壳板和纵沟的一部分)。比例尺—10μm。

彩图 26 *Heterocapsa psammopgila*

(见图 3-47)

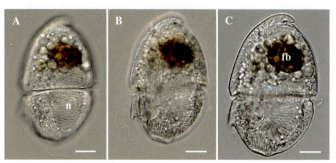

A—腹面观,标示了顶沟的起点(箭头);B—背面观;C—聚焦中央细胞,标示了顶沟的终点(箭头)并展示了淀粉核的环状淀粉鞘。比例尺—10μm。

彩图 27 *Moestrupia oblonga*

(见图 3-49)

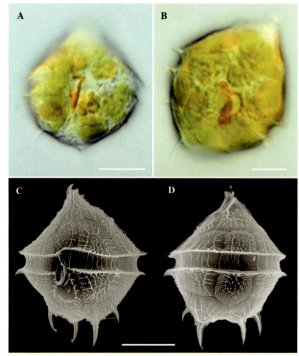

A,B—光镜图,展示了沟区的红色眼点;C,D—扫描电镜图,展示了底刺,其中,C 为腹面观,D 为背面观。比例尺—10μm。

彩图 28 "*Peridinium*" *quinquecorne*

(见图 3-53)

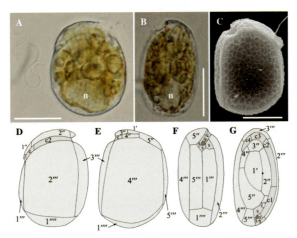

A—左侧面观,展示了纵向鞭毛和细胞核(n);B—背面观,聚焦在细胞中央,n 为细胞核;C—右侧面观,扫描电镜图;D~G—甲板排列绘图,其中,D 为左侧面观,E 为右侧面观,F 为腹面观,G 为顶面观。图 A~C 由 Tamura 提供。比例尺—10μm。

彩图 29 *Pileidinium ciceropse*
(见图 3-54)

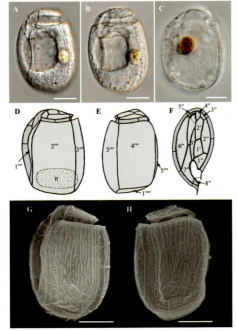

A,B—同一个细胞在不同对焦面,其中,A 为左侧面观;C—细胞中部,展示了中央的食物泡(图片由 Sparmann 提供);D~F—甲板排列绘图,其中,D 为左侧面观,E 为右侧面观,F 为顶面观(上壳和横沟);G,H—扫描电镜下的甲板纹饰,其中,G 为左侧面观,H 为右侧面观。比例尺—10μm。

彩图 30 *Planodinium striatum*
(见图 3-56)

A~C—*P. herdmaniae*,同一细胞,其中,A 展示了 8 条横沟,B 展示了刺丝胞-刺丝囊复合体;D~F—*P. lebouriae*,同一细胞,其中,D 展示了 8 条横沟,E 展示了位于倾斜扁平状假群体一侧的融合纵沟,F 展示了两个细胞核。比例尺—10μm。

彩图 31 *Polykrikos* spp.

(见图 3-57)

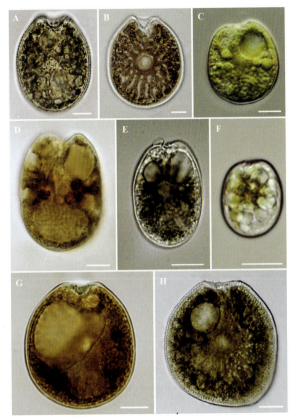

A—*P. bimaculatum*；B—*P. consutum*；C—*P. glenanicum*；D—*P. fukuyoi*；E—*P. rhathymum*；F—*P. formosum*；G—*P. concavum*；H—*P. panamense*。除C外，图片均由 Saburova 提供。比例尺—10μm。

彩图 32　原甲藻（*Prorocentrum* spp.）

（见图 3-60）

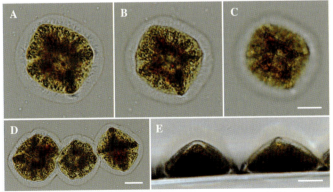

A～C—同一细胞的不动阶段；D—表面相连的3个细胞；E—侧面观，相连的细胞。比例尺—10μm。

彩图 33　*Pyramidodinium atrofuscum*

（见图 3-65）

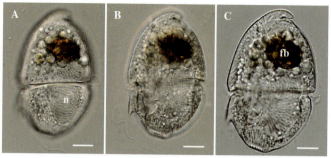

A 展示了细胞核(n);B 展示了腹刺和纵向的鞭毛;C 展示了顶钩和食物泡(fb)。比例尺—10μm。

彩图 34 *Rhinodinium broomeense* 光镜图

(见图 3-66)

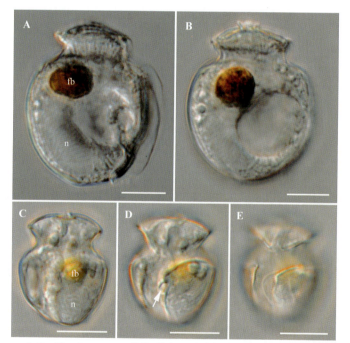

A,B—同一 *R. capitata* 细胞,其中,A 为右侧面观(聚焦于纵沟翼),B 展示了前部顶孔周围的"皇冠";C~E—同一 *R. minor* 细胞,其中,C 聚焦于腹面,D 聚焦于有大鞭毛孔(箭头处)的宽纵沟,E 聚焦于纵沟左翼(腹面观)。fb 为食物泡,n 为细胞核。比例尺—10μm。

彩图 35 *Roscoffia* spp. 光镜图

(见图 3-68)

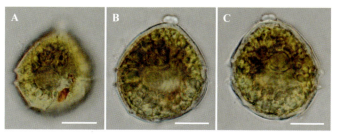

A—展示了纵沟处的红色眼点(白圈处);B—展示了顶部突起;C—展示了淀粉核周围的淀粉鞘(环状)。比例尺—10μm。

彩图 36 *Scrippsiella hexapraecingula* 光镜图

(见图 3-71)

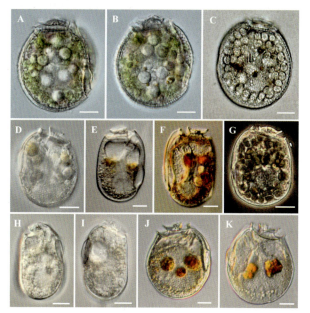

A~C—*S. canaliculata*;D—*S. ebriola*;E,F—*S. grandis*;G—*S. microcephala*;H,I—*S. stenosoma*;J,K—*S. verruculosa*。比例尺—10μm。

彩图 37 *Sinophysis* spp. 光镜图

(见图 3-74)

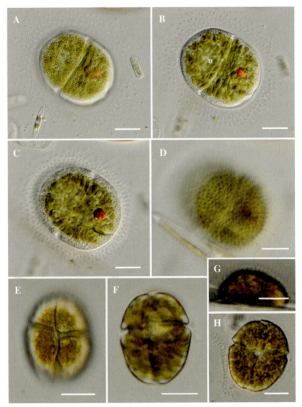

A~D—*S. galeiforme*,为同一个不动细胞,n 为细胞核;E~H—*S. palauense*;E,F 为运动细胞;E 为腹面观;F 为聚焦细胞中央;G,H 为不动阶段;G 为附着细胞的侧面观。比例尺—10μm。

彩图 38 *Spiniferodinium* spp.

(见图 3-77)

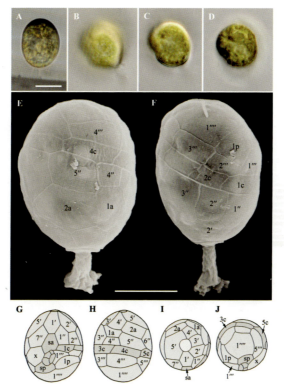

A—不动细胞的侧面观,展示了短柄;B~D—同一细胞的不同聚焦平面图;E,F—扫描电镜下的不动细胞以及部分甲板图;G~J—甲板排列绘图,其中,G 为腹面观,H 为背面观,I 为顶面观,J 为底面观。比例尺—10μm。

彩图 39　*Stylodinium littorale*

（见图 3-78）

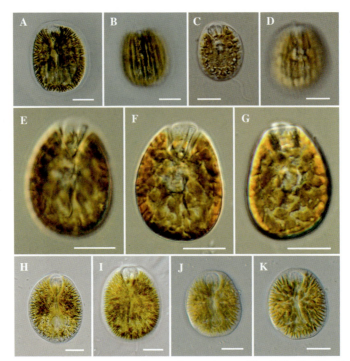

A～D—*T. corrugatum*；E～G—*T. maedaense*，同一细胞；H～K—*T. testudo*。比例尺—10μm。

彩图 40　*Testudodinium* spp.

（见图 3-79）

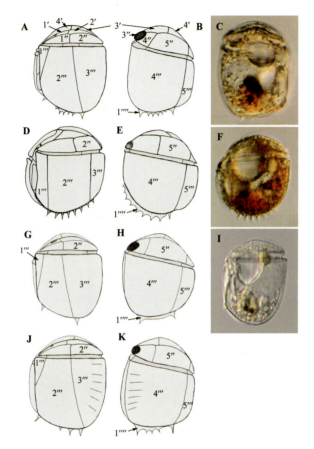

A~C—*T. acanthium*；D~F—*T. ormatum*；G~I—*T. ovatum*；J,K—*T. striatum*；A,B,D,E,G,H,J,K—甲板排列；A,D,G,J—左侧面观；B,E,H,K—右侧面观；C,F,I—侧面观，光镜图。

彩图 41　*Thecadinium* spp.甲板排列绘图和光镜图（一）

（见图 3-80）

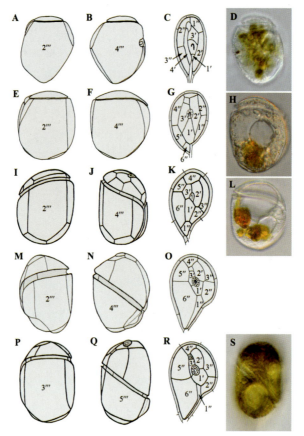

A～D—*T. kofoidii*；E～H—*T. neopetasatum*；I～L—*T. inclinatum*；M～O—*T. arenarium*；P～S—*T. yashimaense*；A～C, E～G, I～K, M～R—甲板排列；A, E, I, M, P 为左侧面观；B, F, J, N, Q 为右侧面观；C, G, K, O, R 为顶面观（上壳和横沟）；D, H, L, S 为细胞右侧，光镜图。

彩图 42　*Thecadinium* spp. 甲板排列绘图和光镜图（二）

（见图 3-81）

A~C—*T. britannica*,同一细胞,其中,A 为腹面观,B 为聚焦细胞中部(展示了细胞中心的细胞核),C 为背面观;D~G—*T. jolla*,其中 E、F 为同一细胞。比例尺—10μm。

彩图 43 *Togula* spp.

(见图 3-83)

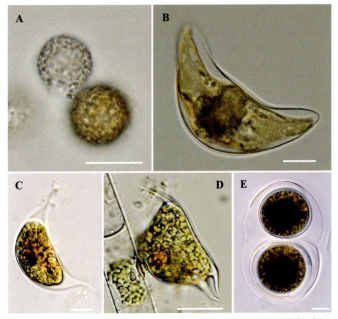

A—不动"phytodinialean"海洋甲藻,*Thoracosphaera heimii*,左边是空的钙质细胞壁;B—gonyaulacalean 甲藻,*Pyrocystis*;C—淡水种,*Cystodinium cornifax*;D—淡水种,*Tetradinium intermedium*;E—淡水种,*Hemidinium nasutum* 的球柄期。C~E 由 Takano 提供。比例尺—10μm。

彩图 44 一些"phytodinialean"类甲藻

(见图 4-1)

A—*Thecadinium kofoidii* 在潮湿的沙滩沉积物上的水华；B—*Bysmatrum arenicola*，潮池中沙子表面的变色情况；C—*Bysmatrum sp.*水华，展示了典型的云状团；D—浓密的 *Bysmatrum gregarium* 水华，云状团变得模糊不清；典型潮池甲藻水华。

彩图 45　底栖甲藻水华，可见于沉积物或水体变色的情况

(见图 6-1)

致　　意

　　目前,已知的栖息在生物圈中的物种不到200万种,但据专家估计,地球上实际生活的物种数量为已知的5～50倍。尚未开发的深海存在许多未知生物,令人神往。不过,没有必要去那些遥远的地方寻找新物种,也许"家门口"就有。为了了解海洋栖息地,全世界都对现存的浮游植物展开了调查。尤其是由各种甲藻引起的有害藻类水华(Harmful Algal Blooms,HABs),这是一个重要的研究领域,具有较大的社会和经济意义。近几年来,底栖有害藻类水华的危害日益引起人们的关注,因为底栖甲藻带来了一种全世界最重要的非细菌性食源性疾病——雪卡毒素中毒。由于对底栖甲藻的研究远远不够,已知的物种数量在过去15年里几乎翻了一番,每年都会发现新的分类群,包括新的属。本书首次全面总结了全球范围内底栖甲藻的生物多样性和生物地理学,共涉及45属189种。本书附有精彩图解,有助于读者识别和监测这些物种,并对其中一些物种引起有害藻类水华的潜在风险进行评估。当然,本书也有助于拓展对这些小巧迷人的单细胞海洋生物的认识,激励学生对它们进行研究。

　　本书作者均为甲藻领域顶级的分类学家(完成了1/3以上的分类描述),他们通过长期的研究发现,系统分类和生物目录编制是一门要求严格且非常复杂的学科,需要多年的经验、足够的耐心以及先进的实验室技术。

　　我向本书的4位作者表示祝贺,这本专著非常及时且重要,将会成为未来许多年内的标准著作。能支持这一大型项目,我们森肯伯格自然历史博物馆倍感荣幸。

沃克·莫斯布鲁格(Volker Mosbrugger)
森肯伯格自然历史博物馆(Senckenberg Gesellschaft für Naturforschung)

序　言

很高兴向大家推荐《海洋底栖甲藻——揭示其全球范围内的生物多样性》这本书。本书根据最新资料,结合具体的显微镜观察结果和遗传学方法,通过耐心仔细的野外研究,总结了底栖甲藻的复杂分类,为该类群的生物地理学、分类学和生态学提供了有用的新线索,例如哪些底栖甲藻生物会引起疾病,同时也指出了底栖甲藻领域尚未解决的困难和面临的挑战。本书的成功不仅得益于技术的发展,更得益于来自不同国家的4位相互合作的年轻作者(分别来自德国、澳大利亚、法国和日本)。这些年轻的研究人员干劲十足,用他们的专业知识给甲藻分类学的未来带来了希望。21世纪初,分类学对建立底栖甲藻的生物多样性和识别特定的有害种类都是必不可少的。本书的主要目的之一是促进监测程序以防止和减轻有害事件的危害,避免其影响人类和生态系统健康。最后,本书对底栖甲藻的全面总结为未来底栖甲藻群落结构和动态研究打下了坚实基础。

本书出版于2014年春天,恰逢其时,正值拉蒙·马盖尔(Ramon Margalef)教授去世10周年之际。马盖尔教授若能读到本书肯定特别高兴,因为他对甲藻十分痴迷。1997年,他曾在比戈举办的第8届有害藻类会议(the 8th Conference on Harmful Algae)上明确表示:"甲藻在其组织和行为方面令人钦佩"(Margalef,1997)。本书提供了这一自然奇观的精彩图片,这些高质量、高分辨率的显微图像成为马盖尔教授所说的底栖甲藻的"综合词典",或者用作者的话说,这一类群的"全球生物多样性被揭示出来"。相信作者们已经和马盖尔教授一样体验到了观察自然的乐趣,在长时间一丝不苟、富有灵感的工作后,最大的满足是以这些成果进行交流。更重要的是,本书将向新一代科学家介绍甲藻的美丽、复杂和重要性。

祝贺莫娜·霍彭拉思、肖纳·默里、尼古拉斯·乔米拉特与和口武夫共同完成了这部著作。本书肯定会大获成功,希望未来会有更多的人做出贡献,让大家关注迄今仍被忽视的底栖甲藻。

伊莉莎·伯达莱(Elisa Berdalet)
拉斐尔·库德拉(Raphael Kudela)
帕特里夏·特斯特(Patricia A. Tester)
2014年2月

目　　录

第 1 章　概况 …………………………………………………………………………… 1

第 2 章　材料与方法 …………………………………………………………………… 5
　2.1　生境 ……………………………………………………………………………… 5
　2.2　采样 ……………………………………………………………………………… 6
　2.3　分离提取＝与基底分离 ………………………………………………………… 7
　2.4　固定与电子显微镜法 …………………………………………………………… 7
　2.5　培养 ……………………………………………………………………………… 8
　2.6　定量 ……………………………………………………………………………… 9

第 3 章　分类学 ………………………………………………………………………… 10
　Adenoides ……………………………………………………………………………… 10
　Alexandrium …………………………………………………………………………… 12
　Amphidiniella ………………………………………………………………………… 13
　Amphidiniopsis ………………………………………………………………………… 15
　Amphidinium …………………………………………………………………………… 28
　Ankistrodinium ………………………………………………………………………… 42
　Apicoporus ……………………………………………………………………………… 44
　Biecheleria …………………………………………………………………………… 46
　Bispinodinium ………………………………………………………………………… 48
　Bysmatrum ……………………………………………………………………………… 49
　Cabra …………………………………………………………………………………… 53
　Coolia ………………………………………………………………………………… 58
　Dinothrix ……………………………………………………………………………… 63
　Durinskia ……………………………………………………………………………… 64
　Galeidinium …………………………………………………………………………… 66
　Gambierdiscus ………………………………………………………………………… 68
　Glenodinium …………………………………………………………………………… 76

Gymnodinium	77
Gyrodinium	84
Halostylodinium	88
Herdmania	90
Heterocapsa	91
Katodinium	93
Moestrupia	96
Ostreopsis	97
"*Peridinium*" partim（新属）	106
Pileidinium	107
Plagiodinium	108
Planodinium	109
Polykrikos	111
Prorocentrum	113
Pseudothecadinium	131
Pyramidodinium	132
Rhinodinium	134
Roscoffia	135
Sabulodinium	138
Scrippsiella	140
Sinophysis	142
Spiniferodinium	149
Stylodinium	151
Symbiodinium	153
Testudodinium	153
Thecadinium	156
Togula	163
Vulcanodinium	166

第4章 系统发育学及系统分类学 ··· 168

4.1 形态适应的系统发育学	168
4.2 *Amphidinium*	169
4.3 *Amphidiniopsis*, *Archaeperidinium*, *Herdmania*-Peridiniales	170
4.4 *Cabra*, *Rhinodinium*, *Roscoffia*-Podolampadaceae	171
4.5 *Coolia*, *Gambierdiscus*, *Ostreopsis*-Gonyaulacales	171

4.6 *Prorocentrum*, *Adenoides* ··· 172
4.7 *Sinophysis*, *Sabulodinium* ··· 172
4.8 "Dinotoms"-*Dinothrix*, *Durinskia*, *Galeidinium*, "*Gymnodinium*" *quadrilobatum*, "*Peridinium*" *quinquecorne* ······························· 173
4.9 有临时隐藻叶绿体的甲藻分类群 ··· 173
4.10 "phytodinialean" 类甲藻 ·· 173
  4.10.1 概况 ·· 173
  4.10.2 不动甲藻多样性 ··· 174
  4.10.3 "phytodinialean" 类群的多样性 ··· 175
  4.10.4 生活史和个体发育 ··· 179
  4.10.5 亲缘关系 ·· 180
  4.10.6 总结 ·· 181

第 5 章 生物地理学 ·· 182

第 6 章 生态学 ··· 185
6.1 附着 ·· 186
6.2 生活史 ·· 186
6.3 潮池 ·· 187
6.4 垂直迁移 ·· 187
6.5 水华 ·· 187
6.6 空间分布 ·· 189
6.7 时间分布 ·· 189
6.8 定量数据 ·· 190

第 7 章 底栖甲藻毒素与底栖有害水华 ·· 191
7.1 简介 ·· 191
7.2 冈比亚藻属 ·· 192
7.3 蛎甲藻属 ·· 195
7.4 库里亚藻属 ·· 197
7.5 原甲藻属 ·· 197
7.6 前沟藻属 ·· 200
7.7 亚历山大藻属 ·· 201
7.8 伏尔甘藻属 ·· 201

参考文献……………………………………………………………………… 203

学名索引……………………………………………………………………… 237

相关网页……………………………………………………………………… 248

图片来源……………………………………………………………………… 250

作者信息……………………………………………………………………… 251

致谢…………………………………………………………………………… 255

第1章 概　　况

对砂质沉积物中甲藻的研究始于20世纪初(Kofoid and Swezy,1921;Herdman, 1922,1924a,b;Balech,1956),然而,此后的几十年内,却很少有人对底栖甲藻进行研究。20世纪80年代,人们对底栖甲藻开始了进一步的调查(如:Saunders and Dodge,1984;Larsen,1985;Dodge and Lewis,1986;Horiguchi and Pienaar,1988a; Horiguchi,1995;Faust,1995)。Faust和Horiguchi等对底栖甲藻保持了持久的兴趣,在红树林和珊瑚礁生境以及潮池中寻找底栖甲藻(如:Faust 1993a,b,1997, 1999;Horiguchi and Chihara,1983a,1988;Horiguchi and Pienaar,1994a;Horiguchi et al,2000,2011,2012)。21世纪前10年,人们对砂质生境的底栖甲藻进行了全面研究(Hoppenrath,2000b;Murray,2003;Tamura,2005;Mohammad-Noor et al, 2007b;Al-Yamani and Saburova,2010)。这些研究表明,底栖生境中存在着与浮游生境截然不同的物种。在已描述的约2000种现存甲藻物种中,似乎只有不到10% 的物种是底栖的(Taylor et al,2008)。这些甲藻生活在不同的生境中(见第2章),它们的形态、行为甚至有些甲藻的生活史都与其底栖生活方式相一致(见第6章)。

有些底栖物种会产生危害人类的毒素,尤其是生长在热带和亚热带地区的物种(见第7章),这使得人们对底栖甲藻的研究兴趣逐渐增加。对有害底栖甲藻的研究始于20世纪70年代末,当时发现了一种后来被命名为有毒冈比亚藻 (*Gambierdiscus toxicus*)的底栖甲藻,人们认为该甲藻可能会引起雪卡毒素 (Ciguatera Fish Poisoning,CFP)中毒,人类食用某些热带岩礁鱼类后导致中毒 (Yasumoto et al,1977)。随着CFP中毒事件不断增加,产毒底栖甲藻的分布区域有扩大的趋势,对它们的多样性的认识和鉴定变得越来越重要。有害底栖甲藻的爆发可造成严重的人类和环境健康问题,潜在的有毒物种成为研究的热点主题(如: Litaker et al,2009;Laza-Martínez et al,2011;综述:Parsons et al,2012;Hoppenrath et al,2013a)。

由于缺乏对底栖甲藻全面的分类学研究,人们对其生物多样性、生物地理学和生态学的认识也变得十分复杂,促使将现有资料编入本书。本书记述了45属189种底栖甲藻及其分布。第3章在底栖甲藻各条目的"分布"部分按以下顺序列出了参考文献:北冰洋,北大西洋(如英国北海、法国、西班牙、葡萄牙、美国东部、墨西哥湾、加勒比海)、南大西洋(如南非开普敦)、地中海、阿拉伯/波斯湾、印度洋(如越南、马来西亚、澳大利亚西部、南非)、北太平洋(如日本海、韩国、日本、加拿大不列颠哥伦比亚省、加利福尼亚)、南太平洋(如澳大利亚东部、新喀里多尼亚、法属波利尼西亚、新西兰)。本书是首部关于底栖甲藻的综合性专著,希望本书有助于该类群的进一步研究。

随着新种和新属的发现以及系统的重新排列,甲藻的分类正在发生改变,还远非完善。许多底栖甲藻属具有不同寻常的形态,与已知的浮游分类群似乎没有密切的关系,分子系统发育分析经常显示底栖甲藻与浮物物种之间关系的支持度很低(见第4章)。与浮游物种相比,底栖甲藻的一些物种,如 *Adenoides*、*Amphidiniella*、*Cabra*、*Planodinium*、*Rhinodinium*、*Sabulodinium* 等,其甲板排列非常独特(见第3章)。因此,本书没有使用更高的分类阶元,属(以及属内的种)是按字母顺序出现的。本书没有提供检索表,但给出了可能与分类群混淆的类似物种的信息。

生命之树(Tree of Life)的网站上有一份不错的关于甲藻的介绍(http://tolweb.org/dinoflagellates/2445)。Hoppenrath 等(2009a,2013a)总结了甲藻的主要特征,而 Taylor 等(2008)研究了其物种多样性。图1-1介绍了细胞的方位,为了给甲板命名,沿用了 Fensome 等(1993)修订和描述的 Kofoid 系统(见图1-2)。有些底栖生物分类群的甲板板式很难解释,有时一个分类群会有不同的解读(甲板板式)。

近年来,随着对甲藻的形态和遗传多样性的认识不断加深,一些物种的原始描述可能不足以确定一个分类单元。Murray 等(2012)已检测到隐含种的多样性,今后很可能会发现更多的隐含种。此外,一些旧的分类学概念已不适用。例如,在裸(无壳壁,裸露)甲藻中,有些属的界定并不令人满意,目前仍在重新分类。例如,前沟藻属(*Amphidinium*)、裸甲藻属(*Gymnodinium*)和环沟藻属(*Gyrodinium*)被重新定义(Daugbjerg et al,2000;Flø Jørgensen et al,2004a;Murray et al,2004)。重新定义后,许多种不能再归入原属,需要重新调查、重新分类或归入新属。然而,考虑到实际因素,不能使它们"无名",因而本书使用了旧的属名,并将属分为狭义(s.s.)和广义(s.l.)。

甲藻是原生生物,一贯按照国际植物命名法规(International Code of Botanical Nomenclature,ICBN)和国际动物命名法规(International Code of Zoological Nomenclature,ICZN)来命名。甲藻命名采用植物学规范,在此遵循最新版本的国际藻类、真菌和植物命名法规(International Code of Nomenclature,ICN)——墨尔本法规(Melbourne Code)(McNeill et al,2012)。根据第32条第2款,对一些物种的种名(名称)进行了更正:"以不恰当的拉丁文结尾发表的名称或种名,但在其他方面符合本法规的,视为有效名称;应根据第16~19、21、23和24条进行更改,不得更改作者引文或日期(另见第60条第12款)。"对于许多已发表(过去)的新甲藻种描述中的

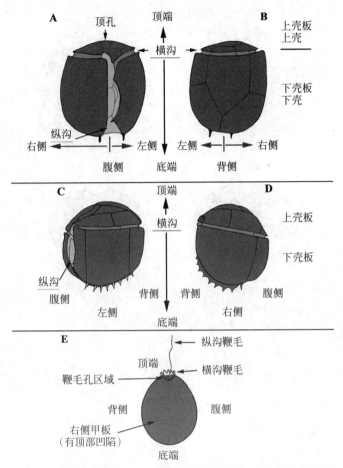

A~D—横裂甲藻细胞；A,B—背腹扁平细胞；C,D—左右侧扁细胞；E—原甲藻(Prorocentroids)，纵裂甲藻细胞。

图 1-1　细胞的方位(见彩图 2)

正模标本命名，第 40 条第 5 款适用并且还适用于以下条款："为了满足第 40 条，如果保存标本存在技术性困难，或者保存的标本难以显示该种的分类特征，则微藻或微真菌的新种或种下分类群(化石除外：见第 8 条第 5 款)的正模可以是有效发表的图像。"

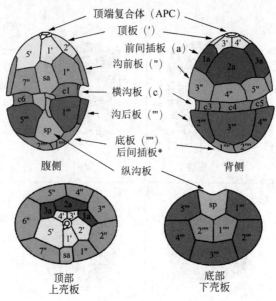

*本类群不存在。

图 1-2 甲板命名的 Kofoid 系统（见彩图 3）

第 2 章 材料与方法

2.1 生境

底栖甲藻栖息在海滩、潮间带、潮下区、潮池等的沉积物中,附生于海藻和海草上,附着于珊瑚上,或偶尔生长于石面(见图 2-1)。底栖甲藻喜欢生活在中等粒径的

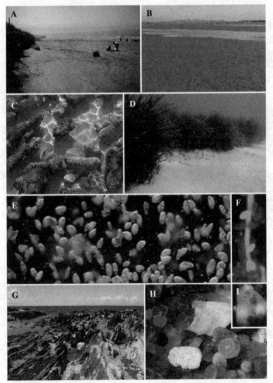

A—日本石狩市的沙滩;B—加拿大温哥华市英吉利湾的砂质潮间带;C—澳大利亚鲨鱼湾叠层石之间的砂质沉积物;D—意大利厄尔巴岛的海草床,图片由德国 HYDRA 海洋科学研究所提供;E—暹罗蛎甲藻(*Ostreopsis siamensis*)在团扇藻(*Padina*)上的附生细胞,图片由 Nguyen 提供;F—慢原甲藻(*Prorocentrum rhathymum*)在大型藻类上的附生细胞染色后的荧光图像,图片由 Ho 提供;G—日本阿拉萨基海滩从低到高潮间带的潮池;H—有底栖甲藻细胞的粗滩沉积物,图片由 Houpt 提供;I—长在石头上的 *Spiniferodinium* 细胞的细节,图片由 Houpt 提供。

图 2-1 生境(见彩图 4)

沙子缝隙中,但也会生活在其他粒径的沙子和珊瑚碎石中。底栖甲藻有时可能会出现在泥滩表面,但更常出现于水洞中,如蟹洞中或沉积物裂缝中。

2.2 采样

用勺子或收集管/采样管(如：Hoppenrath,2000b;Murray,2003)将潮间带或浅层潮下区的沉积物收集到塑料容器中(见图2-2)。一般情况下,在沉积物上部0.5～20cm处进行取样。对于砂质沉积物,建议在上部至少5cm内取样。在海滩生境的潮上带取样时,通常需要挖掘沉积物,直至海水开始渗出(如：Horiguchi and Kubo,1997)。然后,将渗出的水收集到塑料瓶中。通常在低潮时对潮间带进行取样。而潮下带的样本一般由潜水员采集(进行浮潜或水肺潜水),也可以用考察船的沉积物箱式取样器(如：Hansen et al,2001;Hoppenrath,2000b,e)或悬浮于水中的人工材料(塑料筛网)进行采集(如：Faust,1995)。

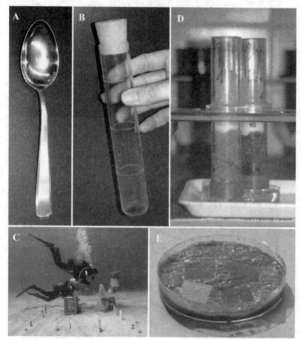

A—在潮间带低潮时取样用的简单勺子;B—在低潮时或水下取样时用的取样管;
C—潮下带的水肺潜水,图片由德国HYDRA海洋科学研究所提供;D—Uhlig法,用融化的海冰进行提取;E—盖玻片法。

图2-2 采样与分离提取(见彩图5)

将海藻和海草从沉积物或岩石中分离出来,放入塑料袋或塑料瓶中(如：Kohli

et al,2013;Okolodkov et al,2007)。然后进行称重(通常是湿重而非干重),确定大型藻类或海草的种类,并在提取甲藻前将其置于采集海水的温度下进行保存。由于许多附生甲藻也会直接栖息在大型藻类周围的水体中,因此,可以从突堤或码头或使用小船,在浅海草床或大型藻类密集生长区域(在浅海低潮下生境)上面用浮游生物网(网孔大约 20μm)采集。这种取样方法虽不是定量的,但可以为物种的培养和鉴定提供丰富的样本。在浅潮池中,既可以取水体样本,也可以取沉积物样本。样本可用于提取活细胞或在细胞分离前进行固定。

2.3 分离提取=与基底分离

Uhlig 法是通过细滤器用海冰将甲藻从沙子中提取出来(Uhlig 法的详细描述见:Uhlig,1964;Hoppenrath,2000b)。活细胞聚集在过滤器(提取管)下的培养皿中(见图 2-2),可用倒置显微镜进行观察。而盖玻片法是将沉积物置于盘中,上面覆盖一层纸巾和盖玻片(Webb,1956;Hoppenrath,2000b;Murray,2003)。几小时后,取出盖玻片,用光镜直接观察附着在盖玻片上的活细胞。这两种方法适合的物种不同,并非所有物种都能用这两种方法进行提取(Hoppenrath,2000b)。Uhlig 法主要用于提取自由游动的细胞;而 Webb 法或盖玻片法常用于筛选在表面滑移或附着的生物。Uhlig 法只适用于砂质沉积物;而盖玻片法适用于各种沉积物,包括极细的沉积物。因此,可以结合不同的提取方法检测完整的群落。

还有一种方法是将沉积物悬浮于过滤的海水中,使之充分混合,然后用孔径分别为 150μm 和 80μm 的两种细纱布依次进行过滤,最后用 20μm 的细纱布进行过滤浓缩(如:Selina and Hoppenrath,2013),这样就能得到粒径为 20~80μm 的活细胞。

对于附生生物,常用的分离方法有:在海水中对海藻或海草进行剧烈摇晃、超声波处理或用力擦洗(如:Aligizaki et al,2009;Hansen et al,2001;Litaker et al,2009;Mohammad-Noor et al,2007b;Okolodkov et al,2007),可以用过滤器对悬浮液进行分级或一次过滤得到浓缩样本。

利用悬浮在水底的人工材料(塑料筛网)进行采样(如:Faust,1995;Kibler et al,2010 年 BHAB 研讨会讲义)也能提取出细胞。在抽吸取样过程中,用注射器收集悬浮液(通过搅拌产生悬浮液),或用连接到瓶子和真空泵的真空软管对小型固体(如死珊瑚或岩石)表面进行取样(Kibler et al,2010 年 BHAB 研讨会讲义)。

2.4 固定与电子显微镜法

原始样本或提取的甲藻可用戊二醛、福尔马林或鲁格溶液进行固定。人工分离或培养的甲藻细胞可通过各种方法进行固定和制备,以便使用透射电子显微镜

(TEM,以下简称透射电镜)和扫描电子显微镜(SEM,以下简称扫描电镜)进行观察。

用透射电镜进行观察时,最重要的一步就是选择化学药品和条件进行第一次固定。最佳固定条件可能因物种而异,因此,必须对已报道的方案进行调整,以形成适合不同物种的固定方法(如:Horiguchi and Pienaar,1988a;Horiguchi et al,2011;Pienaar et al,2007)。相较于化学方法,高压冷冻法可以获得更好的效果(如:Yamada et al,2013)。

一种方法是利用天然样本制作透射电镜切片。这种方法也适用于难以培养的种类,如异养的甲藻。例如,从海藻表面采集的样本通常含有多种底栖甲藻。将含有甲藻的海水固定、脱水并嵌入树脂中,再将含有甲藻细胞的树脂铺在薄板上,然后用另一块薄板覆盖于其上,将甲藻细胞夹在中间,将之放入烘箱中聚合。聚合后,移除一块薄板。将薄板上的样本置于显微镜下观察,用记号笔标记出甲藻细胞。随后,用刀片切下一小块含有细胞的树脂(约3mm×3mm),用速干胶将其粘在样本顶端。这样即可对样本进行常规的修剪、切片和观察。另一种方法是单细胞透射电镜法,这种方法适用于极其稀有且不可培养的生物(Onuma and Horiguchi,2013)。

虽然大多数现代扫描电镜都配备了低真空环境工作模式(E-SEM),其样本无须脱水和喷金,但无法获得可用于分类鉴定的底栖甲藻清晰图片。因此,还是青睐于配备全真空环境模式的扫描电镜,但需采取特定步骤在保证不破坏细胞膜的前提下将样本脱水(Couté,2002)。固定是一个关键步骤,常需用到几种固定剂(甲醛、戊二醛、四氧化锇等)。细胞必须通过系列的乙醇浓度,才能从海水转移到无水乙醇中。最后,通过CO_2临界点干燥法或六甲基二硅氮烷(HMDS)等化学物对细胞进行脱水,或者选用新开发的叔丁醇代替乙醇(Won Jung et al,2010)。Chomérat 和 Couté (2008)使用一种特殊的夹具,将细胞固定在夹具中,对整个夹具进行脱水和临界点干燥处理,并取得了一定成功。必须记住,由于繁复的处理步骤和频繁的标本转移,减少制备过程中材料的损失至关重要。Takano 和 Horiguchi(2006)成功地从同一单细胞中获取了光镜、扫描电镜和分子遗传的数据。

为了制备裸甲藻的扫描电镜样品,将分离的细胞置于聚-L-赖氨酸覆盖的玻璃片上,一种方法可用浓度为4%的四氧化锇蒸气固定几秒。对装有细胞的玻璃片进行脱水、临界点干燥、喷金和观察(如:Takano and Horiguchi,2006);另一种方法也可用浓度为1%的四氧化锇水溶液进行固定,不过,细胞在脱水前应先用蒸馏水冲洗。

2.5 培养

提取的活细胞可以进行分离(微量移液并稀释),再用不同的方法和培养基(如 f/2、K、ES-DK)进行培养,可参考光合自养性藻类培养的相关书籍(如:Litaker et al,2009)。迄今为止,只成功培养了一种异养底栖种类,它以小型隐藻为食(Larsen,

1988)。一般来说,许多物种适合低光照环境且生长缓慢。对于某些物种而言,不能直接将分离和洗涤过的细胞置于培养基中,而应先置于取样地的灭菌海水中,再加入少量培养液,并在细胞开始生长时逐步缓慢增加培养液的比例,这样有助于细胞逐渐适应培养液。一些物种在有多个细胞共同培养时,会更易于生长。

2.6 定量

固定后的细胞可在标准计数框或沉降室中进行计数。可计算每克海藻或海草湿重中的细胞数量、每立方厘米或每毫升沉积物或水中的细胞数量,每平方厘米或平方米沉积物表面或人工表面中的细胞数量。

附生植物法的量化方法是:通过摇动使细胞脱离大型海藻,进行固定,并记录每克湿重海藻中的细胞数量(在计数框中统计细胞数量)(如:Aligizaki et al,2009;Mangialajo et al,2008;Okolodkov et al,2007),见2.3节和第6章。人工表面法的定量方法与其基本类似,但是可以把细胞数量和表面积联系起来。

Lee 和 Patterson(2002a)提出了一种改进的倾析/固化法,用于从砂质沉积物样本中提取并计算藻类(包括甲藻)的数量,即在固定液中对沉积物进行超声处理。不过,这种方法计算出的丰度和生物量可能会偏低(Lee and Patterson,2002b)。

Hoppenrath(2000b)用海冰法计算从砂质沉积物中提取的活体细胞的数量。用收集管采集已知体积的沉积物样本。沉积物提取 2~3 次(取决于预计的细胞密度)后,用倒置显微镜直接在培养皿中对活细胞的数量进行统计,对整个培养皿都会进行观察。为了统计裸甲藻的数量,对样本不进行固定。这种方法并不标准。据估计,各个物种的定量误差很可能不同,因为它们各自的行为不同(Hoppenrath et al,2000b)。此外,海冰法的提取效率因物种而异。

对于蛎甲藻属(*Ostreopsis*),目前开发出了一种实时定量 PCR 法(qrt-PCR),用于统计环境样本中的细胞数量(Perini et al,2011)。Vandersea 等(2012)提出了统计冈比亚藻属(*Gambierdiscus*)细胞数量的半定量聚合酶链反应法(qPCR)。这两种方法都基于荧光定量 PCR 技术。冈比亚藻属检测限为每份样本 10 个细胞(Vandersea et al,2012)。

第3章 分 类 学

Adenoides [Aden: gland; eidos: sight-neutral]

Adenoides Balech
出版信息：Balech, 1956, Revue Algologique 2, p. 30-31, Figs 1-8。
模式种：*A. eludens* (Herdman) Balech。
甲板板式：APC 4′ 6c 4s 5‴ 5p 1⁗ 或 APC 4′ 6c 5s 5‴ 3p 2⁗。
形态特征：具甲类，细胞左右侧扁，上壳小且凹陷，几乎不可见。横沟浅，位于细胞前端，几乎无偏移。无沟前板。
评论：Hoppenrath 等已详细讨论了最初描述的模式种的分类问题 (Hoppenrath et al, 2003, p. 385, 389)，重新研究并修订了关于 *A. eludens* 的描述。Herdman (1922) 描述了一种前沟藻 (*Amphidinium*)，而 Dodge (1982，没有亲自观察) 将其移到 *Adenoides*，是否真的存在第二种 *Adenoides* 尚不清楚，因此，本文未将其包括在内。

Adenoides eludens (Herdman) Balech
出版信息：Balech, 1956, Revue Algologique 2, p. 30.
同种异名：*Amphidinium eludens* E.C. Herdman; Herdman 1922, Proceedings and Transactions of the Liverpool Biological Society 36, p. 22-23(26), Figs 1, (2)。
插图：图 3-1，图 3-2。
大小：长 25～40μm，深 22～28μm。
甲板板式：APC 4′ 6c 4s 5‴ 5p 1⁗ 或 APC 4′ 6c 5s 5‴ 3p 2⁗。
叶绿体：有两个包含多甲藻素的叶形棕色叶绿体。
形态特征：细胞呈圆形至椭圆形，不对称，细胞左右侧扁，上壳小且凹陷，几乎不可见。下壳背侧长于腹侧。甲板光滑有孔。横沟浅，几乎位于细胞前端，无偏移。纵沟短而稍凹陷，一个鞭毛孔位于细胞前部 1/3 处。无沟前板。背侧后端有两个明显的大孔。有两个具淀粉鞘的淀粉核，呈环状。细胞核位于下壳背侧较低的位置。
分布：砂质沉积物。英国马恩岛伊林港 (Herdman, 1922)，英国苏格兰北萨瑟兰

(Dodge,1989),德国北部瓦登海(Hoppenrath,2000b;Hoppenrath et al,2003),法国诺曼底(Paulmier,1992),法国布列塔尼罗斯科夫(Balech,1956;Dodge and Lewis,1986),意大利厄尔巴岛(Hoppenrath,未发表),科威特阿拉伯湾(Saburova et al,2009;Al-Yamani and Saburova,2010),俄罗斯日本海(Konovalova and Selina,2010),日本静冈县伊豆半岛(Hara and Horiguchi,1982),加拿大英属哥伦比亚省界限湾(Baillie,1971;Hoppenrath,未发表)。

参考文献：Dodge,1982;Hoppenrath et al,2003;Lebour,1925;Schiller,1933;Steidinger and Tangen,1997。

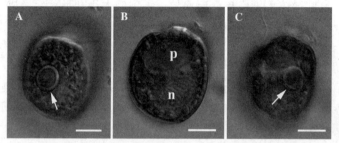

A~C—细胞位于不同的聚焦平面,标示出淀粉核周围的环状淀粉鞘(箭头);p为液泡,n为细胞核。比例尺—10μm。

图 3-1 *Adenoides eludens* 细胞(见彩图 6)

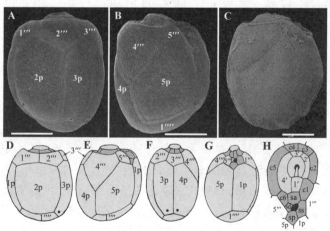

A—左侧面观;B,C—右侧面观以及壳板孔纹;D~H—甲板排列绘图,D为左侧面观,E为右侧面观,F为背面观,G为腹面观,H为上壳板、横沟和纵沟。比例尺—10μm。

图 3-2 *Adenoides eludens* 形态

Alexandrium [from Alexandria, type locality-neutral]

Alexandrium Halim 亚历山大藻属

出版信息：Halim,1960,Vie Milieu 11,p. 102,Figs 1a-d。

模式种：*A. minutum* Halim。

甲板板式：APC 4′ 6″ 6c (8)9-10s 5‴ 2⁗。

形态特征：膝沟藻类(Gonyaulacoid)属,横沟深陷且下旋,没有外伸,没有或只有短的边翅。有叶绿体。细胞核横向伸长。细胞的大小和形状、壳纹饰、横沟和纵沟的凹陷深度、纵沟边翅和某些纵沟板(纵沟前板 sa,左纵沟前板 ssa,纵沟后板 sp)的形状、顶孔复合体(APC)的形状、第一顶板(1′)和第六沟前板(6″)的形状、形成链的能力等形态特征对物种鉴定至关重要(如：Balech,1995)。

评论：浮游类,迄今已描述了 31 种。物种鉴定时,需对标本进行染色、解剖或用扫描电镜观察。关于该属的形态学信息,请参阅 Balech(1995)的专著,该属的概况请参阅 Anderson 等(2012)的综述。

Alexandrium hiranoi Kita et Fukuyo 平野亚历山大藻

出版信息：Kita and Fukuyo,1988,Bulletin of Plankton Society of Japan 35,p. 2,4,Fig. 1。

同种异名：*Goniodoma pseudogonyaulax* sensu Silva (1965), Kita et al, (1985), non Biecheler (1952); *Alexandrium pseudogonyaulax* sensu Horiguchi (1983)。

插图：图 3-3。

大小：长 18~75μm,宽 18~75μm。

甲板板式：APC 4′ 6″ 6c 8s 5‴ 2⁗。

叶绿体：棕色,含多甲藻素。

形态特征：细胞呈圆形,有时长大于宽,底部略扁平,甲板光滑。纵沟浅,横沟深陷,横沟下旋距离约为横沟自身的宽度。顶孔板(Po)呈扁卵圆形,两边几乎平行。第一顶板(1′)较窄且呈五边形,有腹孔。细胞核呈 C 形,位于细胞中央。

近似种：*A. pseudogonyaulax*,但 *A. hiranoi* 的上壳较长,第一顶板(1′)和纵沟板的形状不同(Balech,1995)。

评论：该种形成密集的水华,且有底栖-浮游的生活史,在底栖(暂时性)营养孢囊阶段分裂(Kita et al,1985)。有性生殖和休眠孢囊也有记录(Kita et al,1993)。平野亚历山大藻(*Alexandrium hiranoi*)能产生会导致鱼类麻痹和死亡的毒素 goniodomins。

分布：潮池。西班牙奥比多斯潟湖(Silva,1965),日本神奈川县江之岛和阿拉萨基海(Kita and Fukugo,1988)。

参考文献：Anderson et al,2012；Balech,1995；Kita et al,1985,1993。

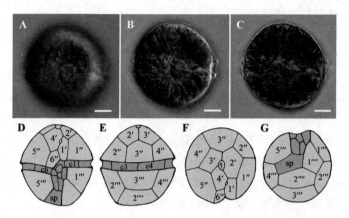

A～C—细胞位于不同的聚焦平面,比例尺—10μm；D～G—甲板排列绘图,根据Kita和Fukugo(1988)修改,其中,D为腹面观,E为背面观,F为顶面观(上壳板),G为底面观(下壳板和纵沟)。

图3-3 *Alexandrium hiranoi*(见彩图7)

Amphidiniella [Amphidinium；diminutive suffix-ella-feminine]

Amphidiniella Horiguchi
出版信息：Horiguchi,1995,Phycologial Research 43,p. 93。
模式种：*A. sedentaria* Horiguchi。
甲板板式：Po 4′ 1a 7″ 5c 4s 6‴ 2⁗。
形态特征：具甲类,细胞背腹扁平,上壳小,下壳大,有一个叶绿体。

Amphidiniella sedentaria Horiguchi
出版信息：Horiguchi,1995,Phycologial Research 43,p. 93-94,Figs 1-20。
插图：图3-4,图3-5。
大小：长14～20μm,宽10～15μm,深6～7μm。
甲板板式：Po 4′ 1a 7″ 5c 4s 6‴ 2⁗。
叶绿体：一个黄褐色典型的多甲藻素叶绿体,具有淀粉核和淀粉鞘。
形态特征：细胞呈椭圆形至卵圆形,背腹扁平,上下壳不对称,上壳呈小扇形(腹面观)或帽形(背面观)(长度约为细胞长度的1/3),下壳呈袋状。上壳在腹侧有一个三角形后缘。细胞前端有小缺口。横沟上旋(约为横沟自身的宽度),环绕整个细胞。纵沟在细胞后部变宽。具淀粉鞘的淀粉核位于细胞右侧中央,而细胞核位于细胞后部。甲板光滑且有孔,但第一前间插板(1a)带有明显的纹饰。顶孔板相对较大,且呈豆状,顶孔呈狭缝状,被唇形的突起覆盖。腹孔与第一顶板(1′)相邻,并与第四顶板(4′)和第七沟前板(7″)相连。

近似种:Murray(2003)记录了一种有顶钩的近似种,名为 *Amphidiniella* sp1。该种在德国、法国、意大利和科威特等地均有发现(Hoppenrath et al,未发表),与 *Amphidiniella* 似乎没有关系(准备描述一个新属)。

评论:在培养状态下该种处于附着状态,经常保持静止,但游动时速度很快(Horiguchi,1995)。

分布:沙滩、潮间带沙坪或死珊瑚表面。意大利厄尔巴岛(Borchhardt and Hoppenrath,未发表),南非夸祖鲁纳塔尔省的棕榈滩(Horiguchi,1995),澳大利亚鲨鱼湾(Al-Qassab et al,2002),日本冲绳市的濑底海滩和音户(Horiguchi,1995;Horiguchi,未发表),澳大利亚悉尼(Murray,2003)。

参考文献:Al-Qassab et al,2002;Murray,2003。

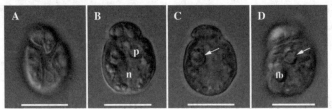

A—腹面观;B—聚焦细胞中部,标示出液泡(p)和细胞核(n);C—标示出淀粉核周围的淀粉环(箭头);D—标示出淀粉核(箭头)和食物泡(fb)。比例尺—10μm。

图 3-4　*Amphidiniella sedentaria*(见彩图 8)

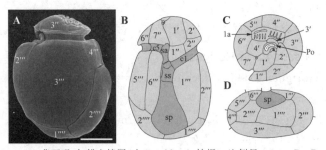

A—背面观,扫描电镜图(由 Borchhardt 拍摄),比例尺—5μm;B~D—甲板排列绘图,根据 Horiguchi(1995)修改,其中,B 为腹面观,C 为顶面观(上壳板),D 为底面观(下壳板和部分纵沟)。

图 3-5　*Amphidiniella sedentaria*

Amphidiniopsis [Amphidinium; opsis: aspect-feminine]

Amphidiniopsis Wołoszyńska

出版信息：Wołoszyńska,1928,Archives d'Hydrobiologie et d'Ichtyologie 3, p. 256。

模式种：*A. kofoidii* Wołoszyńska。

甲板板式：3′ 7″ 5‴ 2⁗（原始描述）；APC 3-4′ 1-3a 6-8″ 3-8c 3-5s 5‴ 2⁗（现在的描述）。

形态特征：具甲类,细胞上壳小,下壳大。目前该属的特征是横沟上旋,独特弯曲的纵沟和下壳甲板排列(Hoppenrath et al,2009b)。左右侧扁或背腹扁平,有完整或不完整的横沟,有或无顶钩。已描述的细胞形态不同,具有可变性(如：Selina and Hoppenrath,2008)。可识别出 3 个主要亚群：(1)具有完整横沟且左右侧扁；(2)具有完整横沟且背腹扁平,纵沟位于细胞中部,无顶钩,有一块或两块前间插板；(3)具有完整或不完整横沟且背腹扁平,纵沟位于细胞中部(纵沟深陷部分可向左侧偏移),顶钩指向左侧,有 3 块前间插板(Hoppenrath et al,2012b)。

第1组：*A. arenaria*,*A. dentata*,*A. galericulata*,*A. kofoidii*,*A. sibbaldii*。

第2组：*A. aculeata*, *A. hexagona*, *A. hirsuta*, *A. konovalovae*, *A. striata*, *A. swedmarkii* [*A. rotundata*,但是其纵沟偏移且有 3 块前间插板(?)]。

第3组：*A. korewalensis*,*A. pectinaria*,*A. uroensis* [但是,*A. cristata* 只有一块前间插板(?)*A. dragescoi* 和 *A. rotundata* 无顶钩(?)]。除一个淡水物种(*A. sibbaldii*)外,目前已知的所有物种都是异养、底栖(沙栖)和海生。

评论：Hoppenrath(2000f)和 Hoppenrath 等(2009b)综述了该种的历史相关记录、命名变化和分类体系。该种的属的信息需要进行修订,它可能包含了几个亚属或复系群(如：Hoppenrath et al,2012b)。*Herdmania* 似乎与 *Amphidiniopsis* 关系很近(Yamaguchi et al,2011a;Hoppenrath et al,2012b)。

Amphidiniopsis aculeata Hoppenrath,Koeman et Leander

出版信息：Hoppenrath et al,2009b,Marine Biodiversity 39,p. 4-6,Figs 1-2,3A。

插图：图 3-6A～C。

大小：长 38～40μm,宽 32～35μm。

甲板板式：APC 4′ 2a 7″ 3c 5s 5‴ 2⁗。

叶绿体：无。

形态特征：细胞呈长方形,后部圆,背腹扁平,上壳较小且呈帽状,前部尖,略窄于下壳(宽度几乎相等)。横沟上旋距离约为横沟宽度的 2 倍。有独特弯曲的纵沟,在下壳的中间线左边。除前间插板(1a)、横沟和纵沟板外，其余甲板上均有不同长度的刺。甲板边缘有明显具刺的边翅，尤其是在细胞后部。顶孔区隆起，边缘有刺。第三沟后板(3‴)较大(几乎覆盖整个背侧下壳)，呈五边形，不对称，稍微指向后部左侧。

近似种：*Amphidiniopsis hexagona*，*A. hirsuta*，*A. konovalovae*，*A. striata*，*A. swedmarkii*。6种背腹扁平型物种可通过第三沟后板(3‴)的形状和大小、第一前间插板(1a)的形状、第二顶板(2′)和纵沟之间的连接或分离、第三顶板(3′)的大小、壳纹饰、底部有无突起、有无顶钩进行区分。

分布：砂质沉积物。法国诺曼底(Paulmier,1992,称作 *A. swedmarkii*)，法国卡普费雷(Hoppenrath et al,2009b)，葡萄牙奥比多斯潟湖(Silva,1952,称作 *A.* sp)。

Amphidiniopsis arenaria Hoppenrath
出版信息：Hoppenrath,2000f,Phycologia 39,p. 487,Figs 6-8,20,46-57。

插图：图 3-7A～C。

大小：长 30～45μm，深 27～38μm，宽 23～28μm。

甲板板式：APC 4′ 3a 7″ 6c 4s 5‴ 2⁗（源自：Selina and Hoppenrath,2013）。

叶绿体：无。

形态特征：细胞呈卵圆形至椭圆形，后部稍尖，左右侧扁，上壳较小且呈帽状，略窄于下壳。在光镜下可看到腹侧有明显的刺。横沟上旋距离约为横沟宽度或小一些。有独特弯曲的纵沟，位于下壳中央，难以观察。细胞核位于细胞背侧中央。除了第二前间插板(2a)外，其余甲板均具褶皱。横沟板和纵沟板光滑，3块前间插板，第二前间插板(2a)呈四边形或正方形。第三沟后板(3‴)相对较小，对称，呈五边形，有时稍微指向后部。

近似种：*Amphidiniopsis dentata*，*A. galericulata*，*A. kofoidii*。所有左右侧扁型物种均可通过壳纹饰、底部有无突起、有无顶钩以及上壳甲板排列/细节进行区分。

评论：形态具有可变性(Selina and Hoppenrath,2008)。

分布：砂质沉积物。德国北部瓦登海和黑尔戈兰岛(Hoppenrath,2000f)，科威特阿拉伯湾(Saburova et al,2009；Al-Yamani and Saburova,2010)，俄罗斯日本海(Selina and Hoppenrath,2008；Konovalova and Selina,2010)。

参考文献：Selina and Hoppenrath,2008,2013。

Amphidiniopsis cristata Hoppenrath
出版信息：Hoppenrath,2000f,Phycologia 39,p. 493,Figs 14-17,23,84-94。

插图：图 3-8J～L。

大小：长 23～34μm，宽 19～29μm。

甲板板式：APC 4′ 1a 6″ 5?c 4?s 6‴ 2⁗。

叶绿体：无。

形态特征：细胞大致呈正方形，背腹非常扁平，上壳较小且呈帽状，略窄于下壳。顶部有脊状凸缘，边缘呈锯齿状，顶钩较小并指向细胞左侧，覆盖顶孔。横沟上旋距离约为横沟宽度的1~2倍。有独特弯曲的纵沟，其深陷部略微向左偏移。细胞核位于下壳左侧较靠下的位置。除第二沟前板（2″）外，其余甲板上均有小/短刺。底部有几个不规则的刺，最外侧的最大。有一块大的前间插板。第二沟前板（2″）呈环状。第三沟后板（3‴）相对较大，对称，呈五边形，明显指向后部。

近似种：*Amphidiniopsis korewalensis*，*A. pectinaria*，*A. uroensis*。所有背腹侧扁型物种均可通过第三沟后板（3‴）的形状和大小、第一前间插板（1a）的形状、第二顶板（2′）和纵沟之间的连接或分离、第三顶板（3′）的大小、壳纹饰、底部有无突起、有无顶钩进行区分。

分布：砂质沉积物。德国北部瓦登海（Hoppenrath，2000f）。

Amphidiniopsis dentata Hoppenrath

出版信息：Hoppenrath，2000f，Phycologia 39，p. 487，491，Figs 9，10，21，58-72。

插图：图3-7D~F。

大小：长39~47μm，深34~39μm。

甲板板式：APC 4′ 3a 8″ 6?c 3?s 5‴ 2⁗。

叶绿体：无。

形态特征：细胞呈椭圆形或近似长方形，左右侧扁，上壳较小且呈帽状，略窄于下壳。在光镜下可看到腹侧有明显的刺。底部有一排齿状的突起。横沟上旋距离约为横沟自身宽度。有独特弯曲的纵沟，位于下壳中央，难以观察。细胞核位于下壳背侧较靠上的位置。甲板有规则的小突起，横沟和纵沟板光滑（纵沟后板除外）。有3块前间插板，第二前间插板（2a）呈四边形或正方形。第三沟后板（3‴）相对较小，对称，呈五边形，稍微指向后部。

近似种：*Amphidiniopsis arenaria*，*A. galericulata*，*A. kofoidii*。所有左右侧扁型物种均可通过壳纹饰、底部有无突起、有无顶钩以及上壳甲板排列/细节进行区分。

分布：砂质沉积物。德国黑尔戈兰岛（Hoppenrath，2000f），科威特阿拉伯湾（Saburova et al，2009；Al-Yamani and Saburova，2010）。

Amphidiniopsis dragescoi (Balech)Hoppenrath，Selina，A. Yamaguchi et Leander

出版信息：Hoppenrath et al，2012b，Phycologia 51，p. 166。

同种异名：*Thecadinium dragescoi* Balech，1956，Revue Algologique 2，p. 37-40，Figs 26-33。

插图：图3-8A~C。

大小：长46~62μm，宽37~47μm。

甲板板式：APC 4′ 3a 7″ 5/6?c 4?s 4‴ 2⁗。

叶绿体：无。

形态特征：细胞呈宽椭圆形，略倾斜的背腹扁平，上壳较小。横沟下旋（注意！）距离约为横沟宽度的3倍。纵沟（深陷部）向细胞腹面左侧偏移。细胞核位于细胞中央。甲板排列有小突起，有3块前间插板，其中前间插板3a与1a和2a不相连。第三沟后板（3‴）为中等大小，呈五边形，对称，指向后部。

分布：砂质沉积物。德国北部瓦登海（Hoppenrath，2000e，称作 *Thecadinium dragescoi*），法国布列塔尼罗斯科夫（Balech，1956，称作 *Thecadinium dragescoi*）。

参考文献：Hoppenrath et al，2004。

Amphidiniopsis galericulata Hoppenrath

出版信息：Hoppenrath，2000f，Phycologia 39，p. 491-493，Figs 11-13，22，73-83。

插图：图3-7G～I。

大小：长20～29μm，深18～25μm。

甲板板式：APC 4′ 3a 7(6)″ ?c 3?s 5‴ 2⁗。

叶绿体：无。

形态特征：细胞呈卵圆形，左右侧扁，上壳较小且呈盔状，略窄于下壳，明显的顶钩指向背侧。在光显微镜下可看到腹刺。底部有一排不规则的短的刺状突起。横沟上旋距离约为横沟宽度的一半。有独特弯曲的纵沟，位于下壳中央，难以观察。细胞核位于细胞背侧的中央。甲板上有不规则的突起，横沟板和纵沟板光滑。有3块前间插板，第二间插板（2a）呈四边形或正方形。第三沟后板（3‴）为中等大小，几乎是对称的，呈五边形，指向后部。

近似种：无，因为顶钩（apical）指向背侧。*Amphidiniopsis arenaria*、*A. hexagona* 和 *A. kofoidii* 均为左右侧扁物种，可通过壳纹饰、底部有无突起、有无顶钩以及上壳甲板排列/细节进行区分。

分布：砂质沉积物。德国黑尔戈兰岛（Hoopenrath，2000f）。

Amphidiniopsis hexagona Yoshimatsu，Toriumi et Dodge

出版信息：Yoshimatsu et al，2000，Phycologial Research 48，p. 108，110，Figs 10-18。

插图：图3-6D～F。

大小：长44～59μm，宽40～53μm。

甲板板式：APC 4′ 2a 7″ 3c 4s 5‴ 2⁗（Hoppenrath et al，2009b）。

叶绿体：无。

形态特征：细胞呈六边形，背腹扁平，上壳较小且呈帽状，略窄于下壳。下壳后部有明显的缺口。横沟上旋距离为横沟宽度的1～2倍。有独特弯曲的纵沟，位于下壳中央。细胞核位于细胞中央。甲板有不规则的小突起和较浅的网纹。有两块前间插板。第三沟后板(3‴)相对较大,不对称,呈五边形,指向后部。

近似种:*Amphidiniopsis aculeata*,*A. hirsuta*,*A. konovalovae*,*A. striata*,*A. swedmarkii*。所有背腹扁平型物种均可通过第三沟后板(3‴)的形状和大小、第一前间插板(1a)的形状、第二顶板(2′)和纵沟之间的连接或分离、第三顶板(3′)的大小、壳纹饰、底部有无突起、有无顶钩进行区分。

分布:砂质沉积物。日本和歌山县白滨町(Yoshimatsu et al,2000),澳大利亚悉尼植物学湾(Murray,2003)。

参考文献:Hoppenrath et al,2009b。

Amphidiniopsis hirsuta (Balech) Dodge

出版信息:Dodge,1982,Her Majesty's Stationary Office,London,p. 248,Fig. 33A。

同种异名:*Thecadinium hirsutum* Balech,1956,Revue Algologique 2,p. 40,Figs 38-40。

插图:图 3-6G~I。

大小:长 35~52μm,宽 25~46μm。

甲板板式:APC 4′ 2a 7″ 8c 4?s 5‴ 2⁗。

叶绿体:无。

形态特征:细胞呈长方形,后部呈圆形,背腹扁平,上壳较小且呈帽状,略窄于下壳。横沟上旋距离约为横沟宽度的 2 倍。有独特弯曲的纵沟,位于下壳中央。细胞核位于下壳左侧的一半位置。甲板有许多规则的小突起,这些突起呈细长形。底部有一排不规则的刺。有两块前间插板。第三沟后板(3‴)相对较小,呈五边形但近似矩形,且不对称。

近似种:*Amphidiniopsis aculeata*,*A. hexagona*,*A. konovalovae*,*A. striata*,*A. swedmarkii*。所有背腹扁平型物种均可通过第三沟后板(3‴)的形状和大小、第一前间插板(1a)的形状、第二顶板(2′)和纵沟之间的连接或分离、第三顶板(3′)的大小、壳纹饰、底部有无突起、有无顶钩进行区分。

分布:砂质沉积物。英国多塞特郡英吉利海峡(Dodge,1982),英国苏格兰洛根港和苏塞克斯郡沃辛市(Dodge and Lewis,1986),苏格兰萨瑟兰郡北部(Dodge,1989),德国北部的瓦登海和黑尔戈兰岛(Hoppenrath,2000f),法国布列塔尼罗斯科夫(Balech,1956;Dodge and Lewis,1986)。

参考文献:Hoppenrath,2000f。

Amphidiniopsis kofoidii Wołoszyńska

出版信息:Wołoszyńska,1928,Archives d'Hydrobiologie et d'Ichtyologie 3,p. 256,Figs 1-17 (plate 7)。

插图：图3-7J～M。

大小：长30～40μm。

甲板板式：3′ 7″ 5‴ 2″″（原始描述）。

叶绿体：无(?)。

形态特征：细胞呈椭圆形，左右侧扁，上壳较小且呈帽状，略窄于下壳。横沟上旋距离约为横沟自身的宽度。有独特弯曲的纵沟，位于下壳中央，难以观察。细胞核位于细胞背侧。甲板光滑或有小圆点(孔?)，底部无附属物。

近似种：*Amphidiniopsis arenaria*，*A. dentata*，*A. galericulata*。所有左右侧扁型物种均可通过壳纹饰、底部有无突起、有无顶钩以及上壳甲板排列/细节进行区分。

评论：该种描述来自沿海浮游生物，可能生活于砂质沉积物。该种的鉴定尚不明确（原描述中未完整描述甲板板式，对其纹饰的描述也模糊不清），因此其鉴定是不确定的，目前急需在模式地重新调查该种。

分布：波罗的海，沿岸浮游生物(Wołoszyńska, 1928)。

可能分布：可能也分布在砂质沉积物中。阿拉斯加巴罗角(Bursa, 1963)，英国苏塞克斯郡伊斯特本和法国布列塔尼乐普尔杜(Dodge and Lewis, 1986)，意大利厄尔巴岛(Hoppenrath, 未发表)，日本神奈川濑户内海和逗子海滩(Ono et al, 1999)，加拿大英属哥伦比亚省界限湾(Hoppenrath, 未发表)。

Amphidiniopsis konovalovae Selina et Hoppenrath

出版信息：Selina and Hoppenrath, 2013, Marine Biodiversity 43, p. 89, Figs 2A, 3a-l, 4a-g, 12A。

插图：图3-6J～L。

大小：长36～53μm，宽30～45μm。

甲板板式：APC 4′ 2a 7″ 4c 5s 5‴ 2″″。

叶绿体：无。

形态特征：细胞呈长方形，后部圆，背腹扁平，上壳较小且呈帽状，略窄于下壳。横沟上旋距离约为横沟宽度的2倍。有独特弯曲的纵沟，位于下壳中央。细胞核位于下壳的中央。甲板有许多规则的小突起(刺)。底部无附属物。有两块前间插板，第一前间插板(1a)呈四边形或正方形。第三沟后板(3‴)非常大，不对称，呈五边形，指向左后部。

近似种：*Amphidiniopsis aculeata*，*A. hexagona*，*A. hirsuta*，*A. striata*，*A. swedmarkii*。所有背腹扁平型物种均可通过第三沟后板(3‴)的形状和大小、第一前间插板(1a)的形状、第二顶板(2′)和纵沟之间的连接或分离、第三顶板(3′)的大小、壳纹饰、底部有无突起、有无顶钩进行区分。

分布：砂质沉积物。俄罗斯日本海彼得大帝湾(Selina and Hoppenrath, 2013)。

Amphidiniopsis korewalensis Murray et Patterson

出版信息：Murray and Patterson,2002a,Phycologia,p. 382-385,Figs 1-20。

插图：图 3-8D,E。

大小：长 24～35μm,宽 20～30μm,深 15～23μm。

甲板板式：APC 4′ 3a 6″ × 4?c 4s 6‴ 2⁗（原始描述）；APC 4′ 3a 6″ 4?c 4s 5‴ 2⁗（Hoppenrath et al,2012b）。

叶绿体：无。

形态特征：细胞呈长方形,后部圆,背腹扁平,上壳较小且呈帽状,略窄于下壳。顶钩较小并指向细胞左侧,覆盖顶孔。横沟（不完整）上旋距离约为横沟宽度的 2 倍。有独特弯曲的纵沟（深陷部分）,向细胞左侧偏移。Hoppenrath 等（2012b）认为纵沟很宽,因此横沟是完整的。细胞核较大,位于细胞中央。甲板光滑,有分散的孔。第三沟后板（3‴）相对较大,不对称,呈五边形,明显指向后部。

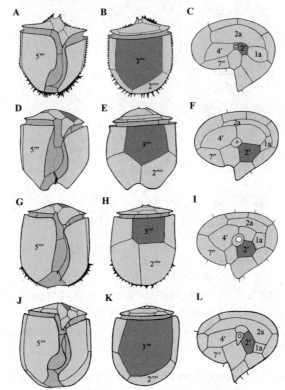

A～C—*A. aculeata*；D～F—*A. hexagona*；G～I—*A. hirsuta*；J～L—*A. konovalovae*；A,D,G,J—腹面观；B,E,H,K—背面观；C,F,I,L—顶面观（上壳板）。

图 3-6 *Amphidiniopsis* spp.（背腹侧扁的物种）,甲板排列绘图

近似种：*Amphidiniopsis cristata*，*A. pectinaria*，*A. uroensis*。所有背腹扁平型物种均可通过第三沟后板(3‴)的形状和大小、第一前间插板(1a)的形状、第二顶板(2′)和纵沟之间的连接或分离、第三顶板(3′)的大小、壳纹饰、底部有无突起、有无顶钩进行区分。

分布：砂质沉积物。澳大利亚悉尼植物学湾（Murray and Patterson, 2002a; Murray, 2003）。

参考文献：Hoppenrath et al, 2012b。

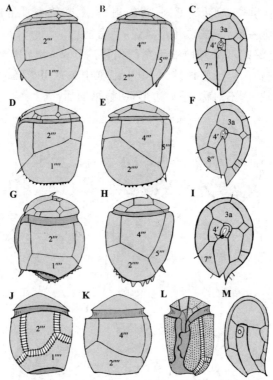

A～C—*A. arenaria*；D～F—*A. dentata*；G～I—*A. galericulata*；J～M—*A. kofoidii*（选自原始描述的绘图，Wołoszyńska, 1928）。A, D, G, J—左侧面观；B, E, H, K—右侧面观；C, F, I, M—顶面观（上壳板）；L—腹面观。

图 3-7 *Amphidiniopsis* spp.(左右侧扁的物种)，甲板排列绘图

Amphidiniopsis pectinaria Toriumi, Yoshimatsu et Dodge

出版信息：Toriumi et al, 2002, Phycologial Research 50, p. 117-121, Figs 13-23。

插图：图 3-8F, G。

大小：长 30～45μm，宽 25～35μm，深 18～23μm。

甲板板式：APC 4′ 3a 7″ 3c 4s(+1 acc.) 5‴ 2⁗（原始描述）；APC 4′ 3a 6″ 3c 6s

5‴ 2""(Hoppenrath et al,2012b;Selina and Hoppenrath,2013)。

叶绿体：无。

形态特征：细胞呈宽椭圆形至五边形，背腹扁平，上壳较小且呈帽状，略窄于下壳。顶钩较小并指向细胞左侧，覆盖顶孔。横沟上旋距离约为横沟宽度的 2 倍。纵沟弯曲，其深陷部分稍向细胞左侧偏移。细胞核位于细胞中央。甲板上有小或短的突起、刺和孔。两个底板的纹饰较独特，突起成对，纵向排列，在后端排列的突起有刺。有 3 块前间插板。第三沟后板(3‴)为中等大小，对称，呈五边形，明显指向后部。

近似种：*Amphidiniopsis cristata*，*A. korewalensis*，*A. uroensis*。所有背腹扁平型物种均可通过第三沟后板(3‴)的形状和大小、第一前间插板(1a)的形状、第二顶板(2′)和纵沟之间的连接或分离、第三顶板(3′)的大小、壳纹饰、底部有无突起、有无顶钩进行区分。

分布：砂质沉积物。俄罗斯日本海(Konovalova and Selina,2010;Selina and Hoppenrath,2013)，日本香川县大浜海滩(Toriumi et al,2002)。

参考文献：Hoppenrath et al,2012b；Selina and Hoppenrath,2013。

Amphidiniopsis rotundata Hoppenrath et Selina

出版信息：Hoppenrath et al,2012b,Phycologia 51,p. 161-164,Figs 1-21。

插图：图 3-9J~L。

大小：长 25~39μm，宽 23~33μm，深 18~22μm。

甲板板式：APC 4′ 3a 7″ 5c 5(6)s 5‴ 2""。

叶绿体：无。

形态特征：细胞呈圆形，背腹扁平，上壳较小且呈帽状，略窄于下壳。横沟上旋距离约为横沟宽度的一半。纵沟(深陷部分)向细胞腹侧左侧偏移。细胞核位于下壳中央的上部。甲板有小点(泡状)。散布大孔，大孔周围有边缘。上壳和下壳沿横沟处有一排孔。有 3 块前间插板。第三沟后板(3‴)为中等大小，呈五边形，不对称，稍微指向右后部。

分布：砂质沉积物。沃斯托克湾,俄罗斯日本海和加拿大英属哥伦比亚省帕克斯维尔界限湾(Hoppenrath et al,2012b)。也可能分布于德国瓦登海(用光镜鉴定)。

Amphidiniopsis sibbaldii Nicholls

出版信息：Nicholls,1999,Phycologia 38, p. 74；Nicholls,1998,Phycologia 37, p. 338, Figs 1-20。

插图：无。

大小：长 33~45μm，宽 19~29μm，深 24~35μm。

甲板板式：APC 4′ 3a 7″ 5c 4?s 5‴ 2""。

叶绿体：无。

形态特征：细胞呈卵圆形，左右侧扁，上壳较小且呈帽状，略窄于下壳。横沟上旋距离约为横沟自身宽度。有独特弯曲的纵沟，位于下壳中央，难以观察。细胞核位于细胞背侧后部。甲板光滑且有孔，或隐约有疣状突起。底部无附属物。有3块前间插板，第二前间插板（2a）呈四边形。第三沟后板（3‴）为中等大小，对称，呈五边形，稍微指向后部。

近似种：*Amphidiniopsis arenaria*，*A. dentata*，*A. kofoidii*。所有左右侧扁型物种均可通过壳纹饰、底部有无突起、有无顶钩以及上壳甲板排列/细节进行区分。

评论：这是目前已知的唯一生活在淡水中的物种。

分布：淡水（湖岸线）中的砂质沉积物。加拿大安大略省锡姆科湖（Nicholls, 1998）。

Amphidiniopsis striata Selina et Hoppenrath

出版信息：Selina and Hoppenrath, 2013, Marine Biodiversity 43, p. 90, Figs 2B, 5a-l, 6a-c, 12B。

同种异名：Dodge and Lewis(1986)中的 *Amphidiniopsis kofoidii* partim（脊状）。

插图：图 3-9A～C。

大小：长 35～47 μm，宽 29～40 μm。

甲板板式：APC 4′ 1a 7″ 4?c 4(5)s 5‴ 2⁗。

叶绿体：无。

形态特征：细胞呈长方形至卵圆形，后部圆，背腹扁平，上壳较小且呈帽状，略窄于下壳。横沟上旋距离约为横沟自身宽度。有独特弯曲的纵沟，位于下壳中央，细胞核位于细胞中央。甲板有纵脊（光镜下呈条纹状）。底部没有附属物。有一个前间插板，呈四边形。第三沟后板（3‴）为中等大小，不对称，呈五边形，稍微指向左后部。

近似种：*Amphidiniopsis aculeata*，*A. hexagona*，*A. hirsuta*，*A. konovalovae*，*A. swedmarkii*。所有背腹扁平型种类均可通过第三沟后板（3‴）的形状和大小、第一前间插板（1a）的形状、第二顶板（2′）和纵沟之间的连接或分离、第三顶板（3′）的大小、壳纹饰、底部有无突起、有无顶钩进行区分。

分布：砂质沉积物。俄罗斯日本海彼得大帝湾和加拿大英属哥伦比亚省界限湾（Selina and Hoppenrath, 2013）。

Amphidiniopsis swedmarkii (Balech) Dodge

出版信息：Dodge, 1982, Her Majesty's Stationary Office, London, p. 248-249. Fig. 33D, E。

同种异名：*Thecadinium swedmarkii* Balech, 1956, Revue Algologique 2, p. 42, Figs 41-42。

不同种：*Thecadinium swedmarkii* sensu Baillie (1971); *Amphidiniopsis swedmarkii* sensu Yoshimatsu et al(2000)。

插图：图 3-9D～F。

大小：长 42～60μm，宽 30～46μm。

甲板板式：APC 4′ 1a 7″ 6?c 5s 5‴ 2⁗。

叶绿体：无。

形态特征：细胞呈长方形，后部圆，背腹侧扁，上壳较小且呈帽状，略窄于下壳。横沟上旋距离约为横沟宽度的 2 倍。有独特弯曲的纵沟，位于下壳中央。细胞核位于下壳左侧较下的位置。甲板有不规则的小突起，可呈脊状（甚至成蜂窝状）。底部有两个明显的大刺。有一块前间插板，呈正方形。第三沟后板（3‴）相对较大，不对称，呈五边形，明显指向后部。

近似种：*Amphidiniopsis aculeata*，*A. hexagona*，*A. hirsuta*，*A. konovalovae*，*A. striata*。所有背腹扁平型物种均可通过第三沟后板（3‴）的形状和大小、第一前间插板（1a）的形状、第二顶板（2′）和纵沟之间的连接或分离、第三顶板（3′）的大小、壳纹饰、底部有无突起、有无顶钩进行区分。

分布：砂质沉积物。马恩岛伊林港多塞特郡斯图德兰，英国盖洛韦洛根港（Dodge，1982），德国北部瓦登海（Hoppenrath，2000f），法国诺曼底（Paulmier，1992），法国布列塔尼罗斯科夫（Balech，1956），科威特阿拉伯湾（Saburova et al，2009；Al-Yamani and Saburova，2010），澳大利亚悉尼植物学湾（Murray，2003）。

参考文献：Hoppenrath（2000f）。

Amphidiniopsis urnaeformis Gail

出版信息：Gail，1950，Transactions of the Pacific Research Institute for Fisheries and Oceanography 33，p. 33，pl. 5 Fig. 20。

插图：无。

大小：长 60～70μm，宽 35～40μm。

甲板板式：未知。

叶绿体：无。

形态特征（译自俄罗斯语）：细胞呈瓮状，前部尖。后部骤然变宽，端部稍深陷。纵向沟较宽，后缘有许多刺。有孔的甲板通过宽的片间带连接。

评论：该种目前仅有原始描述。尽管已在日本海寻找了数年，包括其模式地，但未能重新发现（Selina and Hoppenrath，2013）。目前，该种尚有疑问。

分布：日本海（Gail，1950）。

Amphidiniopsis uroensis Toriumi，Yoshimatsu et Dodge

出版信息：Toriumi et al，2002，Phycological Research，50，p. 116-117，Figs 2-12。

插图：图 3-8H，I。

大小：长 25～35μm，宽 20～30μm，深 15～18μm。

甲板板式：APC 3′ 3a 6″ 3c 4s(+1 acc.) 5‴ 2⁗（原始描述）；APC 3′ 3a 6″ 3c 5s 5‴ 2⁗（Hoppenrath et al,2012b；Selina and Hoppenrath,2013）。

叶绿体：无。

形态特征：细胞大致呈正方形或五边形，背腹扁平，上壳较小且呈帽状，略窄于下壳。顶部有脊状凸缘（边缘光滑或呈锯齿形），顶钩较小并指向细胞左侧，覆盖顶孔。横沟上旋距离约为横沟宽度的 2 倍。有独特弯曲的纵沟，其深陷部分略微向左偏移。细胞核位于下壳的中央。甲板有小/短刺和孔。底部有几个不规则的刺，最外侧的刺最大。有 3 块前间插板。第三沟后板(3‴)中等大小，对称，呈五边形，明显指向后部。

近似种：*Amphidiniopsis cristata*，*A. korewalensis*，*A. pectinaria*。所有背腹扁平型物种均可通过第三沟后板(3‴)的形状和大小、第一前间插板(1a)的形状、第二顶板(2′)和纵沟之间的连接或分离、第三顶板(3′)的大小、壳纹饰、底部有无突起、有无顶钩进行区分。

分布：砂质沉积物。俄罗斯日本海（Konovalova and Selina，2010；Selina and Hoppenrath, 2013），日本香川县乌罗（Toriumi et al,2002），加拿大英属哥伦比亚省界限湾（Hoppenrath，未发表）。

参考文献：Hoppenrath et al,2012b；Selina and Hoppenrath,2013。

Amphidiniopsis yoshimatsui Hoppenrath sp. nov.

出版信息：Yoshimatsu et al,2000，Phycologial Research 48，p. 108，Figs 1-9。

正模标本：Fig. 1 in Yoshimatsu et al,2000。

象模标本（本文）：图 3-9G～I。

同种异名：*Amphidiniopsis swedmarkii* sensu Yoshimatsu et al(2000)。

模式标本产地：香川县屋岛湾的沙滩。

大小：长 43～60μm，宽 30～38μm。

甲板板式：APC 4′ 2a 7″ 3c 4s 5‴ 2⁗（Hoppenrath et al,2009b）。

叶绿体：无。

形态特征：细胞呈宽椭圆形（桶形，后部平截），背腹扁平，上壳较小且呈帽状，略窄于下壳。横沟由 3 块甲板组成，上旋距离约为横沟自身宽度。有独特弯曲的纵沟，位于下壳中央，由 4 块甲板组成[Hoppenrath 等(2009b)对 Yoshimatsu 等(2000)提供的扫描电镜图像作出了新解释]。细胞核极可能位于下壳左侧下部，在 Yoshimatsu 等(2000,图 3 和图 4)提供的光镜图像中不易辨认。甲板上有不规则的小突起(乳头状)。有两块前间插板。第三沟后板(3‴)为中等大小，几乎对称，呈五边形(近似正方形)，稍微指向后部。底部没有突起。具体描述详见 Yoshimatsu 等(2000)。

鉴定：Amphidiniopsis yoshimatsui 与其他背腹侧扁型种类的区别表现为以下 6 个特征：第一沟后板(1‴)相对狭窄，在腹面观中，可见沟后板(1‴、2‴)和第一底板(1⁗)之间的片间带；第三沟后板(3‴)的大小和形状非常独特；第一前间插板(1a)呈六边形；第二顶板(2′)和纵沟相连；无顶钩；底部无突起(刺)。该种与左右侧扁型物种的区别在于其背腹扁平。

近似种：Amphidiniopsis aculeata，A. hexagona，A. hirsuta，A. konovalovae，A. striata，A. swedmarkii。所有背腹扁平型种类均可通过第三沟后板(3‴)的形状和大小、第一前间插板(1a)的形状、第二顶板(2′)和纵沟之间的连接或分离、第三顶板(3′)的大小、壳纹饰、底部有无突起、有无顶钩进行区分。

分布：砂质沉积物。日本香川县(Yoshimatsu et al,2000)。

参考文献：Hoppenrath et al,2009b,2012b。

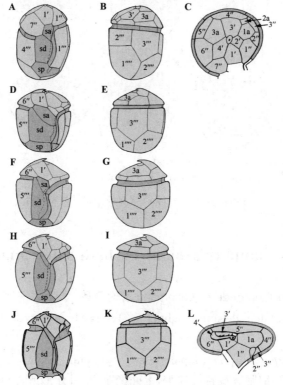

A～C—A. dragescoi；D,E—A. korewalensis；F,G—A. pectinaria；H,I—A. uroensis；J～L—A. cristata。A,D,F,H,J—腹面观；B,E,G,I,K—背面观；C,L—顶面观(上壳板)。

图 3-8 Amphidiniopsis spp.(背腹扁平物种，大多数具有顶钩)

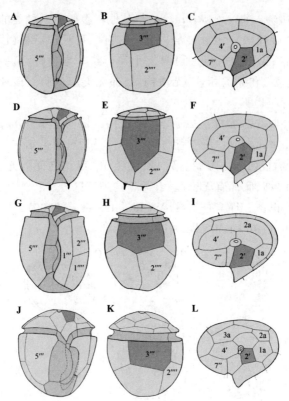

A~C—*A. striata*;D~F—*A. swedmarkii*;G~I—*A. yoshimatsui* sp. nov;J~L—*A. rotundata*。
A,D,G,J—腹面观;B,E,H,K—背面观;C,F,I,L—顶面观(上壳板)。

图 3-9 *Amphidiniopsis* spp.(背腹扁平物种),甲板排列绘图

Amphidinium [amphi: around, on both sides; dino-neutral]

Amphidinium Claparède et Lachmann 前沟藻属

出版信息:Claparède and Lachmann,1859,Mémoires de l'Institut National Genevois,6,p. 410。

模式种:*A. operculatum* Claparède et Lachmann。

描述:无甲类,细胞一般背腹扁平,上壳微小,呈月牙形或三角形,通常向细胞左侧偏转。

评论:本属根据修订后的新定义,只包含上壳微小、呈三角形或向左侧偏转的物种(Flø Jørgensen et al,2004a;Murray et al,2004),上壳长度小于或等于细胞长度1/3 的物种不属于本属。前沟藻属(*Amphidinium*)似乎是最早进化的甲藻类群之一(Orr et al,2012)。对于不符合新定义标准(Flø Jørgensen et al,2004a;Murray et al,2004),但尚未进行调查,无法确定属的物种,在本书中被列入广义的前沟藻属(*Amphidinium* sensu lato)。

Amphidinium sensu stricto(狭义的前沟藻属)

Amphidinium bipes E.C. Herdman

出版信息:Herdman,1924b,Proceedings and Transactions of the Liverpool Biological Society 38,p. 78,Fig. 19。

插图:图 3-10A。

大小:长 15~38μm,宽 12~25μm,长宽比为 1.3~1.6。

叶绿体:无。

形态特征:从腹面观,细胞呈椭圆形至长圆形,背腹扁平。下壳底部有一个明显的缺口,呈二裂片状。上壳较小,从腹面观,呈三角形,稍向左侧偏转。一条沟延伸到上壳,几乎到达顶部。细胞核呈圆形,直径约 10μm,位于下壳。

分布:砂质沉积物。英国(Herdman,1924b;Dodge,1982),丹麦瓦登海(Larsen,1985),德国(Hoppenrath,2000b),法国(Paulmier,1992),意大利厄尔巴岛(Hoppenrath,未发表),日本濑户内海(Ono et al,1999),加拿大(Baillie,1971)。

Amphidinium carterae Hulburt 强壮前沟藻

出版信息:Hulburt, 1957, Biological Bulletin Marine Biological Laboratory Woods Hole 112,p. 199。

同种异名:Carter,1937,Figs 12-15,称作 *A. klebsi*。

其他名称:*Amphidinium eilatensis*(Lee et al,2003a)与 *A. carterae* 形态一致,无法区分。该种的大亚基核糖体 RNA 序列与 *A. carterae* 的基因型 2(Genotype 2)相一致(Murray et al, 2004)。

插图:图 3-10 B,图 3-11 A,B。

大小:长 10~17μm,宽 7~13μm,深约 6μm,长宽比为 1.2~1.6。

叶绿体:叶绿体黄绿色,可能为单个,有多个裂片,中心为淀粉核,直径约 3μm。

形态特征:细胞呈椭圆形,背腹扁平。上壳呈月牙形,明显向左侧偏转。横沟从细胞上壳顶部往下 0.3~0.4 个细胞长度的位置开始,横跨腹面中部,在腹侧先上旋再下旋,在顶部往下 0.5 个细胞长度的位置结束。纵沟起点在横沟起点下方 1~2μm 处,一直往后延伸到后部。细胞核呈圆形,位于下壳,游动细胞通过二分裂进行增殖。

近似种:*Amphidinium massartii*。

评论:该种至少有 4 种不同的基因型(Murray et al,2004;Murray et al,2012)。有些基因型会产生有毒物质,见第 7 章。

分布:常见于英国(Dodge,1982),挪威(Throndsen,1969),丹麦(Flø Jørgensen,2002),德国瓦登海(Hoppenrath,2000b),葡萄牙(Sampayo,1985),美国东海岸

(Hulburt,1957),伯利兹(Faust and Steidinger,1995),希腊(Aligizaki,未发表),埃及(Ismael et al,1999),科威特(Al-Yamani and Saburova,2010)(?),马来西亚(Mohammad-Noor et al,2007b),澳大利亚鲨鱼湾(Al-Qassab et al,2002),日本(Fukuyo,1981),加拿大英属哥伦比亚省界限湾(Hoppenrath,未发表),澳大利亚昆士兰北部热带地区(Larsen and Patterson,1990),新喀里多尼亚(Fukuyo,1981),法属波利尼西亚(Fukuyo,1981)。

Amphidinium cupulatisquama Tamura et Horiguchi

出版信息:Tamura et al,2009,Phycologial Research 57,p. 306,Figs 1-19。

插图:图 3-10C,D。

大小:长 30~59μm,宽 19~43μm。

叶绿体:呈辐射状,黄褐色;球形淀粉核被淀粉鞘包围,位于下壳中央。

形态特征:细胞呈卵圆形,背腹扁平,底部稍尖。上壳呈回旋镖状,向背侧弯曲;下壳左侧扁平。细胞核呈圆形,位于细胞后部;眼点呈肾形,位于横沟背侧。体鳞呈杯状。游动细胞通过二分裂法进行无性繁殖。

近似种:*Amphidinium steinii*,*Amphidinium trulla*,*Amphidinium gibbosum*。

评论:该种可通过独特的体鳞、游动细胞的繁殖方式和是否有眼点进行区分。

分布:目前仅有模式地的报道,即日本冲绳池企岛的海洋沉积物(Tamura et al,2009)。

Amphidinium gibbosum(Maranda et Shimizu)Murray et Flø Jørgensen

出版信息:Maranda and Shimizu,1996,Journal of Phycology 32,p. 873-879(称作 *Amphidinium operculatum* var. *gibbosum*);Murray et al,2004,p. 373,Figs 2B,3B,5A-D。

同种异名:*Amphidinium operculatum* var. *gibbosum* Maranda et Shimizu。

插图:图 3-10E~H。

大小:长 24~43μm,宽 17~23μm。

叶绿体:黄褐色质体,有辐射状的细长裂片,有一个大的环状淀粉核,直径约 5μm。

形态特征:细胞呈不对称的椭圆形,底部稍尖,背腹扁平。上壳微小,向左侧偏转。下壳右侧后部常凹陷,呈 S 形,如驼背状。横沟深陷,两端偏移。纵沟起于横沟后侧,延伸至底部。液泡的直径为 4μm,靠近纵沟起点。纵沟在其 1/3 长度处明显向右弯曲,略微向左偏移。细胞核呈圆形,位于细胞后部。

近似种:*Amphidinium cupulatisquama*,*Amphidinium steinii*,*Amphidinium trulla*。

评论:该种曾被定名为 *A. operculatum* var. *gibbosum*(Maranda and Shimizu,1996),*A. klebsii*(Blanco and Chapman,1987;Taylor,1971a,b),以及 *A.* "*belauense*"(McNally et al,1994)。对该种进行了一些超微结构研究(Blanco and Chapman,1987;Maranda and Shimizu,1996;Taylor,1971a)。该种可能会产生毒素,详见第

7章。

分布：加勒比海(Maranda and Shimizu,1996)和科威特潮间带的沉积物(Al-Yamani and Saburova,2010)。

Amphidinium herdmanii Kofoid et Swezy

出版信息：Kofoid and Swezy,1921,Memoirs of the University of California 5, p. 143,Fig. U2。

插图：图 3-10I~K。

大小：长 20~31μm,宽 15~25μm,深约 10μm,长宽比为 1.2~1.5。

叶绿体：质体为黄褐色,单个,呈中心辐射状,有圆形淀粉核状结构,直径 5~6μm,有时明显位于中央。

形态特征：细胞呈长圆形,背腹扁平。上壳呈大三角形,宽 8~13μm,稍向左侧偏转,顶部扁平。有一条短沟,长 3~4μm,始于横沟起点,延伸至顶部。纵沟起点的右侧有一个大的液泡,横沟起点的下方有一个不明显的小液泡。纵沟起点在横沟起点的下方,前缘较窄,然后往后部变宽。下壳略微不对称,左侧长于右侧,在高倍镜下,底部靠近纵沟的位置凹陷。细胞核位于下壳后部,呈月牙形。

分布：英国的海洋沉积物(Herdman, 1911, 1912, 1922, 1924b；Lebour,1925),丹麦和德国的瓦登海(Hoppenrath,2000b；Larsen,1985),法国大西洋海岸(Dragesco, 1965；Paulmier,1992),意大利厄尔巴岛(Hoppenrath,未发表),科威特(Al-Yamani and Saburova,2010),日本(Ono et al,1999),加拿大英属哥伦比亚省界限湾(Hoppenrath,未发表),澳大利亚(Murray and Patterson,2002b)。

Amphidinium incoloratum Campbell

出版信息：Campbell,1973,Sea Grant Publication,UNC-SG-73-07, p. 131, pl. 5,Fig. 27a。

其他名称：*Amphidinium boekhoutensis* Caljon。

插图：图 3-12A,B。

大小：长 24~38μm,宽 17~24μm,长宽比为 1.3~1.6。

叶绿体：无。

形态特征：细胞呈宽椭圆形至卵圆形,左侧相对较直,右侧凸出,背腹扁平。上壳最大宽度为 5~10μm,向左侧偏转。横沟末端变深变宽,比起点低 4μm。腹脊狭窄,延伸至纵沟起点。纵沟起点距顶部 0.6~0.7 个细胞的长度,延伸至腹中线左侧,纵沟前缘较窄,左侧后部逐渐增宽。有两个液泡。大液泡(直径约 2μm)较明显,位于纵沟前部右侧；小液泡不明显,位于横沟起点的下方。无顶沟。细胞核呈圆形,位于下壳后部。

分布：丹麦近海水体(Hansen and Larsen,1992),德国瓦登海潮间带沉积物

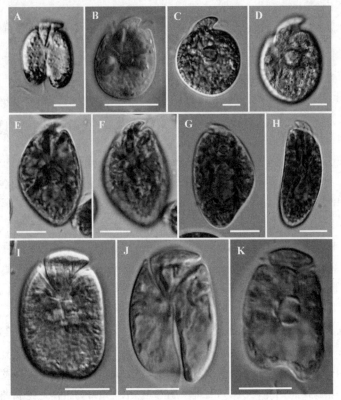

A—*A. bipes*；B—*A. carterae*；C, D—*A. cupulatisquama*；E～H—*A. gibbosum*；I～K—*A. herdmanii*。比例尺—10μm。

图 3-10 狭义的前沟藻属种类（*Amphidinium* sensu stricto）（一）（见彩图 9）

（Hoppenrath, 2000b），比利时（称作 *Amphidinium boekhoutensis*）（Caljon, 1983），美国东海岸（Campbell, 1973），意大利厄尔巴岛（Hoppenrath, 未发表），科威特（Al-Yamani and Saburova, 2010），澳大利亚鲨鱼湾（Al-Qassab et al, 2002），加拿大英属哥伦比亚省界限湾（Hoppenrath, 未发表），澳大利亚昆士兰北部热带地区（Larsen and Patterson, 1990；Murray and Patterson, 2002b）。

Amphidinium massartii Biecheler 玛氏前沟藻

出版信息：Biecheler, 1952, Bulletin biologique de la France et de la Belgique 36, p. 24, Figs 4, 5。

其他名称：*Amphidinium hoefleri* Schiller et Diskus。

插图：图 3-11C, D。

大小：长 12～20μm，宽 7～17μm。

叶绿体：黄绿色单个质体，有多个窄裂片，从细胞中心呈放射状排列。淀粉核具淀粉鞘,呈中心环状,直径为2～4μm。

形态特征:细胞呈椭圆形,背腹扁平。下壳底部稍尖。上壳微小,呈月牙形,略扁平,向左侧偏离。横沟起点距顶部0.3个细胞的长度,横跨腹面中部,先上旋再下旋,末端距顶部0.5～0.6个细胞的长度。两个鞭毛孔之间有一条狭窄的腹脊。纵沟始于横沟起点的下方4μm处,在后部逐渐模糊。细胞核呈圆形或月牙形,位于下壳后部。游动细胞通过二分裂进行无性繁殖。

近似种:*Amphidinium carterae*。

评论:该种至少有4种不同的基因型(Murray et al,2012),其大小范围与*Amphidinium carterae*一致,用光镜很难区分。在形态特征上,可通过质体的形状区分这两种物种:*A. massartii*的质体密度较小,位于中央,而*Amphidinium carterae*的质体呈网状,位于周边。*A. massartii*上壳长和宽与细胞体长的比值大于*Amphidinium carterae*。

分布:法国近海水体(Biecheler,1952),美国罗得岛州的一个盐沼(培养物CCMP1821),美国佛罗里达州的水体(CCMP1342),加拿大英属哥伦比亚省海洋沉积物(Baillie,1971),澳大利亚塔斯马尼亚的水体(Murray et al,2004)。

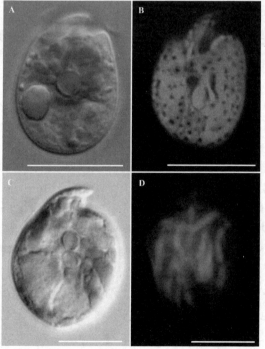

A,B—*A. carterae*;C,D—*A. massartii*。B,D—荧光显微镜下的叶绿体形态;C—照片由Tamura提供。比例尺—10μm。

图3-11 狭义的前沟藻属种类(*Amphidinium* sensu stricto)(二)(见彩图10)

Amphidinium mootonorum Murray et Patterson

出版信息：Murray and Patterson,2002b,European Journal of Phycology 37, p. 289,Fig. 40。

插图：图 3-12C。

大小：长 30~50μm,宽 24~44μm,长宽比为 1.3~1.5。

叶绿体：许多直径为 2~4μm 的黄褐色叶绿体。

形态特征：细胞呈卵圆形,背腹扁平,上壳前部扁平,距顶部 0.4 个细胞的长度,横沟与纵沟交界处狭窄且呈茎状,稍向左侧偏转。横沟相对较宽(2~3μm),起点距顶部 0.4 个细胞的长度,在背侧延伸至距顶部 0.05 个细胞的长度,然后下旋；末端没有偏移。纵沟前缘狭窄,形成一个泪滴状的凹陷,距顶部 0.7 个细胞的长度,未延伸至底部。细胞核位于下壳中央,呈长椭圆形。不动细胞比游动细胞稍宽,被胶质层包围；在细胞顶部,下壳完全环绕上壳。

分布：丹麦伊瑟湾(Flø Jørgensen,2002),德国北部瓦登海(Hoppenrath,2000b,称作 *A.* spec 7),意大利厄尔巴岛(Hoppenrath,未发表),科威特潮间带沉积物(Al-Yamani and Saburova,2010)(?),加拿大英属哥伦比亚省界限湾(Hoppenrath,未发表),澳大利亚的海洋沉积物(Murray and Patterson,2002b),新西兰(Flø Jørgensen,2002)。

Amphidinium operculatum Claparède et Lachmann 具盖前沟藻

出版信息：Claparède and Lachmann,1859, Mémoires de I'Institut National Genevois 6, p. 410. pl. 20,Figs 9,10；Flø Jørgensen et al,2004a。

其他名称：*Amphidinium elegans* Grell et Wohlfarth-Bottermann。

插图：图 3-12D~G。

大小：长 29~48μm,宽 21~28μm,长宽比为 1.4~1.6。

叶绿体：叶绿体呈长条状,黄褐色。淀粉核呈圆形,具淀粉鞘,在光镜下不可见。

形态特征：细胞呈卵圆形,背腹扁平。上壳宽 7~10μm,前部扁平,上壳右上角接近 90°,左上角伸长,形成 30°~45°的角。横沟起点距顶部 0.2~0.3 个细胞的长度,先上旋,随后围绕细胞以近似水平的角度延伸；始端略高于末端。下壳呈圆形,略微不对称。纵沟前缘狭窄,后端变宽。无顶沟。两个鞭毛孔之间有一条狭窄的腹脊。有两个液泡。一个较明显,直径约为 2μm,位于纵沟起点右侧；另一个不太明显,直径也约为 2μm,位于横沟起点的下方左侧。细胞核位于下壳后部,呈月牙形或椭圆形,含有极细的染色体。有一个橙黄色的圆形球状内含体,可能是眼点,直径为 6~8μm。游动细胞通过二分裂法进行繁殖。

分布：最早发现于挪威(Murray et al,2004)。也分布在美国东海岸(Grell and Wohlfarth-Bottermann, 1957),意大利厄尔巴岛(Hoppenrath,未发表),希腊(Aligizaki,未发表),科威特(Al-Yamani and Saburova,2010)(?),马来西亚

(Mohammad-Noor et al,2007b),俄罗斯日本海(Konovalova and Selina,2010),日本琉球群岛(称作 A. klebsii,Fukuyo,1981),加拿大英属哥伦比亚省界限湾(Hoppenrath,未发表),澳大利亚若干地点(Murray et al,2004;Al-Qassab et al,2002),新喀里多尼亚(称作 A. klebsii,Fukuyo,1981),新西兰(Murray et al,2004)。

Amphidinium ovum E.C. Herdman

出版信息：Herdman,1924b,Proceedings and Transactions of the Liverpool Biological Society 38,p. 78,Fig. 25。

插图：图 3-12H。

大小：长 $24\sim55\mu m$,宽 $21\sim43\mu m$,长宽比为 $1.1\sim1.3(1.4)$。

叶绿体：许多呈细长盘状的叶绿体,约为 $3\mu m\times1\mu m$。

形态特征：细胞呈宽椭圆形,背腹扁平。上壳钝,横沟深陷,有偏移,形成一个向左下旋的螺旋。上壳不对称,腹侧约 0.4 个细胞的长度,而在背侧仅有 0.2 个细胞的长度。纵沟内陷,从左缘伸出,与右缘重叠,到达底部,有时延伸到顶部的一半。细胞核位于下壳的后部。

分布：最初发现于英国(Herdman,1924b;Dodge,1982)。也分布在丹麦瓦登海的潮间带(Larsen,1985),科威特南部的潮间带(Al-Yamani and Saburova,2010),澳大利亚热带海洋沉积物(Larsen and Patterson,1990)。

Amphidinium psittacus Larsen

出版信息：Larsen,1985,Opera Botanica 79,p. 26,Figs 46-51。

插图：图 3-12I。

大小：长 $10\sim15\mu m$,宽 $6\sim10\mu m$,长宽比为 $1.5\sim2.0$。

叶绿体：无。

形态特征：从腹面观,细胞呈椭圆形至长圆形,背腹扁平,上壳不对称,向左弯曲。顶部呈圆形。横沟起点到细胞顶部约 0.3 个细胞的长度,在腹侧弯曲上旋,然后下旋,穿过背侧,在距细胞顶部 $0.5\sim0.6$ 个细胞的长度处终止。纵沟不明显,其起点位于横沟起点下方 $2\sim3\mu m$ 处,细胞核位于下壳左后部。

分布：丹麦和德国的瓦登海(Larsen,1985;Hoppenrath,2000b),意大利厄尔巴岛(Hoppenrath,未发表),科威特的潮间带(Al-Yamani and Saburova,2010),夏威夷和斐济(Larsen and Patterson, 1990),澳大利亚(Murray and Patterson,2002b;鲨鱼湾,Al-Qassab et al,2002)。

Amphidinium salinum Ruinen

出版信息：Ruinen,1938,Archiv für Protistenkunde 90,p. 17,Fig 43。

插图：无。

大小：长 $18\sim25\mu m$,宽 $13\sim19\mu m$,长宽比为 $1.2\sim1.6$。

叶绿体：质体为黄褐色，具 1 或 2 个淀粉核（直径 2～4μm），无填充细胞质；大小和位置变化不定。

形态特征：从腹侧观，细胞呈宽椭圆形，背腹略扁平。上壳呈圆形到略微圆锥形，其与截形的下壳相连处，缩小至茎状。横沟相对较宽，宽度约为 2μm，最初略微上旋，随后朝末端下旋，在垂直方向上没有偏移。纵沟前缘较窄，向左弯曲，后端变宽。细胞核呈圆形至椭圆形，位于下壳，直径约为 8μm。细胞周围有一排射出胞器（1～4μm）。

分布：比利时（Ruinen，1938），澳大利亚南部约克半岛的高盐度沉积物（Ruinen，1938），澳大利亚西部鲨鱼湾（Al-Qassab et al，2002）。

Amphidinium steinii Lemmermann

出版信息：Lemmermann，1910，Kryptogamenflora der Mark Brandenburg und angrenzender Gebiete 3，p. 580，616，Figs 1-7。

其他名称：*Amphidinium wislouchi* Hulburt，*Amphidinium rostratum* Proskina-Lavrenko。

插图：无。

大小：长 20～28μm，宽 10～20μm，长宽比为 1.3～2.0。

叶绿体：质体呈黄褐色，条纹状放射排列，具淀粉鞘的环状淀粉核位于中央，直径 4～5μm。

形态特征：从腹侧观，细胞呈椭圆形，背腹扁平。上壳呈三角形，向前弯曲，向左侧偏转。横沟起点到细胞顶部距离约 0.2 个细胞的长度；末端位于起点右侧，在其下方 2～4μm。纵沟起点位于腹中线右侧，前缘深且宽，在细胞后部逐渐变得模糊。有两个液泡，每个液泡直径约为 1μm，一个在横沟起点下方，另一个在纵沟起点右侧。细胞核呈圆形至椭圆形，位于下壳后部，直径约为 10μm。在透明孢囊中无性分裂，可形成 2～3 个子细胞。

近似种：*Amphidinium trulla*，*Amphidinium cupulatisquama*，*Amphidinium gibbosum*。

分布：根据过去的报道很难进行评估，因为几个物种形态相似，容易混淆（见 Murray et al，2004），但该物种似乎存在于希腊的海沙中（Aligizaki，未发表），美国马萨诸塞州伍兹霍尔（Hulburt，1957），科威特（Al-Yamani and Saburova，2010），澳大利亚（Murray et al，2004）。

Amphidinium trulla Murray，Rhodes et Flø Jørgensen

出版信息：Murray et al，2004，Journal of Phycology 40，p. 374，Figs 2D，3C，6A-D。

插图：图 3-12J，K。

大小：长 18～30μm，宽 12～22μm。

叶绿体：质体呈黄褐色，为单生，具多裂片呈放射状，具淀粉鞘的环状淀粉核，直径约为 5μm，位于中央。

形态特征：细胞呈椭圆形，背腹扁平。上壳微小，呈月牙形，前部弯曲，向右倾斜，向左侧偏转。横沟起点到细胞顶部 0.1～0.15 个细胞的长度，横跨腹面中部，先上旋，然后在腹侧下旋，终点距顶部 0.3～0.4 个细胞的长度。纵沟起点位于前部 1～2μm 的囊中，在横沟起点的左侧，延伸至后部。两个鞭毛孔之间有一条狭窄的腹脊。细胞核呈圆形，位于下壳后部。游动细胞通过二分裂进行无性繁殖。

近似种：*Amphidinium cupulatisquama*，*Amphidinium gibbosum*，*Amphidinium steinii*。

分布：模式地丹麦和新西兰朗高奴湾的海洋沉积物（Murray et al, 2004）。

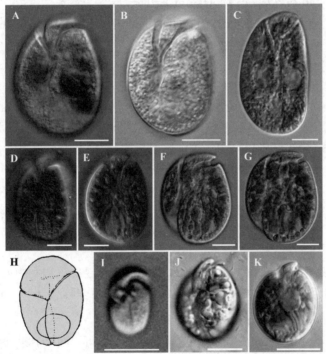

A，B—*A. incoloratum*（照片 B 由 Sparmann 提供）；C—*A. mootonorum*；D～G—*A. operculatum*；H—*A. ovum*（根据原图修改）；I—*A. psittacus*；J，K—*A. trulla*。比例尺—10μm。

图 3-12 狭义的前沟藻属种类（*Amphidinium* sensu stricto）（三）（见彩图 11）

Amphidinium yuroogurrum Murray et Patterson

出版信息：Murray and Patterson, 2002b, European Journal of Phycology 37, p. 295, Fig. 67。

插图：无。

大小：长 $12\sim17\mu m$，宽 $9\sim13\mu m$，深约为 $7\mu m$，长宽比为 $1.3\sim1.7$。

叶绿体：无。

形态特征：细胞呈卵圆形至长圆形，背腹扁平，纵沟不在细胞中心。上壳呈喙形，顶部扁平，向左侧偏转，延伸至距细胞顶部 0.5 个细胞的长度处。上壳腹侧的中间部分有一条沟，位于最靠近下壳的一侧，向左弯曲。细胞核直径约为 $5\mu m$，位于下壳。细胞游动速度极快，常附着于可能的食物颗粒上并进行振动。

分布：该种至今仅在模式地澳大利亚的海洋沉积物样本中发现（Murray and Patterson, 2002b）。

Amphidinium sensu lato（广义的前沟藻属）

Amphidinium boggayum Murray et Patterson

出版信息：Murray and Patterson, 2002b, European Journal of Phycology 37, p. 280, Fig. 2。

插图：图 3-13A～C。

大小：长 $39\sim58\mu m$，宽 $25\sim45\mu m$，深约 $22\mu m$，长宽比为 $1.1\sim1.5$。

叶绿体：有许多呈黄褐色的叶绿体，直径为 $2\sim3\mu m$，遍布整个细胞。

形态特征：细胞呈椭圆形至长圆形，背腹略扁平，前端不对称，顶部位于细胞左侧。横沟起点距细胞顶部 0.5～0.6 个细胞的长度，垂直上旋至距顶部 0.2～0.3 个细胞的长度，然后向左偏转，在腹侧以稍向上的角度继续延伸。纵沟狭窄，朝后部向右弯曲，使细胞底部凹陷。顶沟在横沟呈现约 $45°$ 角的位置开始，逆时针绕顶部形成一个环。细胞核位于上壳，呈椭圆形，直径为 $10\sim12\mu m$。细胞游动速度极快，在静止后瞬间转变为不动细胞。不动细胞呈圆形，被胶质层包围，直径约 $40\mu m$，横沟或纵沟通常不明显。

分布：直到不久前，该种只在模式地澳大利亚的砂质沉积物中发现（Murray et al, 2002b）。最近在新西兰也发现了该种（Rhodes, 未发表）。

Amphidinium corpulentum Kofoid et Swezy

出版信息：Kofoid and Swezy, 1921, Memoirs of the University of California 5, p. 134, Fig. 11(on plate 1), Figs U 6,13。

插图：图 3-13D～F。

大小：长 $46\sim54\mu m$，宽 $30\sim34\mu m$。

叶绿体：有许多盘状叶绿体。

形态特征：细胞呈囊状，背腹扁平。上壳较宽，约为细胞总长的 1/5，呈圆形，纵沟延伸至顶部，形成明显的顶部缺口。底部扁平或呈宽圆形，底部有纵沟形成的缺口。横沟呈 V 形，腹侧最低，纵沟下悬有翼状物。横沟与纵沟交界处有两条鞭毛，纵鞭毛长度约为细胞长度的 3/4。细胞核呈卵圆形,位于细胞后部。

分布:出现在英国的海洋沉积物中(Dodge,1982)和意大利厄尔巴岛(Hoppenrath,未发表),可能分布于科威特的潮间带砂坪(Al-Yamani and Saburova,2010)(?)和加拿大英属哥伦比亚省界限湾(Hoppenrath,未发表),首次报道于美国加利福尼亚的海洋潮间带沉积物(Kofoid and Swezy,1921)。

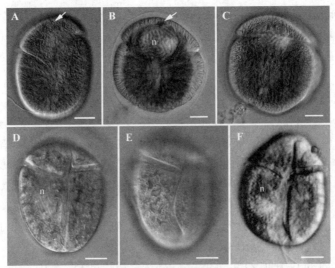

A~C—*A. boggayum*,标示出 A 和 B 中的顶部眼点(箭头)、B 中的细胞核(n)和不动细胞周围透明的胶质物,其中,A 为腹面观,B 为细胞中部聚焦,C 为背面观;D~F—*A. corpulentum*(照片 D、E 由 Sparmann 拍摄),其中 n 为细胞核。比例尺—10μm。

图 3-13 广义的前沟藻属种类(*Amphidinium* sensu lato)(一)(见彩图 12)

Amphidinium latum Lebour

出版信息:Lebour,1925,Marine Biological Association of the UK,Plymouth,p. 26,pl. 2,Fig. 3。

插图:图 3-14A~C。

大小:长 16~25μm,宽 13~26μm,长宽比为 0.8~1.8。

叶绿体:存在不同颜色的食物泡/外源叶绿体。

形态特征:从腹侧观,细胞呈圆形、方形到长方形,背腹扁平。上壳为圆锥形,顶端尖。横沟宽,约 2μm,完全环绕细胞。纵沟窄,沿细胞中央向下成一条直线,在底部变宽,形成一个缺口。上壳有短的纵沟延伸。顶沟从纵沟延伸的终点开始到顶部左侧,然后以逆时针方向绕顶部旋转。细胞核位于中心或下壳左侧。细胞通常游动速度很快。

在某些细胞的纵沟区可以观察到类似眼点的橙色结构。是否真正的眼点仍然需要研究。

近似种：*Amphidinium poecilochroum*，*Gymnodinium myriopyrenoides*。

分布：英国(Lebour,1925;Dodge 1982)，丹麦瓦登海(Larsen,1985)，比利时(Conrad and Kufferath,1954)，南非纳塔尔(Horiguchi and Pienaar,1992)，澳大利亚(Murray and Patterson,2002b)。

Amphidinium mammillatum Conrad et Kufferath

出版信息：Conrad and Kufferath, 1954, Mémoires de l'Institut royale des sciences naturelle de Belgique 127, p. 127, pl. 2, Figs 4A,B。

其他名称：*Amphidinium pseudogalbanum* Conrad et Kufferath。

插图：无。

大小：长 15～24μm，宽 11～18μm，长宽比为 1.1～1.8。

叶绿体：有一个，黄绿色，呈条状分散，主要位于下壳，有一个淀粉核(直径 4～5μm)。

形态特征：从腹侧观，细胞呈圆形至椭圆形，背腹略扁平，上壳长度约为细胞长度的 0.3 倍。横沟相对较宽(约 2μm)，起点刚好在腹中线左侧，先略微上旋，然后越过背侧朝末端下旋，起点比末端低一个横沟宽度。纵沟向左弯曲，后部变得模糊，未延伸至底部。纵沟稍微延伸侵入上壳。纵沟左边缘远比右边缘清晰。顶沟逆时针在背侧环绕顶部。细胞核呈圆形至椭圆形，位于上壳。

分布：英国和比利时(Conrad and Kufferath,1954)，澳大利亚(Murray and Patterson,2002b;鲨鱼湾，Al-Qassab et al,2002)。

Amphidinium poecilochroum Larsen

出版信息：Larsen,1985,Opera Botanica 79,p. 25,Figs 38-45,94。

插图：图 3-14D～F。

大小：长 13～20μm，宽 10～14μm，长宽比为 1.3～1.5。

叶绿体：4～8 个，盘状，各有一个淀粉核，颜色从蓝绿色到棕色，有外源叶绿体。

形态特征：细胞呈圆形至宽长圆形，背腹扁平。上壳较小，呈纽扣状，宽度约为细胞最大宽度的一半，长度约为细胞总长度的 0.15 倍。下壳呈囊形、圆形或近似圆锥形。纵沟狭窄，呈狭缝状，延伸至底部，并侵入上壳直至顶部。细胞核位于下壳左侧，呈圆形，直径约 4μm。细胞形状可变，特别是在显微镜下观察时。

近似种：*Amphidinium latum*，*Gymnodinium myriopyrenoides*。

评论：该种已被证明与 *Gymnodinium myriopyrenoides*(Yamaguchi et al, 2011b)同属于狭义裸甲藻属(*Gymnodinium* sensu stricto)的一个亚分支(LSU rDNA)。该分支代表一个新属，因此，没有将该物种并入裸甲藻属(*Gymnodinium*)。

分布：首次报道于丹麦瓦登海的海洋潮间带沉积物(Larsen,1985)。也分布于德国(Hoppenrath,2000b)，意大利厄尔巴岛(Hoppenrath,未发表)，科威特(Al-

Yamani et al,2010),加拿大英属哥伦比亚省界限湾(Hoppenrath,未发表)。

参考文献：Larsen,1988；Yamaguchi et al,2011b。

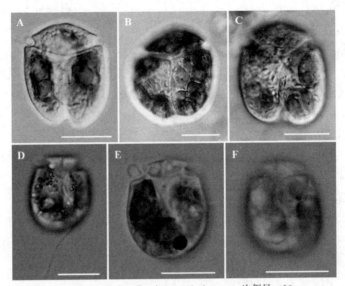

A~C—*A. latum*；D~F—*A. poecilochroum*。比例尺—10μm。

图 3-14　广义的前沟藻属种类(*Amphidinium* sensu lato)(二)(见彩图 13)

Amphidinium scissum Kofoid et Swezy

出版信息：Kofoid and Swezy,1921,Memoirs of the University of California 5, p. 150-151,Figs 22(on plate 2),U1。

插图：图 3-15F。

大小：长 38~56μm,宽 16~24μm,深约 12μm,长宽比为 2.1~2.9。

叶绿体：无。

形态特征：从腹侧观,细胞呈椭圆形至长圆形,背腹扁平。上壳呈半圆形,向右倾斜。横沟相对较深,先从腹侧上旋,随后下旋,右端在纵沟处逐渐变细至 2~3μm,横沟有偏移。纵沟有一个楔形的凹陷。顶沟从横沟起点以逆时针螺旋形环绕顶部。细胞核位于下壳后部。腹侧有 16~18 条细小纵向条纹。

分布：砂质海滩沉积物。美国加利福尼亚拉荷亚(Kofoid and Swezy,1921),法国大西洋海岸(Paulmier,1992)。澳大利亚热带昆士兰北部(Larsen and Patterson,1990)以及澳大利亚亚热带(Murray and Patterson,2002b)发现的物种为一种尚未描述的 *Gyrodinium*,见下文。

在海洋底栖沉积物生境中,以下的前沟藻属(*Amphidinium*)的物种也被有效描述,但它们自描述以来从未被报道,仅有线条图的信息。目前还无法对这些物种进行评价。因此,这里给出原始的文献和插图信息：

Amphidinium dentatum Kofoid et Swezy,1921,p. 138,Fig. 111(图 3-15A)。
Amphidinium flexum E.C. Herdman,1924a,p. 59,Fig. 3-4(图 3-15B)。
Amphidinium globosum Schröder,1911,p. 651,Fig. 16(图 3-15C)。
Amphidinium manannini E.C. Herdman,1924b,p. 79,Fig. 21(图 3-15D)。
Amphidinium psammophila Conrad et Kufferath,1954,p. 85,Fig. 4(图 3-15E)。
Amphidinium sphenoides Wulff,1916,p. 105,pl. 1,Fig. 9(图 3-15G)。
Amphidinium truncatum Kofoid et Swezy,1921,p. 154(图 3-15H)。
Amphidinium vitreum E.C. Herdman,1924b,p. 79,Fig. 22(图 3-15I)。

Amphidinium klebsii Kofoid et Swezy 是根据 Klebs（1884）描述的 *A. operculatum* 而建立的。它与 *A. operculatum* 不同,其纵沟位于前部,具有舌状上壳,质体的辐射部分更靠后,并且细胞表面具有沟或褶皱。一些作者认为 *Amphidinium klebsii* 与 *A. operculatum* 是同种异名（Dodge,1982；Larsen,1985；Hoppenrath,2000b）。许多作者都写过关于 *Amphidinium klebsii* 的报告,但据我们所知,该种没有一个样本表面有褶皱。具有这些特征的物种自其有描述以来尚未被报道,因此将其列为需要进一步确认的物种。

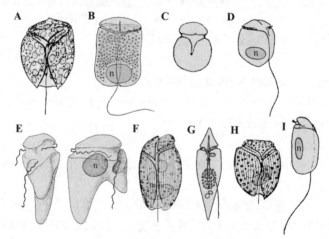

A—*A. dentatum*；B—*A. flexum*；C—*A. globosum* （仿 Schiller, 1993）；D—*A. manannini*；E—*A. psammophila*；F—*A. scissum*；G—*A. sphenoides* （仿 Hulburt,1957）；H—*A. truncatum*；I—*A. vitreum*。

图 3-15 不确定的广义前沟藻属物种,由原图修改

Ankistrodinium [ancistron：fish-hook；dino-neutral]

Ankistrodinium Hoppenrath,Murray,Sparmann et Leander
出版信息：Hoppenrath et al,2012a,Journal of Phycology 48,p. 1145。

模式种：*A. semilunatum*（E.C. Herdman）Hoppenrath, Murray, Sparmann et Leander。

甲板板式：无甲类。

顶沟：顶沟直，末端呈钩状。

形态特征：无甲类，左右侧扁，上壳较小且不对称（左侧比右侧高）。顶沟呈鱼钩状。纵沟较宽且深陷，围绕细胞底部侵入上壳。有腹脊。

Ankistrodinium semilunatum（E.C. Herdman）Hoppenrath, Murray, Sparmann et Leander

出版信息：Hoppenrath et al, 2012a, Journal of Phycology 48, p. 1145-1146, Figs 2-4。

同种异名：*Amphidinium semilunatum* E.C. Herdman; Herdman, 1924a, Proc. Tran. Liverpool Biol. Soc. 38: p.59, Fig. 7。

其他名称：*Thecadinium semilunatum*（E.C. Herdman）Dodge 1982。

插图：图3-16。

大小：长29～64μm，宽6～20μm，深20～48μm。

甲板板式：无甲类。

顶沟：顶沟直，末端呈钩状。

叶绿体：无。

形态特征：细胞显著左右侧扁，呈圆四边形至椭圆形，上壳较小且不对称。横沟完全环绕细胞并略微上旋。由于其走向原因，上壳左侧高于右侧。下壳后部呈圆形，背侧高于腹侧，近乎直线。纵沟深陷，围绕细胞后部延伸至背侧。纵沟侵入上壳，其末端与鱼钩状顶沟的起点相近，细胞核位于下壳中部的腹侧。有彩色食物泡的吞噬型物种。

近似种：从右侧看，该种与"*Amphidinium*" *sulcatum* 看起来相似，但后者的上壳不对称，且可能有叶绿体，见上文。

评论：在澳大利亚发现了后部具有一排大型射出胞器的样品（Murray and Patterson, 2002b）。需要调查它们是否属于其他物种（Hoppenrath et al, 2012a）。在日本和澳大利亚发现了一种新的具有大刺丝泡的 *Ankistrodinium* 物种（Watanabe et al, 2014）。

分布：砂质沉积物。很可能分布于全球的温带至热带地区。英国马恩岛伊林港（Herdman, 1924a），英国福克斯顿（Dodge, 1982），英国苏格兰萨瑟兰郡北部（Dodge, 1989），丹麦瓦登海（Larsen, 1985），德国瓦登海和德国黑尔戈兰、威廉港、旺格岛、叙尔特、德国湾（Hoppenrath, 2000b; Hoppenrath et al, 2012a），法国诺曼底（Paulmier, 1992），法国布列塔尼孔卡尔诺罗斯科夫（Balech, 1956; Hoppenrath and Chomérat, 未发表），波兰波罗的海格但斯克湾（Pankow, 1990），意大利厄尔巴岛（Hoppenrath, 未发表），希腊克里特岛（Hoppenrath, 未发表），科威特阿拉伯湾（Saburova et al, 2009; Al-Yamani and Saburova, 2010），澳大利亚鲨鱼湾（Al-Qassab et al,2002)、澳大利亚西部布鲁姆(Murray and Hoppenrath,未发表)、南非夸祖鲁-纳塔尔省南海岸、日本北海道石狩湾海滩(Horiguchi,未发表)、加拿大英属哥伦比亚省柳湾、威尔森溪、布雷迪海滩、帕切纳海滩、界限湾(Baillie,1971;Hoppenrath et al,2012a)、澳大利亚昆士兰州鲍灵格林湾(Larsen and Patterson,1990)、澳大利亚植物学湾(Murray and Patterson,2002b——或不同物种)。

参考文献:Herdman,1924a,参见"分布"。

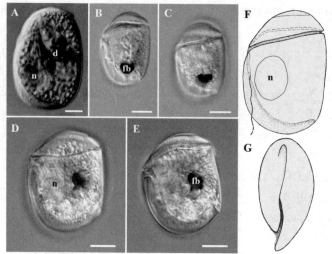

A~E—3个不同细胞的光学显微图;F,G—细胞特征绘图;G 为带有鱼钩状顶沟的上壳;d 为硅藻,fb 为食物体,n 为细胞核。比例尺—10μm。

图3-16 *Ankistrodinium semilunatum*(见彩图14)

Apicoporus [apex:top;porus:pore-masculine]

Apicoporus Sparmann,Leander et Hoppenrath

出版信息:Sparmann et al,2008,Protist 159,p.384。

模式种:*Apicoporus glaber*(Hoppenrath et Okolodkov) Sparmann, Leander et Hoppenrath。

甲板板式:无甲类。

顶沟:无顶沟,但有顶孔。

形态特征:无甲类,有表膜。细胞背腹扁平,上壳小、低、宽,且不对称。有一个顶孔,被钩状的顶部突起覆盖。横沟下旋,末端不与纵沟相连。纵沟深陷部侵入上壳,较浅部分沿下壳向下延伸,最后在后部形成一个半圆形的凹陷,部分凹陷被腹部翼覆盖。

Apicoporus glaber (Hoppenrath et Okolodkov) Sparmann, Leander et Hoppenrath

出版信息：Sparmann et al, 2008, Protist 159, p. 384-385, Figs 1A, 2A, 3A, C, 4A, C, 7C, D。

同种异名：*Amphidinium glabrum* Hoppenrath et Okolodkov; Hoppenrath et al, 2000, European Journal of Phycology 35, p. 62。

其他名称：*Amphidinium scissum* partim(sensu Herdman, 1922; Baillie, 1971; Larsen, 1985)。

插图：图 3-17A～D。

大小：长 30～50μm，宽 16～30μm。

甲板板式：无甲类。

顶沟：无顶沟，但有顶孔。

叶绿体：隐性的褐色叶绿体。

形态特征：细胞近似四边形，背腹扁平，上壳呈喙状且不对称，而后部对称且呈圆形。顶孔被钩状突起覆盖。纵沟侵入上壳，在下壳向右侧偏移，在后部形成半圆形对称的凹陷。一个突起/翼覆盖住凹陷。横沟下旋（下旋距离约为横沟宽度的6倍），末端不与纵沟相连。细胞核位于细胞下半部。细胞后部有褐色颗粒（即隐性叶绿体）。有食物泡。

近似种：*Apicoporus parvidiaboli*。

分布：砂质沉积物（潮滩和海滩）。丹麦瓦登海（Larsen, 1985, 称作 *Amphidinium scissum*），德国北部瓦登海（Hoppenrath, 2000b, 称作 *Amphidinium glabrum*; Hoppenrath and Okolodkov, 2000, 称作 *Amphidinium glabrum*），意大利厄尔巴岛（Hoppenrath, 未发表），科威特阿拉伯湾（Al-Yamani and Saburova, 2010, 称作 *Amphidinium glabrum*），日本濑户内海，日本神奈川相模湾逗子海滩（Ono et al, 1999, 称作 *Amphidinium scissum*），日本北海道石狩湾海滩（Horiguchi, 未发表），加拿大英属哥伦比亚省界限湾（Sparmann et al, 2008）。

参考文献：Hoppenrath and Okolodkov, 2000, 参见"分布"。

Apicoporus parvidiaboli Sparmann, Leander et Hoppenrath

出版信息：Sparmann et al, 2008, Protist 159, p. 385-387, Figs 1B-F, 2B-I, 3B, D-F, 4B, D, 5, 6, 7A, B, E, F。

插图：图 3-17E～G。

大小：长(19)27～65(78)μm，宽 18～40μm。

甲板板式：无甲类。

顶沟：无顶沟，但有顶孔。

叶绿体：有或无隐性的褐色叶绿体。

形态特征：细胞背腹扁平，上壳呈喙状且不对称，下壳后部不对称。有3种形态：(1)端部倾斜，鲜少有角；(2)有两个大小几乎相等的底角；(3)左角明显。顶部有钩状突起覆盖顶孔。纵沟侵入上壳，在下壳后部形成半圆形凹陷。一个突起/翼覆盖住凹陷。横沟下旋（约为横沟宽度的4倍），末端不与纵沟相连。细胞核位于细胞下半部。有时细胞后部有褐色颗粒（即隐性叶绿体）。有食物泡。

近似种：*Apicoporus glaber*，但该物种的细胞后部对称，没有角。左右侧平行，纵沟偏移，后部凹陷被完全覆盖。

分布：砂质沉积物（潮滩）和海冰。北极斯匹次卑尔根岛弗拉姆海峡的海冰（Hoppenrath and Okolokov, 2000, 称作 *Amphidinium glabrum*），丹麦瓦登海（Larsen, 1985, 称作 *Amphidinium scissum*）。可能也分布在德国瓦登海（Hoppenrath, 2000b, 称作 *Amphidinium glabrum*；Hoppenrath and Okolokov, 2000, 称作 *Amphidinium glabrum*），意大利厄尔巴岛（Hoppenrath, 未发表），加拿大英属哥伦比亚省温哥华岛和界限湾班菲尔德（Sparmann et al, 2008）。

参考文献：参见"分布"。

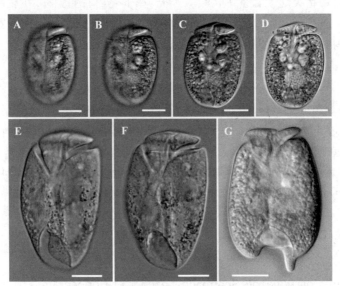

A~D—*A. glaber*；E~G—*A. parvidiaboli*。比例尺—10μm。

图3-17　*Apicoporus* spp.（见彩图15）

Biecheleria [genus dedicated to B. Biecheler-feminine]

Biecheleria Moestrup, Lindberg et Daugbjerg 比西利藻属

出版信息：Moestrup et al, 2009, Phycological Research 57, p. 213。

模式种：*B. pseudopalustris*(Schiller)Moestrup,Lindberg et Daugbjerg。

形态特征：具薄质膜的网甲藻 Woloszynskioid 类。顶沟穿过顶部，由一个细长的囊泡形成。E 型眼点(Moestrup and Daugbjerg,2007)。有一个多甲藻素的叶绿体。

Biecheleria natalensis(Horiguchi et Pienaar)Moestrup

出版信息：Moestrup et al,2009,Phycologial Research 57,p. 218。

同种异名：*Gymnodinium natalense* Horiguchi et Pienaar, 1994a, Japanese Journal of Phycology 42,p. 22,Figs 1-13。

插图：图 3-18。

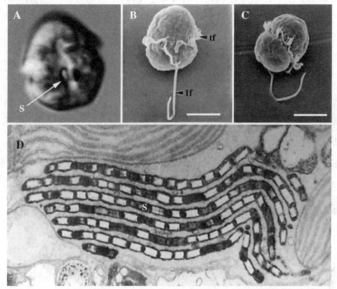

A—腹面观，标示出眼点(S);B—腹面观，标示出横沟鞭毛(tf)和纵沟鞭毛(lf);C—背面观，扫描电镜图;D—眼点超微结构，透射电镜图。比例尺—10μm。

图 3-18 *Biecheleria natalensis*

大小：长 14~18μm,宽 10~13μm。

甲板板式：无甲类，具网甲藻类薄质膜。

顶沟：一个细长的囊泡。

叶绿体：一个绿色或黄棕色的多甲藻素叶绿体。

形态特征：细胞呈卵圆形，具圆锥形上壳和梯形下壳，底部有凹陷。上下壳的大小几乎相等。横沟下旋(下旋距离为横沟宽度的一半或自身宽度)。纵沟较短，延伸至底部。叶绿体位于细胞外围。上壳的淀粉核具淀粉鞘。细胞核位于下壳上半部或细胞中央。纵沟处有一个质体外的红色眼点。

近似种：该种易与另一个形成潮池水华的物种 *Gymnodinium pyrenoidosum* 混

淆，但可根据眼点的形状区分。

评论：在夏季会形成密集的水华（Horiguchi and Pienaar，1994a）。该种的生活史有运动和不动两个交替阶段。细胞分裂发生在不动阶段（呈圆形至卵圆形，无明显沟），并产生两个游动细胞，游动细胞在白天低潮时会活跃游动。

分布：潮池。南非夸祖鲁-纳塔尔省阿曼济姆托蒂（Horiguchi and Pienaar，1994a），澳大利亚悉尼植物学湾（Murray，2003）（?）。

参考文献：Horiguchi and Pienaar，1994b；Moestrup et al，2009。

Bispinodinium [bis：twice；spina：spine；dino-neutral]

Bispinodinium Yamada，Terada，Tanaka et Horiguchi
出版信息：Yamada et al，2013，Journal of Phycology 49，p. 558。
模式种：*B. angelaceum* Yamada，Terada，Tanaka et Horiguchi。
甲板板式：无甲类。
顶沟：像一个放大镜，由从纵沟延伸的线性部分和上壳中心的环状部分组成。
形态特征：与广义前沟藻属相似，无甲类光合甲藻。细胞上壳小，下壳大，横沟完全环绕细胞。顶沟呈放大镜状，棘突（一对长的纤维状结构）从圆形顶沟延伸至细胞核附近。

Bispinodinium angelaceum Yamada，Terada，Tanaka et Horiguchi
出版信息：Yamada et al，2013，Journal of Phycology 49，p. 558，Figs 1-7。
插图：图 3-19。
大小：长 30～42μm，宽 25～33μm。
顶沟：像一个放大镜。
叶绿体：两个棕黄色的多甲藻素叶绿体，有许多平行的细长叶绿体裂片，与横沟成直角。
形态特征：从腹面观，细胞呈长圆形，背腹扁平，几乎沿纵沟轴对称（左右对称）。横沟与细胞顶部的距离约为细胞总长度的 1/3（比值为 0.28～0.33），横沟的两端在与纵沟交界处稍向下弯曲。纵沟笔直且狭窄，延伸至底部。细胞核呈圆形，位于下壳中央。多甲藻素叶绿体呈棕黄色，有许多平行的细长叶绿体裂片，与横沟垂直。有两个淀粉核分别位于下壳的右侧和左侧。

近似种：细胞形态和 *Amphidinium latum* Lebour 最为相似。区别主要在于 *A. latum* 具有隐藻来源的临时叶绿体，没有永久叶绿体（Horiguchi and Pienaar，1992）。此外，两者顶沟的形状也不同（Murray and Patterson，2002b）。

评论：该种从日本亚热带 36m 深的海底沙样中采集。在不受干扰的条件下，该种大部分时间都静止，嵌在黏液基质中。在此状态下，细胞可将其后端附着在培养皿的底部以保持直立。游动细胞的运动非常缓慢,且呈之字形。在已知的甲藻中,棘突是该种特有的。

分布:日本鹿儿岛县马毛岛附近(Yamada et al,2013)。

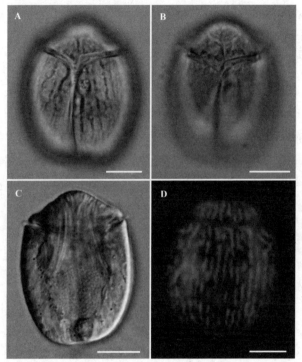

A—腹面观,展示出横沟和纵沟;B—腹面观,展示出部分顶沟;C—细胞中部聚焦,展示出棘突和圆形细胞核;D—荧光显微镜下的叶绿体。比例尺—10μm。

图 3-19 *Bispinodinium angelaceum*(见彩图 16)

Bysmatrum [? Bysma:like a plug-neutral]

Bysmatrum Faust et Steidinger

出版信息:Faust and Steidinger,1998,Phycologia 37,p. 47,49。

模式种:*B. subsalsum*(Ostenfeld)Faust et Steidinger。

甲板板式:APC $4'$ 3a $7''$ 6c 4s $5'''$ $2''''$。

形态特征:类似施克里普藻的具甲类,背腹扁平,第一顶板($1'$)宽,不对称,呈五边形,第二前间插板(2a)和第三前间插板(3a)分离,顶孔板(Po)大,中心有突起圆顶,有 6 块横沟板和 4 块纵沟板。纵沟后板(sp)与横沟不相连,可以产生顶部柄,帮助细胞附着到基质上。

Bysmatrum arenicola Horiguchi et Pienaar

出版信息：Horiguchi and Pienaar,2000,Journal of Phycology 36,p. 237。

同种异名：*Scrippsiella arenicola* Horiguchi et Pienaar, 1988a, Journal of Phycology,p. 426-427，Figs 1-37。

插图：无。

大小：长 40~58μm，宽 34~47μm，深 22~28μm。

甲板板式：APC 4′ 3a 7″ 6c 4s 5‴ 2″″。

叶绿体：有大量含多甲藻素的叶绿体，呈红棕色到棕色。

形态特征：呈椭圆形，背腹扁平，具甲板，细胞纵轴略倾斜，上壳呈不对称的圆锥形，下壳呈不对称的半球形。顶孔板位置较低(顶部柄室)。横沟下旋距离约为横沟宽度的2倍。纵沟深陷，往底部变宽，并到达底部，纵沟左边翅发达。甲板具有疣状突起，呈纵行排列(横沟板和纵沟板除外)。第二和第三前间插板分离。细胞核位于下壳背侧。杆状叶绿体呈放射状排列。淀粉核位于上壳和下壳，光镜下不可见，没有眼点。

近似种：其他 *Bysmatrum* 物种。根据细胞形态(椭圆形或五边形)、甲板纹饰、横沟偏移、细胞核位置、眼点有无、顶板形态(凹进或不凹进)等特征区分。各个特征的比较可参考 Murray 等(2006a)的表格。

评论：观察到摄食茎。目前已经对顶部柄复合体的超微结构进行了详细的观察。细胞分裂发生在不动期，该种表现出适应潮汐运动的垂直迁移。

分布：砂质沉积物的潮池中。南非夸祖鲁-纳塔尔省南部海岸(Horiguchi and Pienaar,1988a)。

Bysmatrum granulosum Ten-Hage,Quod,Turquet et Couté

出版信息：Ten-Hage et al,2001,European Journal of Phycology 36,p.130-133,Figs 1-27。

插图：图 3-20。

大小：长 34~50μm，宽 28~46μm。

甲板板式：APC 4′ 3a 7″ 6c 4s 5‴ 2″″。

叶绿体：有大量含多甲藻素的叶绿体，呈金棕色。

形态特征：细胞呈五边形，背腹扁平，上壳呈圆锥形，下壳呈梯形，上壳小于下壳。顶孔复合体呈稍拉长的多边形，被一领环围绕。顶孔呈圆形，边缘突起。横沟位于细胞中部之上，下旋距离为横沟宽度的1~1.5倍。纵沟深，往后变宽，纵沟左边翅较大，向细胞后面延伸。纵沟未到达底部，但几乎延伸到两个底板。甲板有小突起，有的为疣状，呈线形排列；光镜下细胞有纵向条纹。第二和第三前间插板分离。眼点位于纵沟。细胞核位于下壳，可以产生顶部柄。

近似种：其他 *Bysmatrum* 物种，见 *Bysmatrum arenicola*。

分布：底表栖性，与沉积物伴生或附着于珊瑚碎石和大型藻类上，分布印度洋中法国留尼汪岛(Ten-Hage et al,2001)，马来西亚西巴丹岛(Mohammad-Noor et al,2007b)等地。

Bysmatrum gregarium(Lombard et Capon)Horiguchi et Hoppenrath comb. nov.

出版信息：此处提出的新组合的类型命名和重新描述见 Horiguchi and Pienaar,1988b, British Phycologial Journal 23, p. 35-36,38。

同种异名：*Peridinium gregarium* Lombard et Capon, 1971, Journal of Phycology 7, p. 187, Figs 1-2。

其他名称：*Scrippsiella gregaria*(Lombard et Capon)Loeblich Ⅲ, Sherley et Schmidt(模式种)；*Scrippsiella caponii* Horiguchi et Pienaar(非正式名称)；*Bysmatrum caponii* Faust et Steidinger(非正式名称)。

不同种：*Scrippsiella gregaria* sensu Loeblich Ⅲ, Sherley et Schmidt。

命名说明：基于 *Scrippsiella caponii* Horiguchi et Pienaar(Horiguchi and Pienaar, 1988b)，Faust 和 Steidinger(1998) 提出了新组合，即 *Bysmatrum caponii* "(Horiguchi et Pienaar) Faust et Steidinger"。*Scrippsiella caponii* 一名被用来取代 *Peridinium gregarium* Lombard et Capon (Lombard and Capon, 1971; Horiguchi and Pienaar, 1988b)。Horiguchi 和 Pienaar(1988b)采用了 *Scrippsiella caponii*，因为他们误以为 *Scrippsiella gregaria* 这个组合不能用。Loeblich Ⅲ 等(1979)已提出新组合 *Scrippsiella gregaria*(Lombard et Capon)Loeblich Ⅲ, Sherley et Schmidt。然而，他们错误地进行了分类，实际上指的是 *Scrippsiella hexapraecingula*(Horiguchi and Chihara, 1983a, 见下文)。尽管出现了这种误用，但新的组合是正式的，适用于 Lombard 和 Capon 的原始物种(ICN 第 7 条第 3 款)。因此，*S. caponii* 这一名称是多余的，也是不正式的(第 52 条第 1 款)，因为该物种本应采用 *S. gregaria* 这一名称。因此，*Bysmatrum caponii* 这一名称也不正式。该物种最初见于潮池，*Peridinium gregarium*(Lombard and Capon, 1971)显然与该种完全相同，也适合将其归入 *Bysmatrum*。该种的正确名称是 *Bysmatrum gregarium*。

插图：图 3-21A,B，图 3-22A,B。

大小：长 20～37μm，宽 18～35μm。

甲板板式：APC 4′ 3a 7″ 6c 4s 5‴ 2⁗。

叶绿体：呈棕色。

形态特征：细胞几乎呈五边形，具甲板，背腹略扁平。甲板有明显的纵纹和横纹。顶孔板呈多边形，较大，有突起的领环。第二和第三前间插板分离。横沟下旋距离约为横沟自身宽度。纵沟轻微侵入上壳，并由前纵沟板(sa)造成横沟轻微外伸。纵沟在左侧往后变宽。有纵沟边翅。有较短的后刺。眼点位于纵沟，细胞核位于上壳。

近似种：其他 *Bysmatrum* 物种，见 *Bysmatrum arenicola*。

评论：已发现在黏液基质中形成云雾状团块。

分布：有砂质沉积物的潮池中。马来西亚东姑阿都拉曼海洋公园,博克海滩,西巴丹岛,马布尔岛(Mohammad-Noor et al,2007b),韩国西部(Jeong et al,2012a),美国南加州(Lombard and Capon,1971)。

Bysmatrum subsalsum (Ostenfeld) Faust et Steidinger

出版信息：Faust and Steidinger,1998,Phycologia 37,p. 49。

同种异名：*Peridinium subsalsum* Ostenfeld,1908,Wissenschaftliche Resultate der Aralsee Expedition Lief. Ⅷ,p. 166,Figs 50-53。

其他名称：*Scrippsiella subsalsa* (Ostenfeld) Steidinger et Balech 1977,p. 69-71,Figs 1-6。

插图：图 3-22C,D。

大小：长 21~45μm,宽 21~51μm。

甲板板式：APC 4′ 3a 7″ 6c 4s 5‴ 2″″。

叶绿体：有含多甲藻素的叶绿体,呈黄棕色。

形态特征：细胞背腹扁平,上壳呈锥形,下壳呈梯形,大小几乎相等。顶孔板较大,被一领环围绕,顶孔有脊（冠）,导沟板较长。第二和第三前间插板被第三顶板(3′)分开。第一顶板(1′)呈五边形,结构不对称。横沟下旋距离约为横沟自身宽度。纵沟较深,狭窄,由第一沟后板(1‴)形成一个纵沟边翅。有网状壳纹饰。顶部柄呈胶状。叶绿体多数呈卵圆形或杆状,呈放射状排列。眼点位于纵沟中部。细胞核位于细胞中央。

近似种：其他 *Bysmatrum* 物种,见 *Bysmatrum arenicola*。

评论：该物种可形成水华。

分布：海洋和河口生境中的砂质沉积物中或与珊瑚碎石或漂浮碎屑伴生。法国罗斯科夫(Dodge and Lewis,1986),美国佛罗里达州萨拉索亚湾(Steidinger and Balech,1977),伯利兹加勒比海(Faust,1996),意大利厄尔巴岛[Hoppenrath,未发表(?)],希腊北爱琴海拉各斯港(Gottschling et al,2012),咸海(Ostenfeld,1908),东海大垣岛和日本虹手岛(Faust,1996)。

参考文献：Faust,1996；Gottschling et al,2012；Steidinger and Balech,1977。

Bysmatrum teres Murray,Hoppenrath,Larsen et Patterson

出版信息：Murray et al,2006a,Phycologia 45,p.162,Fig.1-20。

插图：图 3-21C,D,图 3-23A~D。

大小：长 37~52μm,宽 31~44μm。

甲板板式：APC 4′ 3a 7″ 6c 4s 5‴ 2″″。

叶绿体：大量含多甲藻素的叶绿体，呈金棕色。

形态特征：细胞呈倾斜的椭圆形，背腹扁平，上壳小于下壳。顶孔复合体较大，呈泪珠状至近似三角形，有一领环。横沟下旋距离为横沟宽度的 2～2.5 倍。第二和第三前间插板分隔较远。纵沟较深和狭窄，纵沟左边翅向细胞后面延伸。纵沟延伸至两个底板。甲板光滑，遍布孔。有很多杆状的叶绿体。细胞核位于细胞中央。

近似种：其他 *Bysmatrum* 物种，见 *Bysmatrum arenicola*。

分布：砂质沉积物。科威特阿拉伯湾（Saburova et al，2009；Al-Yamani and Saburova，2010），澳大利亚西北部布鲁姆镇海滩（Murray et al，2006a）。

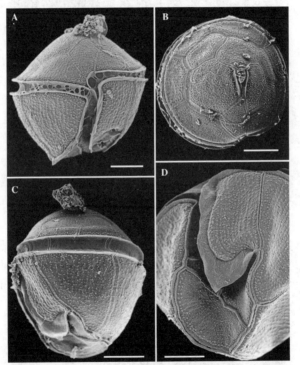

A—腹面观；B—顶面观（上壳）；C—左侧面观；D—下壳板斜视。比例尺—10μm。

图 3-20 *Bysmatrum granulosum* 扫描电镜图（图片由 Couté 和 Ten-Hage 提供）

Cabra [Australian dialectal word-feminine]

Cabra Murray et Patterson，emend. Chomérat，Couté et Nézan

出版信息：Murray and Patterson，2004，European Journal of Phycology 39，p. 230。

修订：Chomérat et al，2010a，Marine Biodiversity 40，p. 137-138。

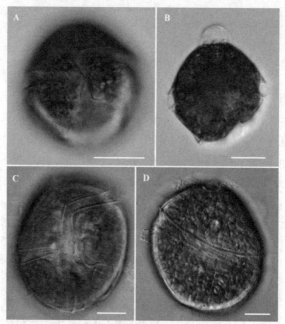

A,B—*B. gregarium*,其中,A 为腹面观;B 为细胞中部聚焦;C,D—*B. teres*,其中,C 为腹面观,D 为背面观。比例尺—10μm。

图 3-21 *Bysmatrum* spp.(见彩图 17)

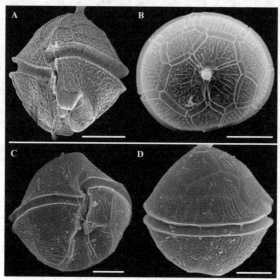

A,B—*B. gregarium*,其中,A 为腹面观,B 为顶面观(上壳板);C,D—*B. subsalsum*,其中,C 为腹面观;D 为背面观。比例尺—10μm。

图 3-22 *Bysmatrum* spp. 扫描电镜图

第3章 分 类 学　　　　　　　　　　　　　55

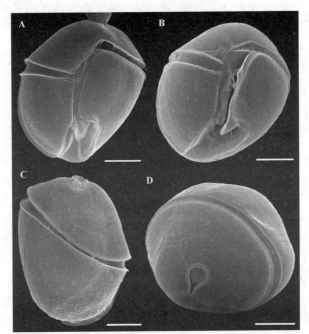

A,B—腹面观;C—背面观;D—顶面观,展示了较大的顶孔复合体。比例尺—10μm。

图 3-23 *Bysmatrum teres* 扫描电镜图

模式种：*C. matta* Murray et Patterson。

甲板板式：Po Pt 3′ 1a 5″ 3c ?s 5‴ 1⁗。

形态特征：异养具甲类,细胞几乎呈五边形,侧面呈不规则形态。细胞极扁平且不对称,细胞左侧与右侧形态不同。横沟明显上旋：左侧面呈倾斜状,右侧面呈笔直状且靠近顶部。横沟似乎不完整,第三横沟板（C₃）有狭窄延伸,位于腹侧第四沟后板（4‴）和第五沟前板（5″）之间,并到达纵沟。3个明显的凸缘位于底面（在 1‴、5‴ 和 1⁗ 板上）,另一个凸缘位于第三沟后板（3‴）的前背缘。甲板纹饰因种而异。有两种大小不同的孔。第一底板（1⁗）上靠近纵沟处有一些致密的孔或小型凹陷。细胞核位于背侧,细胞常含有食物泡。

Cabra aremorica Chomérat,Couté et Nézan

出版信息：Chomérat et al,2010a,Marine Biodiversity 40,p. 138-139,Figs 1b,3-4,5a-b,7a-c。

插图：图 3-24A～C,图 3-25A～C,图 3-26A～F。

大小：长 37～40μm,深 31～38μm。

形态特征：甲板的孔纹略微凹陷,下壳第二和第四沟后板较大,有突起的脊,形成 4 个凹面,使细胞呈多面体形状。顶孔呈钩状,向细胞的左背侧弯曲。

分布：砂质沉积物。法国西北部(Chomérat et al,2010a),于7月样本中发现(稀少)。

Cabra matta Murray et Patterson

出版信息：Murray and Patterson,2004,European Journal of Phycology 39,p. 230, Figs 1-18。

插图：图 3-24D～F,图 3-25D～F,图 3-26G,H。

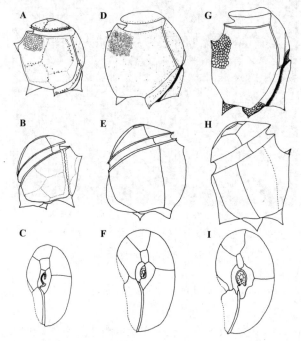

A～C—*C. aremorica*；D～F—*C. matta*；G～I—*C. reticulata*。A,D,G—右侧面观；B,E,F—左侧面观；C,F,I—顶面观,上壳板。比例尺—10μm。

图 3-24 *Cabra* spp. 绘制图

大小：长 32～51μm,深 23～43μm。

形态特征：甲板呈凹形,即被小型杯状凹陷(直径 0.5～0.6μm)覆盖,部分有孔。顶孔板几乎呈椭圆形,周围突起处有一圈孔状结构,其上有钩形的盖板。

分布：砂质沉积物。法国西北部温带地区(Chomérat et al,2010a),俄罗斯日本海(Konovalova and Selina,2010),澳大利亚(Murray and Patterson,2004),澳大利亚亚热带地区,苍鹭岛(Murray and Patterson,2004)。

参考文献：Chomérat et al,2010a。

Cabra reticulata Chomérat et Nézan

出版信息：Chomérat and Nézan,2009, European Journal of Phycology 44,p.

416-417, Figs 1-28。

插图: 图 3-24G～I, 图 3-25G～I, 图 3-26I, J。

大小: 长 39～49μm, 深 31～43μm。

形态特征: 甲板上有明显的网状纹饰, 形成浅的多边形网隙, 边缘突起。顶孔板几乎呈椭圆形, 周围突起处有一圈孔状结构, 其上有钩形的盖板。

评论: 该种首次由 Carlson 在加勒比海发现, 暂时鉴定为 Thecadinium sp. (Carlson, 1984)。

分布: 砂质沉积物。法国西北部温带地区(Chomérat et al, 2010a)以及墨西哥加勒比海热带地区(Carison, 1984), 意大利厄尔巴岛(Hoppenrath, 未发表)。

参考文献: Carlson, 1984; Chomérat et al, 2010a。

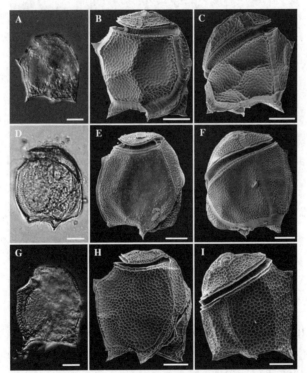

A～C—C. aremorica; D～F—C. matta; G～I—C. reticulata。
A, D, G—光镜图; B, E, H—扫描电镜图, 右侧面观; C, F, I—扫描电镜图, 左侧面观。比例尺—10μm。

图 3-25 Cabra spp. 光镜图和扫描电镜图

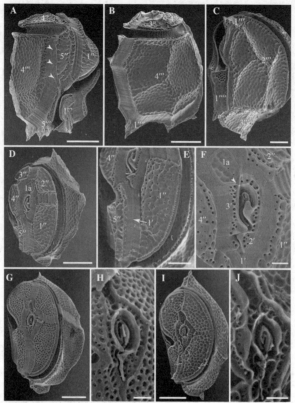

A~F—*C. aremorica*；G，H—*C. matta*；I，J—*C. reticulata*。A—右侧到腹面观；B—背侧到右侧面观；C—底面到左侧面观；D—顶面到左侧面观；E—上壳腹侧的一半；F—顶孔复合体和周围板的细节；G—顶面到左侧面观；H—顶孔复合体的细节；I—顶面到左侧面观；J—顶孔复合体的细节。比例尺—A~D,G,I 为 10μm，E 为 5μm，F，H，J 为 2μm。

图 3-26　*Cabra* spp. 扫描电镜图，甲板的细微结构

Coolia [genus dedicated to Th. Cool-feminine]

Coolia Meunier 库利亚藻属

出版信息：Meunier，1919，Mémoires du Musée Royal d'Histoire Naturelle de Belgique Ⅷ (1)，p. 68。

其他名称：*Glenodinium* Ehrenberg，partim；*Ostreopsis* J. Schmidt，partim；(?) *Discodinium* Dangeard。

模式种：*C. monotis* Meunier。

甲板板式：Po 3′ 7″ 6c 6(?)s 5‴ 2″″。

叶绿体：有大量含多甲藻素的叶绿体，呈金棕色。

形态特征：具甲类,细胞略前后扁平。顶部-底部轴相对于横沟平面明显倾斜（顶部偏离中心,位于上壳的左背侧；底部偏向腹侧）。从顶面或底面观,细胞呈椭圆形。上壳稍小于下壳。横沟相当狭窄且深,下旋距离约为横沟自身宽度,无外伸。纵沟较狭窄且深,两边有翼将其包围。顶孔板上有一条奇特的裂缝（类似于蛎甲藻属 *Ostreopsis*）。壳板表面有清晰的甲板,被间插带隔开。

该属有4种,其甲板排列几乎一致。

只能通过上壳的微小差异鉴别,如第一顶板和第七沟前板的形状和大小。也有人提出可以使用有些板的长宽比（如第七沟前板）鉴别,但其可行性值得商榷,因为很难估算,而且在扫描电镜中,长宽比非常依赖于视角。此外,已确定甲板在培养物中可以有很大的差异。下壳的形态在不同种中十分相似,第二沟后板或第二底板之间的片间带在2个种中存在,而在其他种中没有。甲板纹饰光滑,但是有些种的板块有孔,有些种有边缘较厚的凹陷或深凹（网状凹纹修饰）。

评论：许多已发表的绘制图存在错误,与照片不完全吻合,造成了物种定义的混淆和曲解。因此,我们仔细检查了原始形态特征描述中公布的图片,并为每个种类绘制了新图,以明确其甲板排列,从而更好地进行比较。

Coolia areolata Ten-Hage, Turquet, Quod et Couté
出版信息：Ten-Hage et al, 2000a, Phycologla, 39, p. 377-379, Figs 2-20。

插图：图 3-27,图 3-28。

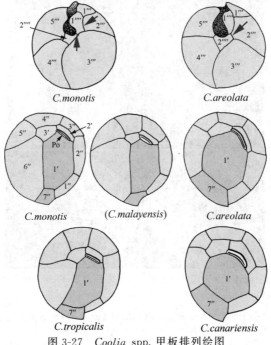

图 3-27 *Coolia* spp. 甲板排列绘图

大小：长 30~36.5μm，宽 28~36.5μm。

甲板板式：Po 3′ 7″ 6c ?s 5‴ 2⁗。

叶绿体：有大量含多甲藻素的叶绿体，呈金棕色。

形态特征：细胞几乎呈圆形，第一顶板（1′）较大，几乎呈六边形（实际与7块板相连），第七沟前板（7″）相当大，呈四边形。顶孔长 9~10μm，稍弯曲。第二底板（2⁗）呈六边形，与第二沟后板（2‴）相连。所有甲板都有许多凹陷，一些部分边缘突起（凹纹到网状凹纹修饰），壳孔位于凹陷内或凹陷之间。

近似种：该种在形态上非常接近于 *Coolia canariensis*，后者纹饰较少，但大小以及甲板排列相似。

评论：毒性未知。

分布：砂质沉积物中以及附生。可能出现于阿拉伯湾（AL-Yamani and Saburova, 2010）。热带西印度洋（Ten-Hage et al, 2000a）。

参考文献：Ten-Hage et al, 2000a；Al-Yamani and Saburova, 2010。

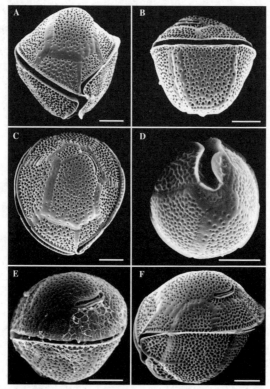

A—腹面观；B—背面观；C—顶面观；D—底面观；E—左侧面观；F—另一个细胞的左侧面观，纹饰更明显，孔纹更深。比例尺—10μm。

图 3-28 *Coolia areolata*，采自印度洋西南部格洛里奥索群岛（扫描电镜照片由 Alain Couté 提供）

Coolia canariensis Fraga

出版信息：Fraga et al,2008,Journal of Phycology 44,p. 1062-1064,Figs 1-4,8-9。

插图：图 3-27。

大小：长 27~38μm,宽 26~40μm。

甲板板式：Po 3' 7" 6c ?s 5‴ 2″″。

叶绿体：有大量含多甲藻素的叶绿体,呈金棕色。

形态特征：细胞几乎呈圆形。第一顶板(1')是上壳中最大的,大致呈六边形,与7 块板(包括顶孔板)相连。顶孔板(Po)长 8μm。与发表的绘图截然不同的是,第二底板(2″″)呈六边形,与第一底板(1″″)和第二沟后板(2‴)相连(Fraga et al,2008,Fig. 2c;Laza-Martinez et al,2011),与 *C. areolata* 相同。甲板厚而光滑,布满小孔。有些甲板(特别是第一沟后板和第五沟后板)上有深的凹陷,与 *C. areolata* 的纹饰排列相似。

近似种：*C. canariensis* 与 *C. areolata* 非常相似,需要 *C. areolata* 模式地(印度洋)的分子数据以确认它们是两个种。

评论：该种无毒。

分布：附生。大西洋东北部加那利群岛(Fraga et al,2008),澳大利亚大堡礁中部(Momigliano et al,2013)。

参考文献：Fraga et al,2008；Laza-Martinez et al,2011；Momigliano et al,2013。

Coolia monotis Meunier

出版信息：Meunier,1919,Mémoires du Musee Royal d'Histoire Naturelle de Belgique Ⅷ (1),p. 68-69,Pl. ⅩⅨ,Figs 13-19。

其他名称：*Glenodinium monotis* (Meunier) Biecheler,*Ostreopsis monotis* (Meunier) Lindemann,*Coolia malayensis* Leaw et al(2010)。

插图：图 3-27,图 3-29。

大小：长 23~40μm,宽 21~38μm。

甲板板式：Po 3' 7" 6c 6?s 5‴ 2″″。

叶绿体：有大量含多甲藻素的叶绿体,呈金棕色。

形态特征：细胞呈晶体状。第一顶板(1')较狭窄,呈长方形。第七沟前板(7")较小,呈五边形。顶孔长 12μm,这是 *C. monotis* 的一个显著特征(Faust,1992；Faust and Gulledge,2002)。根据细胞的大小(顶孔是细胞背腹直径的 1/4~1/2),这一测量结果与以前发表的图示不一致。根据观察(图 3-29C,E,F),顶孔长约 6μm。第二沟后板(2‴)呈四边形,第二底板(2″″)呈五边形。壳板表面光滑,布满孔。

近似种：虽然根据分子序列已将 *Coolia malayensis* 从 *C. monotis* 中分出来，但其在形态学上与 *C. monotis* 无明显差异。此外，根据最近的一项研究，*C. monotis* 和 *C. malayensis* 之间的遗传距离似乎小于 *C. canariensis* 同一地理区域的两个不同进化支之间的遗传距离(Mohammad-Noor et al,2013)。因此，认为 *C. malayensis* 是 *C. monotis* 的其他名称，而不是一个单独的种，因为这种遗传变异可能存在，并不一定代表隐存种。

评论：毒性不详。虽然已从一些株系中观察和报道了 cooliatoxin 毒素(Holmes et al, 1995; Rhodes and Thomas, 1997)。Mohammad-Noor 等(2013)证明，产生 cooliatoxin 的株系是 *C. tropicalis*，而不是 *C. monotis*。

分布：砂质沉积物中以及附生。属于世界性的种类，如意大利厄尔巴岛(Hoppenrath，未发表)。

参考文献：Meunier, 1919; Biecheler, 1952; Balech, 1956; Fukuyo, 1981; Faust, 1992; Saburova et al, 2009; Penna et al, 2005; Okolodkov and Gárate-Lizárraga, 2006; Laza-Martinez et al, 2011; Momigliano et al, 2013。

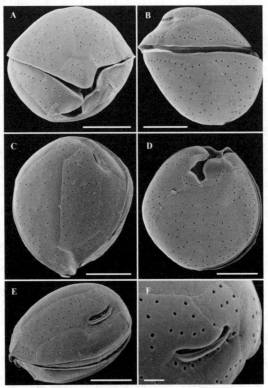

A—腹面观；B—背面观；C—顶面观，上壳板；D—底面观，下壳板；E—左侧面至顶面观；F—狭缝状顶孔复合体的细节。比例尺—10μm；F 除外，为 2μm。

图 3-29 *Coolia monotis* 扫描电镜图

Coolia tropicalis Faust 热带库里亚藻

出版信息：Faust,1995,Journal of Phycology 31,p. 999-1001,Figs 7-12。

其他名称：*Coolia monotis* sensu Holmes et al,1995(Mohammad-Noor et al,2013)。

插图：图 3-27。

大小：长 23~40μm,宽 25~39μm。

甲板板式：Po 3′ 7″ 6c ?s 5‴ 2″″。

叶绿体：大量含多甲藻素的叶绿体,呈金棕色。

形态特征：细胞呈圆形,第一顶板(1′)较大,向腹侧变宽,左右两侧几乎平行,第七沟前板(7″)较大,呈五边形。顶孔长度不等(7~12μm),较狭窄,有一个边缘光滑的狭缝。甲板光滑,有较大的壳孔(直径 0.43μm),与 *C. monotis* 相比,壳孔数量较少。

评论：Mohammad-Noor 等(2013)报道了毒性。

分布：沉积物以及附生植物。热带水域(加勒比海、印度洋、越南、日本、澳大利亚大堡礁中部)。

参考文献：Faust,1995; Mohammad-Noor et al,2013; Momigliano et al,2013。

Dinothrix [dino-; thrix: hair-feminine]

Dinothrix Pascher

出版信息：Pascher,1914,Berichte der Deutschen Botanischen Gesellschaft 32,p. 160。

模式种：*D. paradoxa* Pascher。

甲板板式：APC 4′ 2a 7″ 5c 4s 5‴ 2″″(运动阶段)。

形态特征：呈丝状,由少量(2~10 个)圆形或桶形细胞组成,有稀疏的分枝。每一个不动细胞都包围在细胞壁中,并能产生游动细胞。游动细胞具壳,有多个金棕色叶绿体和一个明显的质体外眼点。该甲藻有硅藻的内共生体。

Dinothrix paradoxa Pascher

出版信息：Pascher,1927,Archiv für Protistenkunde 58,p. 2-15。

插图：图 3-30。

大小：不动细胞直径为 20~25μm;游动细胞长 17~25μm,宽 12~24μm。

甲板板式：APC 4′ 2a 7″ 5c 4s 5‴ 2″″。

叶绿体：黄棕色,硅藻叶绿体。

形态特征：不动细胞呈丝状,有稀疏的分枝,由少量(2~10 个)细胞组成,这些细胞呈球状、桶状、半球状或稍不规则状，周围有一层厚细胞壁。丝通常呈单列，少有双列或 4 列，整个丝很少为共同的细胞壁或细胞膜覆盖。游动细胞具壳，背腹扁平。上壳呈圆锥形，顶部宽圆，下壳呈梯形，下壳有时因纵沟末端形成缺口。横沟较宽，凹陷，边缘有短的边翅，偏移距离为横沟自身的宽度。

近似种：运动阶段类似 *Kryptoperidinium foliaceum*。但后者细胞极扁平，甲板排列也不同。

评论：在潮池并在低潮时形成水华。该种最初是在德国黑尔戈兰的一个小水族馆里发现的。

该种的形态特征部分是基于和口武夫迄今未发表的数据。

分布：潮池。德国黑尔戈兰海洋水族馆（Pascher,1927），日本荒崎神奈川（Horiguchi,1983）。

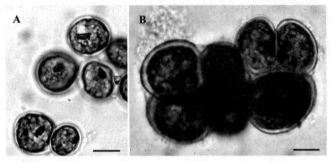

比例尺—10μm。

图 3-30　*Dinothrix paradoxa*（见彩图 18）

Durinskia [genus dedicated to R. Durinski-feminine]

Durinskia Carty et Cox

出版信息：Carty and Cox,1986,Phycologia 25,p. 200。

模式种：*D. baltica*（Levander）Carty et Cox。

甲板板式：APC $4'$ 2a 6-$7''$ 5c 4-6s $5'''$ $2''''$。

形态特征：具甲类，纵沟处有一个 3 层膜包围的眼点（原始甲藻叶绿体的残留物），有硅藻内共生体。每个共生体中有两个真核细胞核和来源于硅藻的叶绿体。

Durinskia agilis（Kofoid et Swezy）Saburova,Chomérat et Hoppenrath

出版信息：Saburova et al,2012,Phycologla 51,p. 290,293,Figs 2-34。

同种异名：*Gymnodinium agile* Kofoid et Swezy,Kofoid and Swezy,1921,Memoirs of the University of California 5,p.184-185。

不同种：*Gymnodinium agile* E.C. Herdman(1922,1924a,b)。

插图：图 3-31A,B,图 3-32 A,B。

大小：长 20~38μm,宽 17~34μm,深约 18μm。

甲板板式：APC 4′ 2a 7″ 5c 6s 5‴ 2″″（或 APC 4′ 2a 7″ 6c 5s 5‴ 2″″）。

叶绿体：棕色,含来源于硅藻的岩藻黄素。

形态特征：细胞背腹扁平,呈圆形至椭圆形,顶钩向左侧延伸。上壳稍长于下壳。顶孔呈狭缝状,部分被顶钩覆盖。横沟位于细胞中央,下旋距离约为横沟宽度的一半。纵沟延伸至底部并向后部变宽。甲板光滑有孔,甲藻核位于细胞左下背侧。存在其他小的真核细胞核,眼点呈明显的红色,前面呈钩状,位于纵沟区。叶绿体可能呈裂状,排列在细胞外围。

近似种：该种与 *Durinskia* 其他种的不同在于有一个明显的顶钩和叶绿体的形态。

评论：该物种能使沙子变色。

分布：砂质沉积物中。科威特(Saburova et al,2012),澳大利亚西北部布鲁姆(Hoppenrath,未发表),美国加利福尼亚州拉霍亚(Kofoid and Swezy,1921)。

参考文献：Lebour,1925(仅有部分文本)。

Durinskia baltica(Levander)Carty et Cox

出版信息：Carty and Cox,1986,Phycologia 25,p. 200,Figs 9b,10b,11-14。

同种异名：*Glenodinium balticum* Levander, 1894, Acta Societatis pro Fauna et Flora Fennica 12, p. 52。

近似种：*Peridinium balticum*(Levander)Lemmermann。

插图：图 3-31C~G,图 3-32C~F。

大小：长(16)37~40μm,宽(16)31~38μm。

甲板板式：APC 4′ 2a 6″ 5c 4s 5‴ 2″″。

叶绿体：棕色,含来源于硅藻的岩藻黄素。

形态特征：细胞略背腹扁平,呈圆形,上壳稍大于下壳。横沟略微下旋,偏移距离不到横沟宽度的一半。甲板光滑有孔。(矩形)眼点呈显眼的红色,位于纵沟。有大量(10~20 个?)小型圆盘状叶绿体。

近似种：该种与 *Durinskia capensis* 的不同之处在于其细胞略扁平、横沟偏移较小、矩形眼点较小(海生形式)。它与 *D. agilis* 的不同之处在于其没有顶钩,叶绿体的数量也不同。*Gymnodinium danicans* 较小,更扁平,描述为无甲类。

评论：已发现甲板的变化(Chesnick and Cox,1985;Murray,2003;Tomas et al,1973)。

分布：可见于海洋和淡水生境;英国苏格兰北萨瑟兰(Dodge,1989),德国北部瓦登海(Hoppenrath,2000b),意大利厄尔巴岛(Hoppenrath,未发表),加拿大英属哥伦比亚省界限湾(Hoppenrath,未发表),澳大利亚悉尼植物学湾(Murray,2003)。

参考文献：Chesnick and Cox,1985；Murray,2003；Pienaar,1980；Pienaar et al,2007；Tomas et al,1973。

Durinskia capensis Pienaar,Sakai et Horiguchi

出版信息：Pienaar et al,2007,Journal of Plant Research 120,p. 249,Figs 1-7。

插图：图 3-31H。

大小：长 16~28μm，深 16~27μm。

甲板板式：APC 4′ 2a 6″ 5c 4s 5‴ 2″″

叶绿体：棕色，含来源于硅藻的岩藻黄素。

形态特征：细胞背腹扁平，呈圆形至卵圆形，上壳稍大于下壳。底部有时因纵沟形成缺口。横沟下旋，偏移距离约为横沟宽度。纵沟向底部变宽并到达底部。甲藻核位于细胞左侧中央，存在其他的真核细胞核，钩状眼点呈显眼的红色，位于纵沟处。有大约 20 个叶绿体，呈圆盘状到细长形，在外周排列。

近似种：该种不同于 *Durinskia baltica*，因其细胞更扁平，横沟偏移更大，钩状眼点也更大。该种也不同于 *D. agilis*，因其无顶钩，叶绿体数量也不同。

评论：该种能形成水华，使水体变为橙红色。

分布：可见于潮池上滨，如南非开普半岛科梅奇（Pienaar et al,2007），科威特（Al-Yamani and Saburova,2010）。

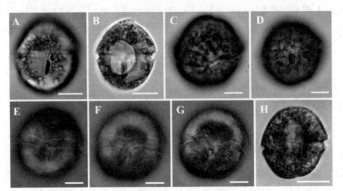

A,B—*D. agilis*（Saburova 提供），图 B 展示了顶钩；C~G—*D. baltica*；H—*D. capensis*。比例尺—10μm。

图 3-31 *Durinskia* spp.（见彩图 19）

Galeidinium [galea：helmet；dino-neutral]

Galeidinium Tamura et Horiguchi

出版信息：Tamura et al,2005a,Journal of Phycology 41,p. 661。

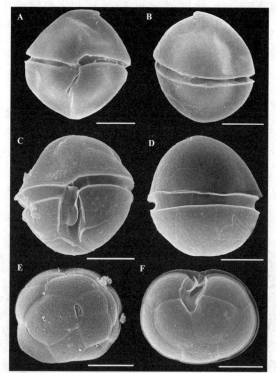

A,B—*D. agilis*,其中,A 为腹面观;B 为背面观;C~F—*D. baltica*,其中,C 为腹面观,D 为背面观,E 为顶面观(上壳板),F 为底面观(下壳板)。比例尺—10μm。

图 3-32 *Durinskia* spp. 扫描电镜图

模式种:*G. rugatum* Tamura et Horiguchi。
甲板板式:有表膜但无甲板。
顶沟:未知。
形态特征:无甲类,以不动细胞为主要生活史阶段。不动细胞被头盔状的细胞壁覆盖。游动细胞像裸甲藻。眼点有 3 层膜,有一个有核的硅藻内共生体。

Galeidinium rugatum Tamura et Horiguchi
出版信息:Tamura et al,2005a,Journal of Phycology 41,p. 661,663,Figs 1-4。
插图:图 3-33A~D。
大小:长 10~15μm,宽 7~11μm。
甲板板式:有表膜但无甲板。
顶沟:未知。
叶绿体:椭圆形,黄褐色,含来源于硅藻的岩藻黄素。
形态特征:不动细胞呈盔状,被一层皱褶的、有横向沟的细胞壁覆盖。细胞表面呈卵圆形，侧视呈圆顶形。游动细胞像裸甲藻，上壳和下壳大小几乎相等，背腹略扁平。横沟位于中央，无偏移或稍下旋。不动细胞分裂成两个子细胞，它们可以游动并释放到水体中。游动细胞直接转化为不动细胞。细胞外围有 10～20 个叶绿体。甲藻核位于细胞中央或下壳上部，内共生体细胞核很小。眼点呈椭圆形，橙红色，位于纵沟处。

近似种：*Spiniferodinium galeiforme* 和 *S. palauense* 也有圆顶状的细胞盖（壁），但有刺，没有眼点。*Pyramidodinium atrofuscum* 有金字塔形细胞壁，有纵向和横向的脊，无眼点。Higa 等（2004）描述的带有稍呈圆顶状细胞壁的不动细胞有类似 *Amphidinium* 的游动细胞。

评论：关于 phytodinialean 和硅藻内共生体分类群的讨论，请参阅第 4 章。

分布：海滩砂质沉积物。帕劳共和国梅赫查尔岛（Tamura et al, 2005a）。

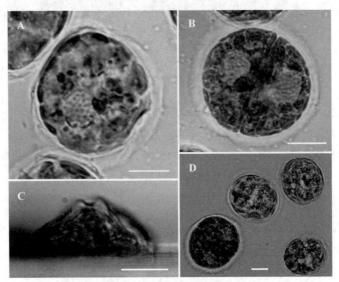

A—不动细胞；B—分裂细胞；C—侧面观，展示细胞附着于表面。比例尺—10μm。

图 3-33 *Galeidinium rugatum*，不动细胞（见彩图 20）

Gambierdiscus[from Gambier island（Pacific），type locality；discus：disc-masculine]

Gambierdiscus Adachi et Fukuyo 冈比亚藻属

出版信息：Adachi and Fukuyo, 1979, Bulletin of the Japanese Society of Scientific Fisheries 45，p. 67-71。

模式种：*G. toxicus* Adachi et Fukuyo。

甲板板式：Po 3′ 7″ 6c 6-8s 5‴ 1p 2⁗。尽管 Fraga 等(2011)对甲板提出了另一种解释，在这里遵循更符合 Kofoid 对甲板定义的传统体系(顶板与顶孔板接触，沟前板与横沟接触)，而忽略可能的板同源性。

叶绿体：呈棕色。

形态特征：细胞较大，具壳板。细胞前后扁平(透镜状)或左右略扁平(球状)。顶孔板呈鱼钩形。偏移的第一和第六顶板较小且相邻。

评论：其中几个种是产毒的(见第 7 章)，它们能产生雪卡毒素中毒(Ciguatera Fish Poisoning)的主要毒素。为底栖，附生，偶尔可见于热带、亚热带和一些暖温带地区的浮游生物中、珊瑚礁上和河口处。最近认识到有毒冈比亚藻(*G.toxicus*)的模式描述可能包含了几个种，并根据一个后选模式标本重新描述了有毒冈比亚藻(Litaker et al,2009)。除了球状种和透镜状种之间的区别外，在属内区分种的形态特征是后间插板(1p)的大小和形状、光滑或有孔纹的表面以及第二顶板(2′)的形状，它可以通过确定 2′/2″片间带长度与 2′/4″片间带长度的比值加以判定。还发现了几种未鉴定的独特核糖体型(Litaker et al, 2009)。由于对冈比亚藻属(*Gambierdiscus*)的区分取得了新进展，很难评估以前在某些地区记录的冈比亚藻属，如日本(Ishikawa and Kurashima, 2010; Kuno et al, 2010)、墨西哥加勒比(Hernandez-Becerril and Almazán-Becerril,2004)和澳大利亚(Holmes et al, 1994)。现在开始了解该属在全世界的分布，以前很可能大大低估了它的分布范围。

Gambierdiscus australes Chinain et Faust

出版信息：Chinain et al,1999,Journal of Phycology 35,p. 128,Figs 8-10。

插图：图 3-34，图 3-35，图 3-36A,B。

大小：深 64～77μm，宽 55～74μm，长 33～47μm。深宽比为 1.1，长宽比为 0.6。

甲板板式：Po 3′ 7″ 6c 6s 5‴ 1p 2⁗。

叶绿体：呈棕色。

形态特征：细胞呈透镜状，前后扁平。甲板表面光滑，布满均匀分布的细孔。顶孔板椭圆形，内含鱼钩状孔。后间插板(1p)相对较窄。第三顶板(3′)呈矩形。2′/2″片间带长度与 2′/4″片间带长度之比为 0.69。

分布：巴基斯坦(Munir et al,2011)，美国夏威夷(Litaker et al,2009)，法属波利尼西亚(Chinain et al,1999)，库克群岛(Rhodes et al,未发表)。

Gambierdiscus belizeanus Faust

出版信息：Faust,1995,Journal of Phycology 31,p. 998-999,Figs 3-6。

插图：图 3-34，图 3-35，图 3-36C,D，图 3-37A～C。

大小：深 61～65μm，宽 55～61μm，深宽比为 1.03。

甲板板式：Po 3′ 7″ 6c 6s 5‴ 1p 2⁗。

叶绿体：呈棕色。

形态特征：细胞呈透镜状，前后扁平。甲板表面呈明显网状，布满均匀分布的细孔。顶孔板呈椭圆形，内含鱼钩状孔。后间插板(1p)相对较窄。第三顶板(3′)呈五边形。2′/2″片间带长度与2′/4″片间带长度之比为0.64。

分布：美国佛罗里达州(Litaker et al,2009)，伯利兹(Faust,1995)，墨西哥加勒比(Hernandez-Becerril and Almazán-Becerril,2004)，约旦(Saburova et al,2013b)，巴基斯坦(Munir et al,2011)，马来西亚(Leaw et al,2011)，澳大利亚昆士兰(Murray,未发表)。

Gambierdiscus caribaeus Vandersea, Litaker, Faust, Kibler, Holland et Tester

出版信息：Litaker et al,2009,Phycologia 48,p. 364-365,Figs 12-21。

插图：图3-34,图3-35,图3-38。

大小：深68～97μm,宽70～94μm,长49～72μm。深宽比为1.0,长宽比为0.73。

甲板板式：Po 3′ 7″ 6c 6s 5‴ 1p 2⁗。

叶绿体：呈棕色。

形态特征：细胞呈透镜状，前后扁平。甲板表面布满均匀分布的细孔。顶孔板呈椭圆形，内含鱼钩状孔。后间插板(1p)相对较窄。第二顶板(2′)呈矩形。2′/2″片间带长度与2′/4″片间带长度之比为0.91。

分布：广泛分布于加勒比地区，包括美国佛罗里达、伯利兹(Litaker et al,2009)；最近在韩国也有报道，但该种与原始标本有些不同(Jeong et al,2012b)；在太平洋的塔希提岛、帕劳和夏威夷也发现了该种(Litaker et al,2009)。

Gambierdiscus carolinianus Litaker, Vandersea, Faust, Kibler, Holland et Tester

出版信息：Litaker et al,2009,Phycologia 48,p. 365,368,Figs 25-35。

插图：图3-34,图3-35。

大小：深72～87μm,宽76～103μm,长42～61μm,深宽比为0.90,长宽比为0.59。

甲板板式：Po 3′ 7″ 6c 6s 5‴ 1p 2⁗。

叶绿体：呈棕色。

形态特征：细胞呈透镜状，前后扁平。甲板表面布满均匀分布的细孔。顶孔板呈椭圆形，内含鱼钩状孔。后间插板(1p)相对较宽，呈斧形。2′/2″片间带长度与2′/4″片间带长度之比为0.63。

分布：大西洋美国北卡罗来纳州(Litaker et al,2009)，墨西哥百慕大(Litaker et al,2009)。

Gambierdiscus carpenteri Kibler, Litaker, Faust, Holland, Vandersea et Tester

出版信息：Litaker et al,2009,Phycologia 48,p. 368,369,371,Figs 36-42。

插图：图 3-34,图 3-35,图 3-36E,F。
大小：深 66～92μm,宽 65～85μm,长 43～62μm,深宽比为 1.1,长宽比为 0.67。
甲板板式：Po 3′ 7″ 6c 6s 5‴ 1p 2″″。
叶绿体：呈棕色。
形态特征：细胞呈透镜状,前后扁平。甲板表面布满均匀分布的细孔。顶孔板呈椭圆形,内含鱼钩状孔。后间插板(1p)相对较宽,不对称。第二顶板(2′)呈矩形。2′/2″片间带长度与 2′/4″片间带长度之比为 0.93。
分布：加勒比的伯利兹以及太平洋的关岛和斐济(Litaker et al,2009)。

Gambierdiscus excentricus Fraga

出版信息：Fraga et al,2011,Harmful Algae 11,p. 13,Figs 2-6。
插图：图 3-34,图 3-35。
大小：深 84～115μm,宽 69～110μm,长 34～41μm。
甲板板式：Po 3′ 7″ 6c ?s 5‴ 1p 2″″。
叶绿体：呈棕色。
形态特征：细胞呈透镜状,前后扁平。甲板表面光滑,布满均匀分布的细孔。顶孔板呈椭圆形,内含鱼钩状孔。2′/3′片间带长度与 2′/4′片间带长度之比为 2.3,远高于其他 *Gambierdiscus* 透镜状种。
分布：特内里费岛的加那利群岛,拉戈梅拉岛以及拉帕尔马岛(Fraga et al,2011),巴西(Nascimento et al,2012)。

Gambierdiscus pacificus Chinain et Faust

出版信息：Chinain et al,1999,Journal of Phycology 35,p. 1289,Figs 11-13,18。
插图：图 3-34,图 3-35,图 3-36G～I。
大小：深 64～77μm,宽 55～74μm,长 33～47μm。深宽比为 1.1,长宽比为 0.6。
甲板板式：Po 3′ 7″ 6c 6s 5‴ 1p 2″″。
叶绿体：呈棕色。
形态特征：细胞呈透镜状,前后扁平。甲板表面光滑,布满均匀分布的细孔。顶孔板呈椭圆形,内含鱼钩状孔。后间插板(1p)相对较狭窄。2′/2″片间带长度与 2′/4″片间带长度之比为 0.36。
分布：哥打基纳巴卢和西巴丹岛(Mohammad-Noor et al,2007b),马绍尔群岛密克罗尼西亚(Litaker et al,2009),土阿莫土群岛以及法属波利尼西亚(Chinain et al,1999)。

Gambierdiscus polynesiensis Chinain et Faust

出版信息：Chinain et al,1999,Journal of Phycology 35,p. 1285,Figs 5-7,16。
插图：图 3-34,图 3-35。

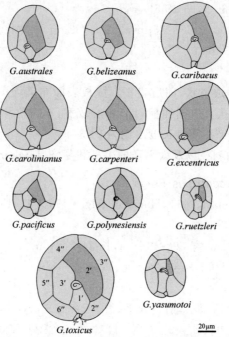

图 3-34　*Gambierdiscus* spp. 上壳甲板排列绘图

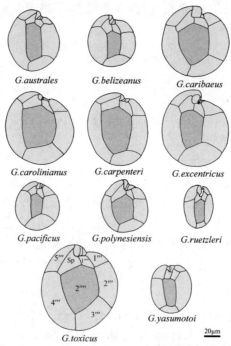

图 3-35　*Gambierdiscus* spp. 下壳甲板排列绘图

大小：深 62~70μm，宽 54~66μm，长 39~50μm。
甲板板式：Po 3' 7" 6c 6s 5''' 1p 2''''。
叶绿体：呈棕色。
形态特征：细胞呈透镜状，前后扁平，腹面观不对称。甲板表面光滑，布满均匀分布的细孔。顶孔板呈椭圆形，内含鱼钩状孔。第二顶板(2')不对称，呈斧形，顶孔板呈三角形，后间插板(1p)相对较宽，呈五边形。

分布：加那利群岛(Fraga et al,2011)，巴基斯坦(Munir et al,2011)，土阿莫土群岛，澳大利亚群岛，法属波利尼西亚(Chinain et al,1999)。

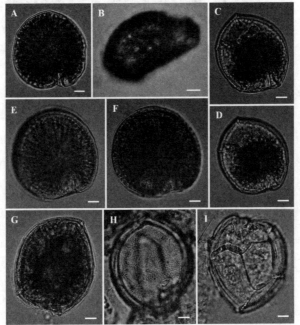

A，B—G. australes；C，D—G. belizeanus；E，F—G. carpenteri；G~I—G. pacificus，其中，H 为上壳板，I 为下壳板。比例尺—10μm。

图 3-36 冈比亚藻(Gambierdiscus spp.)光镜图(见彩图 21)

Gambierdiscus ruetzleri Faust, Litaker, Vandersea, Kibler, Holland et Tester
梨形冈比亚藻
出版信息：Litaker et al,2009,Phycologia 48,p.371,Figs 43-59。
插图：图 3-34，图 3-35，图 3-37D~F。
大小：深 42~55μm，宽 31~42μm，长 45~60μm。深宽比为 1.4。
甲板板式：Po 3' 7" 6c 7s 5''' 1p 2''''。
叶绿体：呈棕色。

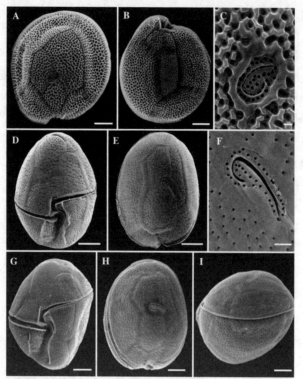

A~C—*G. belizeanus*(照片由 Couté 提供),其中,A 为顶面观(上壳板),B 为底面观(下壳板),C 为顶孔复合体;D~F—*G. ruetzleri*,其中,D 为腹面观,E 为顶面观(上壳板),F 为顶孔复合体;G~I—*G. yasumotoi*,其中,G 为腹面观,H 为顶面观(上壳板),I 为左侧面观。比例尺—A、B、D、E、G 为 10μm,C 为 1μm,F 为 2μm。

图 3-37 *Gambierdiscus* spp. 扫描电镜图

形态特征:细胞略左右扁平,呈球状,表面光滑。甲板孔多。顶孔板椭圆形,内含鱼钩状孔。

近似种:*Gambierdiscus yasumotoi*。

分布:美国北卡罗来纳州,伯利兹,加勒比海(Litaker et al,2009)。

Gambierdiscus toxicus(Adachi et Fukuyo)Chinain,Faust,Holmes,Litaker et Tester 有毒冈比亚藻

出版信息:Adachi and Fukuyo,1979,Bulletin of the Japanese Society of Scientific Fisheries 45, p. 68-71,Figs 1-7;Litaker et al,2009,Phycologia 48,p. 360。

插图:图 3-34,图 3-35,图 3-39。

大小:深 94~103μm,宽 78~85μm,长 53~57μm。深宽比为 1.12,长宽比为 0.65。

甲板板式:Po 3′ 7″ 6c 6s 5‴ 1p 2⁗。

叶绿体：呈棕色。

形态特征：细胞呈透镜状，前后扁平。甲板表面光滑，布满均匀分布的细孔。顶孔板呈椭圆形，内含鱼钩状孔。第二顶板（2′）最大，第一顶板（1′）最小。后间插板（1p）较宽，呈斧形。

分布：墨西哥加勒比地区（Hernandez-Becerril and Almazán-Becerril,2004），印度洋留尼汪岛新喀里多尼亚（Litaker et al,2009），越南（Roeder et al,2010），法属波利尼西亚大溪地（Adachi and Fukuyo,1979）。

Gambierdiscus yasumotoi Holmes 安木冈比亚藻

出版信息：Holmes,1998,Journal of Phycology 34,p. 662-664,Figs 1-11。

插图：图 3-34,图 3-35,图 3-37G～I。

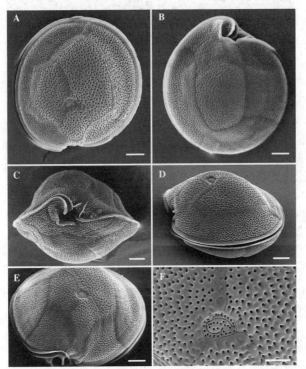

A—顶面观,上壳板；B—底面观,下壳板；C—腹面观；D—左侧面观；E—上壳的腹面,顶面观,显示两个小腹板；F—顶孔的细节。比例尺—A～E 为 10μm,F 为 5μm。

图 3-38 *Gambierdiscus* cf. *caribaeus* 扫描电镜图（照片由 Couté 提供）

大小：深 49～73μm,宽 43～61μm,长 49～70μm。深宽比为 1.1。

甲板板式：Po 3′ 7″ 6c 7s 5‴ 1p 2⁗。

叶绿体：呈棕色。

形态特征：细胞略左右扁平，呈球状，表面光滑。甲板孔多。顶孔板呈椭圆形，内含鱼钩状孔。

近似种：该种与 *Gambierdiscus ruetzleri* 极相似。通过综合形态特征、细胞长度、深度和宽度以及第二底板（2''''）的大小和形状区分，详见 Litaker 等（2009）。

分布：墨西哥加勒比地区（Hernandez-Becerril and Almazán-Becerril,2004），科威特（Saburova et al,2013a,b），约旦（Saburova et al,2013b），新加坡（Holmes,1998），澳大利亚昆士兰（Murray,未发表）。

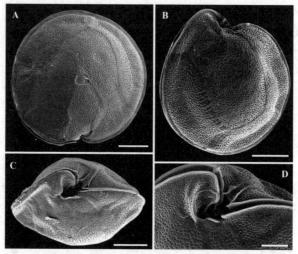

A,C—*G. toxicus*（显微照片由 Faust 提供，并经史密森学会许可）；B,D—*G*. cf. *toxicus*。其中，A 为顶面观（上壳板），B 为底面观（下壳板）（照片由 Couté 提供），C 为腹面观，D 为纵沟区细节。比例尺—A,B,C 为 20μm,D 为 10μm。

图 3-39　*Gambierdiscus toxicus* 扫描电镜图

Glenodinium [glênê：eyeball；dino-neutral]

Glenodinium monense E.C. Herdman

出版信息：Herdman,1924a,Proceedings and Transactions of the Liverpool Biological Society 38, p. 58-59,Fig.1。

插图：无。

大小：长约 25μm。

甲板板式：未知，或许甲板较脆弱。

叶绿体：未描述，细胞质呈黄绿色。

形态特征：细胞呈圆形，背腹扁平，上壳和下壳大小接近。横沟有非常轻微的偏移(下旋)。纵沟极短,延伸到上壳并到下壳的一半。细胞核几乎位于细胞中央。有两个红色小液泡。

近似种:*Durinskia* 的种类,但后者没有延伸到上壳的纵沟。

评论:与纵沟相连的其中一个红色小泡状结构可看作眼点。该种的定义未确定,需要在模式地重新调查。有时应在细胞数量高的情况下进行。

分布:英国马恩岛伊林港(Herdman,1924a),英国苏格兰北萨瑟兰(Dodge,1989)。

Gymnodinium [gumnos: naked; dino-neutral]

Gymnodinium Stein emend. G. Hansen et Moestrup 裸甲藻属

出版信息:Daugbjerg et al,2000,Phycologia 39,305。

模式种:*G. fuscum* Stein。

甲板板式:无甲类。

顶沟:凹陷呈马蹄形,逆时针方向延伸。

形态特征:无甲类(裸露的),横沟偏移距离为横沟宽度的一倍到多倍。顶沟呈马蹄形或环状,以逆时针方向延伸。核膜内有很多囊泡,囊泡连着细胞核或连着背侧的纤维。有些种可以形成群体(链状)。

评论:由于本属被重新定义,只有少数以前描述的种仍然属于本属——狭义的分类群。在旧属定义下描述但尚未重新调查或重新分类的种列为广义的分类群。

参考文献:Dodge and Crawford,1969; Hansen et al, 2000。

Gymnodinium sensu stricto(狭义的裸甲藻属)

Gymnodinium dorsalisulcum (Hulburt,Mclaughlin et Zahl)Murray,de Salas et Hallegraeff

出版信息:Murray et al,2007b,Phycologial Research 55,p. 177-178,Figs 1-5。

同种异名:*Katodinium dorsalisulcum* Hulburt,McLaughlin et Zahl; Hulburt et al(1960)。

插图:图 3-40A~D。

大小:长 25~40μm,宽 15~28μm,深 9~16μm。

甲板板式:无甲类。

顶沟:凹陷,呈环形,逆时针方向延伸。

叶绿体:含多甲藻素的叶绿体,呈黄棕色。

形态特征:细胞呈卵圆形至细长卵圆形,背腹扁平,上壳大于下壳。上壳的形状从圆形到锥形变化,大小不等。横沟较宽,深陷,下旋距离为横沟的宽度。纵沟狭窄,侵入上壳(并连接顶沟),也往后到达底部,在底部略微变宽。细胞核位于上壳。大量叶绿体似乎从细胞中心辐射分布,淀粉核有淀粉鞘。

评论:会产生黏液,至少在培养状态中。

分布:砂质沉积物。目前已知产于热带地区,如英属西印度群岛比米尼岛(Hulburt et al,1960)、澳大利亚西部鲨鱼湾(Al-Qassab et al,2002)、日本冲绳琉球岛(Horiguchi,未发表)、澳大利亚布鲁姆和达尔文镇海滩(Murray et al,2007b)。

Gymnodinium myriopyrenoides H. Yamaguchi, Nakayama, Kai et Inouye

出版信息:Yamaguchi et al,2011b,Protist 162,p. 652-656,Figs 1-5。

插图:图 3-40E。

大小:长 48~79μm,宽 33~65μm。

甲板板式:无甲类。

顶沟:凹陷,逆时针旋转一圈半。

叶绿体:来源于隐藻的临时叶绿体,呈蓝绿色。

形态特征:细胞呈长椭圆形,背腹扁平,上壳极小(短),比下壳狭窄。横沟较宽,深陷,没有偏移。狭窄的纵沟侵入上壳(并继续作为顶沟),也往后到达底部,在底部略微变宽。细胞核位于细胞中央。偶尔可见纵沟下部有长的红色眼点。有腹脊。

近似种:与 *Amphidinium poecilochroum* 在形状上非常相似,同样有蓝绿色的临时叶绿体,但其细胞要小得多。*Amphidinium latum* 的细胞更宽、更小。

评论:在分子系统发育分析中,*G. myriopyrenoides* 似乎与 *A. poecilochroum* 有亲缘关系(Yamaguchiet et al,2011b)。它可能代表了一个新属(特征性的新型顶沟,隐藻共生体,狭义裸甲藻分支 *Gymnodinium* s.s.内的亚分支),可能与 *A. poecilochroum* 和 *A. latum* 同类,但还需更多的数据才能确定。

分布:砂质海滩沉积物。澳大利亚西北部布鲁姆(Murray and Hoppenrath,未发表),日本和歌山矶之浦海滩(Yamaguchi et al,2011b)。

Gymnodinium venator (E.C.Herdman) Flø Jørgensen et Murray

出版信息:Flø Jørgensen et al,2004c,Journal of Phycology 40,p. 1181。

同种异名:*Amphidinium pellucidum* E.C. Herdman 1922,p. 27,Fig. 7。

其他名称:*Gymnodinium pellucidum* (E. C. Herdman) Flø Jørgensen et Murray;Flø Jørgensen et al,2004a, Journal of Phycology 40, p. 12, Fig. 1H;*Amphidinium subsalsum* Biecheler 1952。

不同种:*Gymnodinium pellucidum* Wulff 1919。

插图:图 3-40F,G。

大小:长 29~60μm,宽 16~30μm。

甲板板式:无甲类。

顶沟:凹陷,呈环状,逆时针方向延伸。

叶绿体：无。

形态特征：细胞呈卵圆形至长圆形，背腹侧扁，上壳（长度大约只有细胞长度的 1/3）比下壳短。横沟下旋距离为自身宽度。纵沟侵入上壳（连接顶沟）并往后到达底部，最初向右弯曲，然后回到下壳的左侧。纵沟左侧边缘形成覆盖纵沟的翼。细胞核位于下壳中央。通常存在有颜色的食物泡。

近似种：*Amphidinium corpulentum*，但该种含有叶绿体。

分布：砂质沉积物。英国马恩岛伊林港（Herdman，1922），德国北部瓦登海（Hoppenrath，2000b，称作 *A.* cf. *latum*）；科威特阿拉伯湾（Saburova et al，2009；Al-Yamani and Saburova，2010），澳大利亚悉尼植物学湾（Murray，2003；Murray and Patterson，2002b）。

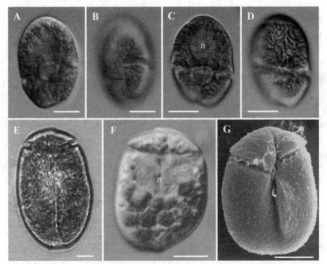

A~D—*G. dorsalisulcum*；E—*G.* cf. *myriopyrenoides*；F，G—*G. venator*，n 为细胞核。比例尺—10μm。

图 3-40 狭义的裸甲藻属（*Gymnodinium* sensu stricto）种类（见彩图 22）

Gymnodinium sensu lato（广义的裸甲藻属）

Gymnodinium arenicola Dragesco

出版信息：Dragesco，1965，Cahiers de Biologie Marine 6，p. 109-112，Fig. 16。

插图：图 3-41A。

尺寸：长 30~70μm。

甲板板式：无甲类。

顶沟：原始描述中未知。

叶绿体：大量叶绿体，呈绿褐色。

形态特征：细胞呈较宽的椭圆形，背腹扁平，上壳和下壳大小相等。横沟位于细胞中部，无偏移。纵沟狭窄，侵入上壳到达顶部，并往后延伸到底部。细胞核较大，位于上壳。叶绿体呈细长状，以具淀粉鞘的淀粉核为中心呈辐射状排列。

近似种：由于细胞核位于上壳，上壳和下壳大小相等，纵沟延伸至顶部，因此该种与 *Spiniferodinium* 的种相似，但该种未见多刺的细胞壁。

评论：仅从其原始描述得知。该种需要在模式地重新调查。

分布：砂质沉积物。法国布列塔尼(Dragesco,1965)。

Gymnodinium danicans Campbell

出版信息：Campbell,1973,Sea Grant Publication,UNC-SG-73-07,p. 133-134, Figs 30a-f (on plate 5),4-6(on plate 25)。

插图：图 3-41B。

大小：长 12~19μm，宽 11~19μm，深 8~15μm。

甲板板式：无甲类。

顶沟：原始描述中未知。

叶绿体：呈黄棕色。

形态特征：细胞呈圆形，背腹扁平，上壳和下壳大小接近（上壳稍大），底部呈倾斜的截形。横沟较宽且浅，几乎位于正中，稍下旋（下旋距离约为横沟宽度的一半）。纵沟不侵入上壳，在后面变宽并到达底部。细胞核位于细胞中央。细胞外围有不规则的椭球形叶绿体(5~15 个)。红色眼点位于纵沟。

近似种：*Durinskia baltica*，后者较大，较不平，有一层薄膜。

评论：该种需要在模式地重新调查，以确定是否是裸甲藻，并描述其顶沟。

分布：砂质沉积物，也分布于水体。德国北部瓦登海(Hoppenrath,2000b)，美国切萨皮克湾(Marshall,1980)，美国俄勒冈州盖尔斯克里克(Campbell,1973)，澳大利亚悉尼植物学湾(Murray,2003)。

Gymnodinium hamulus Kofoid et Swezy

出版信息：Kofoid and Swezy,1921,Memoirs of the University of California 5, p. 218-219, Figs Y 5,97(on plate 9)。

插图：图 3-41C。

大小：长 17μm，宽 16μm，深 7μm。

甲板板式：无甲类。

顶沟：原始描述中未知，具顶钩。

叶绿体：无(?)。据描述有大量"蓝绿色小球"。

形态特征：细胞呈盘状，背腹扁平，蓝绿色，上壳和下壳大小接近（上壳稍大，下壳稍宽）。顶部短而尖，向左偏离（顶钩）。横沟近正中，稍下旋。纵沟侵入上壳，在后面变宽并到达底部,在底部形成一个深的缺口。细胞核在细胞中央下面。细胞表面有条纹(呈纵向、等距和平行)。

评论:仅从其原始描述可知。该种需要在模式地重新调查。从表面的条纹看,它可能属于 *Gyrodinium*,但顶钩也可能意味着有一层薄的甲板。

分布:砂质海滩沉积物。美国加利福尼亚州拉霍亚(Kofoid and Swezy,1921)。

Gymnodinium incertum E.C. Herdman

出版信息:Herdman,1924b,Proceedings and Transactions of the Liverpool Biological Society 38,p. 80,Fig. 32。

插图:无。

大小:长 15μm。

甲板板式:无甲类。

顶沟:原始描述中未知。

叶绿体:黄褐色。

形态特征:没有已发表的可靠描述。只观察到一个样品。

评论:仅从其原始描述可知。该种无法重新调查。

分布:砂质沉积物。英国马恩岛伊林港(Herdman,1924b)。

Gymnodinium placidum E.C. Herdman

出版信息:Herdman,1922,Proceedings and Transactions of the Liverpool Biological Society 36,p. 29-30,Fig. 9。

插图:图 3-41D。

大小:长 50~60μm。

甲板板式:无甲类。

顶沟:原始描述中未知。

叶绿体:黄褐色。

形态特征:细胞呈卵圆形,背腹扁平,黄褐色,上壳呈盔状,稍大于下壳。横沟近正中,稍下旋。纵沟侵入上壳(上壳的一半),并往后延伸到达底部。左侧纵沟缘与右侧纵沟缘部分重叠。细胞核位于上壳中央。

评论:仅从其原始描述可知。该种需要在模式地重新调查。Larsen(1985,p. 30)描述了一个较符合 *G. placidum* 的种,称作 *G.* cf. *variabile* Herdman。

分布:砂质沉积物。英国马恩岛伊林港(Herdman,1922),丹麦瓦登海(Larsen,1985)(?)。

Gymnodinium pyrenoidosum Horiguchi et Chihara

出版信息:Horiguchi and Chihara,1988,Botanical Magazine Tokyo 101,p. 264,Figs 2-18。

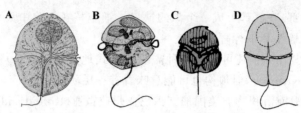

A—*G. arenicola*（Dragesco,1965）；B—*G. danicans*（Campbell,1973）；C—*G. hamulus*（Kofoid and Swezy,1921）；D—*G. placidum*（Herdman,1922）。

图3-41 广义的裸甲藻属（*Gymnodinium* sensu lato）种类（根据原图修改）

插图：图3-42A～D。

大小：长18～22μm，宽13～15μm。

甲板板式：无甲类。

顶沟：无。

叶绿体：有一个绿色到黄褐色的叶绿体。

形态特征：游动细胞卵圆形，背腹扁平，类似裸甲藻，上壳和下壳大小几乎相等。横沟近正中，无偏移，仅略微下旋横沟宽度的1/3～1/2。纵沟窄而深，到达底部，在底部略微变宽。细胞核位于下壳。叶绿体呈网状，与淀粉核相连，淀粉核有一个淀粉鞘（在靠近横沟的上壳）。橙色眼点呈棒状，位于纵沟右侧。细胞分裂发生在卵圆形到圆形的不动细胞阶段，两个游动细胞通过变形虫运动从细胞后部的开口释放。繁殖也通过形态不同的游泳细胞完成（长25μm，宽22.5μm，有时顶部带刺）。

评论：存在昼夜垂直迁移。该种可以形成绿色水华（水体变色）。

分布：潮池。日本神奈川荒崎，日本神奈川美咲，日本千叶白山，日本千叶白滨，日本静冈内八田，日本伊势市，日本高知县（Horiguchi and Chihara,1988），日本冲绳（Shah et al,2010）。

Gymnodinium quadrilobatum Horiguchi et Pienaar

出版信息：Horiguchi and Pienaar,1994c,European Journal of Phycology 29,p.238-243,Figs 1-22。

插图：图3-42E,F。

大小：长22～29μm，宽20～26μm，深14～22μm。

甲板板式：无甲类。

顶沟：形态未知。

叶绿体：呈金棕色，像硅藻叶绿体。

形态特征：游动细胞呈宽圆形至近矩形，像裸甲藻，背腹扁平，上壳和下壳大小相等。左侧上壳高于右侧，有顶沟。横沟较宽，深陷，没有偏移。纵沟狭窄而深，到达底部，在底部稍微变宽（下壳底部凹陷）。甲藻核位于下壳；内共生体也存在第二个小的真核细胞核。大量叶绿体(20~30 个)排列在细胞外围。明显的红色眼点呈矩形,位于纵沟左上区。存在薄膜。有特征性的不动细胞阶段,形状像 4 片叶子,细胞壁厚。分裂发生在不动细胞阶段,释放出两个游动细胞。

评论:不动细胞在生活史中占主导。

分布:潮池砂质沉积物。南非夸祖鲁-纳塔尔的阿曼济姆托蒂和棕榈滩(Horiguchi and Pienaar,1994c),日本冲绳东土岛(Horiguchi,未发表)。

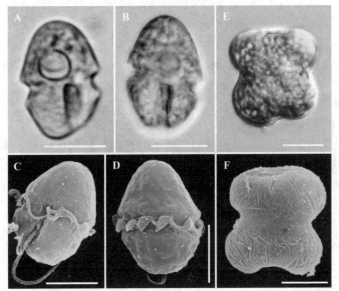

A~D—*G. pyrenoidosum*,A、B 展示了橙色眼点位于纵沟以及淀粉核(环状淀粉鞘);E,F—*G. quadrilobatum*。比例尺—10μm。

图 3-42 广义的裸甲藻属(*Gymnodinium* sensu lato)种类(见彩图 23)

Gymnodinium variabile E.C. Herdman

出版信息:Herdman,1924b,Proceedings and Transactions of the Liverpool Biological Society 38, p. 80,Figs 35-45。

插图:无。

大小:长 8~40μm。

甲板板式:无甲类。

顶沟:原始描述中未知。

叶绿体:暂无法确定。

形态特征:无已发表的可靠描述,只观察到一个样品。

评论:该分类群不可鉴定。它可以是一个极其多变的种,也可以是一个复合种,对比 Dodge(1982)与 Larsen(1985)已经讨论过。

分布：砂质沉积物。英国马恩岛伊林港（Herdman,1924a），法国布列塔尼（Dragesco,1965）。

Gyrodinium [guros：circle；dino-neutral]

Gyrodinium Kofoid et Swezy emend. G. Hansen et Moestrup 环沟藻属

出版信息：Daugbjerg et al,2000,Phycologia 39,p. 312。

模式种：*G. spirale*(Bergh)Kofoid et Swezy。

甲板板式：无甲类。

顶沟：顶部凹陷，呈椭圆形（顶部周围有垂直于纵轴的椭圆形结构，一条中心线将其一分为二，有些种有顶部突起或从顶沟伸出顶帽）。

形态特征：无甲（裸露的）类，细胞横沟偏移，偏移距离是横沟宽度的一到多倍。顶沟椭圆形，表质膜有纵向脊。到目前为止只观察到异养种类。

评论：根据新的定义，只有少数以前描述的种仍然留在该属——狭义的分类群。在旧属定义下描述但尚未重新调查或重新分类的种列入广义的分类群。

参考文献：Hansen and Daugbjerg,2004。

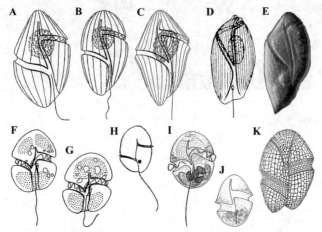

A～C—*G. dominans*(Hulburt,1957)；D—*G. viridescens*(Kofoid and Swezy,1921)；E—*G.* cf. *viridescens*,光镜图；F,G—*G. estuariale*(Hulburt,1957)；H—*G. lebouriae*(Herdman,1924b)；I,J—*G. mundulum*(Campbell,1973)；K—*G. pavillardii*(Biecheler,1952)。

图 3-43　*Gyrodinium* spp.(除 E 外均为原绘图)

Gyrodinium sensu stricto(狭义的环沟藻属)

Gyrodinium dominans Hulburt

出版信息：Hulburt,1957,Biological Bulletin Marine Biological Laboratory

Woods Hole 112,p. 212,Figs 1-3(on plate 3)。

插图:图 3-43A～C。

大小:长 19～43μm,宽 10～22μm。

甲板板式:无甲类。

顶沟:原始描述中未知。

叶绿体:无。

形态特征:细胞呈梭形,不对称,上壳和下壳大小接近(上壳较短),表面有脊。横沟下旋距离为 0.25～0.33 个细胞的长度或为横沟宽度的 3～4 倍,有轻微的外伸。纵沟呈 S 形,侵入上壳,在横沟间向左偏转,向后部延伸时变宽,到达底部左侧。细胞核位于上壳。

近似种:不在底栖生境。

分布:砂质沉积物。美国伍兹霍尔地区(Hulburt,1957),澳大利亚西部鲨鱼湾(Al-Qassab et al,2002),澳大利亚悉尼植物学湾(Murray,2003)。

Gyrodinium viridescens Kofoid et Swezy

出版信息:Kofoid and Swezy,1921,Memoirs of the University of California 5, p. 340-341, Figs 48(on plate 4),DD 11。

插图:图 3-43D,E。

大小:长 40～46μm,宽 17～22μm,深 16μm。

甲板板式:无甲类。

顶沟:在原始描述中没有正式描述,但是在顶部提到了"由纵沟的前端环绕的……中央叶或突起",这很可能是典型的 *Gyrodinium* 的顶沟,如上所述。

叶绿体:无。

形态特征:细胞较宽,近梭形,极不对称,背腹扁平,后部呈倾斜的截形,上壳较小,表面有脊。横沟下旋 0.13～0.61 个细胞的长度,无外伸或轻微外伸。纵沟侵入上壳,在横沟间稍向左偏转,明显在后部变宽,可到达底部。后腹侧凹陷较宽大,下壳右侧翼状突起覆盖后部的纵沟。表面脊细小均匀。细胞核呈卵圆形,位于细胞前部靠近中间。

近似种:与"*Amphidinium*" *scissum* Kofoid et Swezy 极为相似,但其细胞核位于后部,横沟下旋较少,细胞似乎较大。

分布:砂质沉积物。美国加利福尼亚州拉霍亚(Kofoid and Swezy,1921)。

Gyrodinium sp.

其他名称:*Amphidinium scissum*,本条目"分布"中列出的作者使用该名称,见下文。

插图:图 3-44。

大小：长 38~80μm，宽 16~35μm，深约 12μm。

甲板板式：无甲类。

顶沟：典型的 *Gyrodinium* 的顶沟。

叶绿体：无。

形态特征：细胞呈梭形或长椭圆形，极不对称，背腹扁平，后部呈倾斜的截形，上壳较小，表面有脊。横沟下旋明显。纵沟侵入上壳，往后延伸时变宽，到达底部。后腹侧有凹陷，下壳右侧的翼状突起覆盖后部的纵沟，表面的脊细小而均匀。细胞核位于细胞上部。

近似种：与"*Amphidinium*" *scissum* Kofoid et Swezy 极为相似，但其细胞核位于细胞底部，横沟下旋较少。与 *Gyrodinium viridescens* Kofoid et Swezy 非常相似，但其细胞较小或较短，横沟相对于细胞长度下旋较多，并且在其末端不与纵沟融合。

评论：该种以硅藻为食，细胞形状灵活，如果硅藻较大，呈现硅藻形状。

分布：砂质沉积物。德国北部瓦登海（Hoppenrath，2000b；Hoppenrath and Okolokov，2000），科威特阿拉伯湾（Saburova et al，2009），澳大利亚西部鲨鱼湾（Al-Qassab et al，2002），澳大利亚西北部布鲁姆（Murray and Hoppenrath，未发表），加拿大英属哥伦比亚省界限湾（Baillie，1971；Hoppenrath，未发表），澳大利亚昆士兰州鲍灵格林湾（Larsen and Patterson，1990），澳大利亚悉尼植物学湾（Murray and Patterson，2002b；Murray，2003）。

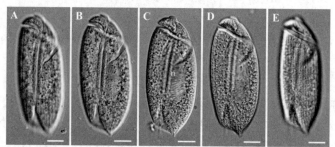

A~E—同一细胞位于不同聚焦平面（光学侧拍）。横沟下旋。比例尺—10μm。

图 3-44 *Gyrodinium* spec.（见彩图 24）

Gyrodinium sensu lato（广义的环沟藻属）

Gyrodinium estuariale Hulburt

出版信息：Hulburt，1957，Biological Bulletin Marine Biological Laboratory Woods Hole 112，p. 209，Figs 15，16（on plate 1）。

插图：图 3-43F，G。

大小：长 9~18μm，宽 7~12μm。

甲板板式：无甲类。

顶沟：原始描述中未知,接近顶部向左弯曲。

叶绿体：叶绿体呈黄褐色或黄绿色(2~5个)。

形态特征：细胞极小,背腹略扁平,呈圆形,不对称,上壳和下壳大小几乎相等,顶部稍尖。横沟较深且宽,下旋距离为 0.25~0.33 个细胞的长度或横沟自身宽度。纵沟略微侵入上壳,在横沟间向右偏转,在下壳往后延伸时变宽并到达底部。细胞核可能位于细胞中央,Murray(2003)观察到疑似眼点。

近似种：不在底栖生境。

评论：细胞游动快速。可能在德国北部瓦登海中有记录(Hoppenrath,2000b,称作 *Gyrodinium* spec 3),但在该细胞中未观察到叶绿体。

分布：砂质沉积物。美国伍兹霍尔地区(Hulburt,1957),美国北卡罗来纳州盖尔斯克里克(Campbell,1973),科威特阿拉伯湾(Saburova et al,2009)(?),澳大利亚西部鲨鱼湾(Al-Qassabet et al,2002),澳大利亚悉尼植物学湾(Murray,2003)。

Gyrodinium lebouriae E.C. Herdman

出版信息：Herdman,1924b,Proceedings and Transactions of the Liverpool Biological Society 38, p. 81,Fig. 28。

插图：图 3-43H。

大小：长 12~20μm,宽 8~15μm。

甲板板式：无甲类。

顶沟：未知。

叶绿体：无。

形态特征：细胞极小,背腹略扁平,呈椭圆形,不对称,上壳稍大。横沟下旋距离约为细胞长度的 1/3 或横沟宽度的 3~4 倍。纵沟略微侵入上壳,在横沟间向右偏转,可到达底部。细胞核位于下壳。红色眼点位于纵沟。

近似种：不在底栖生境。

评论：细胞快速游动。可能在德国北部瓦登海中有记录(Hoppenrath, 2000b,称作 *Gyrodinium* spec 2)。

分布：砂质沉积物。英国马恩岛伊林港(Herdman,1924a),比利时利鲁(Conrad and Kufferath,1954),南非(Lee,1977),澳大利亚悉尼植物学湾(Murray,2003)。

Gyrodinium mundulum Campbell

出版信息：Campbell,1973,Sea Grant Publication,UNC-SG-73-07,p. 153-154,Figs 54(on plate 8),7,8(on plate 26)。

插图：图 3-43I,J。

大小：长 10~22μm,宽 7~16μm。

甲板板式：无甲类。

顶沟：原始描述中未知，但可见于 Murray(2003)的描述中。

叶绿体：呈黄褐色。

形态特征：细胞呈较宽的梭形至椭圆形，背腹略扁平，不对称，上壳和下壳大小几乎相等。横沟较深且宽，下旋距离为横沟宽度的1~3倍，有轻微外伸。纵沟极浅，几乎不可见，侵入上壳，几乎到达顶端，在横沟间向左偏转，在下壳延伸时变宽并几乎到达底部。细胞核位于上壳(原描述)或下壳(Murray,2003)。椭圆形叶绿体主要位于下壳。Murray(2003)观察到眼点。

近似种：不在底栖生境。

分布：砂质沉积物中。美国北卡罗来纳州盖尔斯克里克(Campbell,1973)，澳大利亚西部鲨鱼湾(Al-Qassalet et al,2002)，澳大利亚悉尼植物学湾(Murray,2003)。

Gyrodinium pavillardii Biecheler

出版信息：Biecheler,1952,Bulletin biologique de la France et de la Belgique 36,p. 42-44,Fig. 19。

插图：图 3-43K。

大小：长 25~60μm，宽 25~45μm。

甲板板式：无甲类。

顶沟：呈逆时针环状。

叶绿体：大量可能含多甲藻素的叶绿体，呈黄褐色。

形态特征：细胞呈相对较大的椭圆形到卵圆形，背腹扁平，同时略左右侧扁，不对称，上壳较大，底部凹陷。顶沟呈环状，起点位于纵沟前端以及横沟左端，于背侧绕顶部旋转，末端较深，位于纵沟起点交界。横沟较宽，下旋距离约为横沟宽度的2倍。纵沟狭窄，往后延伸时变宽并到达底部。细胞核位于上壳。细胞形状可变。

近似种：不在底栖生境。

评论：从顶沟形态上看，该种可归到裸甲藻属(*Gymnodinium*)。在没有进行包括分子数据等的重新调查时，应避免进行新的分类组合。

分布：砂质沉积物。法国(Biecheer,1952)，澳大利亚西部鲨鱼湾哈梅林池(Al-Qassab et al,2002)，澳大利亚悉尼植物学湾(Murray,2003)。

Halostylodinium [hals：salt；stulos：pillar；dino-neutral]

Halostylodinium Horiguchi et Yoshizawa-Ebata

出版信息：Horiguchi et al,2000,Journal of Phycology 36,p. 961。

模式种：*H. arenarium* Horiguchi et Yoshizawa-Ebata。

甲板板式：Po 5′ 2a 7″ 7c 6s 5‴ 1p 2⁗。

形态特征：具甲类，大多以不动细胞形式存在，呈椭圆形或圆形，有盘状的长固着柄。无性繁殖通过游动细胞原生质体的二分裂进行。

Halostylodinium arenarium Horiguchi et Yoshizawa-Ebata

出版信息：Horiguchi et al，2000，Journal of Phycology 36，p. 961。

插图：图 3-45。

大小：长 33～48μm，宽 19～40μm，柄长 11～29μm。

甲板板式：Po 5′ 2a 7″ 7c 6s 5‴ 1p 2⁗。

叶绿体：含多甲藻素的叶绿体，呈黄褐色。

形态特征：不动细胞呈椭圆形或圆形，有较薄的壳，横沟和纵沟无凹陷。顶部柄较长，由较粗的管、细小的管和盘状固着柄组成。叶绿体有辐射状叶和一个中心淀粉核（没有淀粉鞘，在光镜下不可见）。细胞核位于细胞中央。游动细胞类似裸甲藻，但有甲板（仅在透射电镜下可见），其上壳呈梯形，下壳呈半圆形，横沟下旋距离约为横沟自身宽度。

近似种：*Stylodinium* 的种。*Stylodinium littorale* 是该属中唯一自由生活的海生种。它也是沙栖种（见下文），但其甲板排列、大小和柄的形态不同。

评论：以不动细胞阶段为主，由柄附着在基质上。

分布：砂质沉积物。如日本冲绳苏奎海滩（Horiguchi et al，2000），澳大利亚悉尼植物学湾（Murray，2003）。

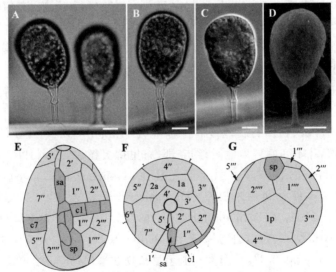

A～D—不动细胞，展示了顶部柄，其中，A～C 为光镜图，D 为扫描电镜图；E～G—甲板排列图，其中，E 为腹面观，F 为顶面观，G 为底面观。比例尺—10μm。

图 3-45 *Halostylodinium arenarium*（见彩图 25）

Herdmania [genus dedicated to E.C. Herdman-feminine]

Herdmania Dodge
出版信息：Dodge,1981,British Phycologial Journal 16,p. 273-274。
模式种：*H. litoralis* Dodge。
甲板板式：Po 3′ 2a 6″ ′x′ 7c 3s 6‴ 1p 1″″ 或 APC 4′ 3a 7″ ?c 5-6?s 5‴ 2″″。
形态特征：具甲类,有较薄的甲板,顶部左侧有小型缺口,横沟不完整,纵沟位于下壳腹部左侧。

Herdmania litoralis Dodge emend. Hoppenrath
出版信息：Dodge,1981,British Phycologial Journal 16,p. 273-275,Figs 1, 2, 6; Hoppenrath, 2000c,Nova Hedwigia 71,p. 482-487,Figs 1-19。
其他名称：*Gymnodinium agile* sensu Herdman(1922,1924a,b),non auct. Kofoid and Swezy 1921(见前面的 *Durinskia agilis* 条目)。
插图：图 3-46。
大小：长 14~36μm,宽 14~35μm。
甲板板式：Po 3′ 2a 6″ ′x′ 7c 3s 6‴ 1p 1″″ 或 APC 4′ 3a 7″ ?c 5-6?s 5‴ 2″″。
叶绿体：无。
形态特征：近圆形,背腹扁平,顶部左侧有小型缺口,部分遮盖顶孔。"不完整"（对甲板的解释）的横沟位于细胞中上方,有轻微上旋。下壳腹部左侧的纵沟几乎延伸到底部,细胞核位于上壳右侧。下壳右侧常见较大液泡。光滑的甲板布有孔纹,纵沟右边翅无刺,纵沟后部/腹区有刺。
评论：在自然种群中,关于甲板的形态和甲板的变化仍然存在不确定性,对甲板板式的解释还未确定。
分布：砂质沉积物。英属地曼岛伊林港(Herdman,1922,1924a,b),英国苏格兰,北萨瑟兰郡,环不列颠群岛地区,约克郡,布里德灵顿(Dodge,1981,1982,1989),丹麦瓦登海(Larsen,1985),德国北部瓦登海(Hoppenrath,2000c),法国诺曼底(Paulmier,1992),意大利厄尔巴岛(Hoppenrath,未发表)(?),科威特阿拉伯湾(Saburova et al,2009; Al-Yamani and Saburova,2010),加拿大英属哥伦比亚省柳湾、斯凯勒特、帕奇纳湾、布雷迪湾、界限湾(Baillie,1971),加拿大英属哥伦比亚省界限湾(Yamaguchi et al,2011a),澳大利亚悉尼植物学湾(Murray,2003)。
参考文献：Dodge, 1982, 1989; Herdman, 1922, 1924a, b; Larsen, 1985; Lebour, 1925; Paulmier, 1992; Steidinger and Tangen, 1997; Yamaguchi et al,2011a。

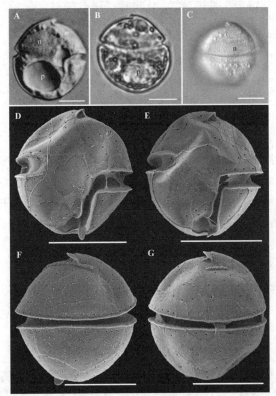

A~C—光镜图,其中,A 为腹面观,B 为细胞中部聚焦,C 为背面观,n 为细胞核,p 为液泡;D~G—扫描电镜图,其中,D、E 为腹面观,F、G 为背面观。比例尺—10μm。

图 3-46 *Herdmania litoralis*

Heterocapsa [heteros: of other kind, different; capsa: box-feminine]

Heterocapsa Stein

出版信息: Stein, 1883, Verlag Wilhelm Engelmann, Leipzig, Tafel Ⅲ, Figs 30-40.

模式种: *H. triquetra* (Ehrenberg) Stein。

甲板板式: Po cp 5′ 3a 7″ 6c 5-8s 5‴ 0-1p2⁗。

形态特征: 具甲类,有较薄的甲板,典型的多甲藻素叶绿体,具有含淀粉鞘的淀粉核,表面存在独特的细胞鳞片。

评论: 目前已发现 16 种,可通过细胞形状和大小、细胞核位置和形状、淀粉核位置和超微结构、细胞鳞片形态等特征进行区分(Wataki, 2008)。除 *H. psammophila*

外,均为浮游物种,分布于全球海域,部分物种可能引起有害水华。

Heterocapsa psammophila Tamura,Iwataki et Horiguchi

出版信息:Tamura et al,2005b,Phycologial of Research 53,p. 304,Figs 1-20。

插图:图 3-47。

大小:长 9~12μm,宽 6~9μm。

甲板板式:APC 5′ 3a 7″ 6c 5s 5‴ 2⁗。

叶绿体:有一个黄棕色、含多甲藻素的叶绿体。

形态特征:细胞卵形,上壳和下壳大小几乎相等。上壳为钟形,下壳为碗状。横沟下旋距离为其宽度的一半。圆形细胞核位于下壳。淀粉核有淀粉鞘,位于上壳下部或细胞中央。细胞鳞片与 *H. triquetra* 相似,但另有一个中央孔。

近似种:*H. illdefina*,*H. niei*,*H. pygmaea*,*H. orietalis*,*H. ovata*,详细比较见 Tamura 等(2005b)。均生活在水体中。

评论:细胞质小管穿透淀粉核。

分布:砂质沉积物。意大利厄尔巴岛(Hoppenrath,未发表)(?),科威特阿拉伯湾(Saburova et al,2009;Al-Yamani and Saburova,2010)(?),日本广岛市吴市沙滩(Tamura et al,2005b)。

参考文献:Iwataki,2008,用于辅助 *Heterocapsa* 的物种识别。

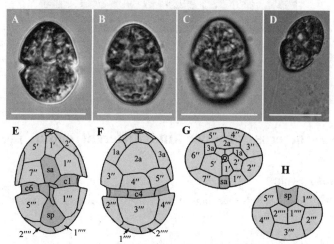

A~C—同一个细胞;D—展示了纵沟鞭毛;E~H—甲板排列绘图,其中,E 为腹面观,F 为背面观,G 为顶面观(上壳板和纵沟的一部分),H 为底面观(下壳板和纵沟的一部分)。比例尺—10μm。

图 3-47 *Heterocapsa psammopgila*(见彩图 26)

Katodinium [kata, katô: at the bottom; dino-neutral]

Katodinium Fott
出版信息:Fott,1957,Preslia 29,p. 287。
其他名称:*Massartia* Conrad(1926)。
模式种:*Katodinium nieuportensis* (Conrad) Loeblich et Loeblich。
其他名称:*Massartia nieuportensis* Conrad。
出版信息:Conrad,1926,Archiv für Protistenkunde 55,p. 70-72,Fig. 1(on plate 1);Fott, 1957,Preslia 29,p. 288。
甲板板式:无甲类。
顶沟:未知。
形态特征:无甲类,上壳大,比下壳长和宽。横沟通常不偏移。
评论:模式种首次描述后再也没有被发现过。尽管对模式地(比利时尼尔波特)进行了寻找,Moestrup 和 G.Hansen 并没有再次发现该种(Calado,2011)。由于缺少更为准确细致的描述[包括薄的甲板(?)、顶沟(?)、眼点(?)等],无法确定该底栖物种是否属于真正的 *Katodinium*。

下面介绍的物种可能都不属于重新定义的 *Katodinium*,因为根据最初的表述,它是无甲类。所有的底栖 *Katodinium* 均具有薄的甲板(Hoppenrath,2000b;Al-Yamani and Saburova, 2010)。目前而言,"*Katodinium*" *asymmetricum* 和 "*K*". *gladulum* 应为同属。"*Katodinium*" *fungiforme* 属于费氏藻科(Pfiesteriaceae)(Seaborn et al,2006;Hoppenrath,未发表)。

"*Katodinium*" *asymmetricum* (Massart) Loeblich Ⅲ
出版信息:Loeblich Ⅲ,1965,Taxon 14,p. 15。
同种异名:*Gymnodinium asymmetricum* Massart (1920)。
其他名称:*Massartia asymmetrica* (Massart) Schiller (1933)。
插图:图 3-48A~C。
大小:长 11~22μm,宽 8~20μm(上壳),下壳宽 5μm。
甲板板式:未知,但发现薄的甲板。
叶绿体:无。
形态特征:细胞呈卵形,略微倾斜的背腹扁平,具有较大的穹隆状上壳(约为细胞长度的 2/3)以及小而窄的下壳。上壳有指向背侧的顶钩。横沟无偏移或略微下旋。纵沟位于下壳右侧,在接近底部处转向左侧。细胞核位于细胞左侧。上壳内常含食物泡。甲板光滑有孔。
近似种:"*Katodinium*" *gladulum*,个体更大,具有相对较大和较宽的下壳;

"*Katodinium*" *fungiforme*,个体更小,无顶钩。

分布:砂质沉积物。英国怀特岛(Carter,1937),环不列颠群岛地区(Dodge,1982),苏格兰北萨瑟兰郡(Dodge,1989),丹麦瓦登海(Larsen,1985),德国北部瓦登海(Hoppenrath,2000b),比利时尼尔波特(Massart,1920),比利时里卢(Conrad and Kufferath,1954),法国(Biecheler,1952),美国伍兹霍尔(Hulburt,1957),美国北卡罗来纳州盖尔斯克里克(Campbell,1973),意大利厄尔巴岛(Hoppenrath,未发表)(?),科威特阿拉伯湾(Saburova et al,2009;Al-Yamani and Saburova,2010),俄罗斯白海(Tikhonenkov et al,2006),澳大利亚鲨鱼湾(Al-Qassab et al,2002),俄罗斯日本海(Konovalova and Selina,2010),日本北海道石狩湾(Horiguchi,未发表),加拿大英属哥伦比亚省界限湾(Hoppenrath,未发表),澳大利亚昆士兰保龄绿湾(Larsen and Patterson,1990),澳大利亚悉尼植物学湾(Murray,2003)。

参考文献:Seaborn et al,2006。

Katodinium auratum Bursa

出版信息:Bursa,1970,Arctic and Alpine Research 2,p. 148-150,Figs 9-14。

插图:图 3-48D,E。

大小:长 19~30μm,宽 9~17μm。

甲板板式:无甲类。

顶沟:无。

叶绿体:数量多,金黄色或黄绿色。

形态特征:细胞呈长卵形,背腹扁平,上壳大于下壳。横沟无偏移或略微下旋。纵沟前缘较窄,随着向底部延伸逐渐变宽,并到达底部。细胞核位于上壳。海洋性物种有红色眼点,位于纵沟。

评论:腹侧接触砂粒或表面并被分泌的黏液覆盖后,细胞可停止游动。

分布:砂质沉积物。加拿大科罗拉多博尔德郡科莫湾(淡水)(Bursa,1970),澳大利亚悉尼植物学湾(Murray,2003)。

"*Katodinium*" *fungiforme* (Anissimowa) Loeblich Ⅲ

出版信息:Loeblich Ⅲ,1965,Taxon 14,p. 16。

同种异名:*Gymnodinium fungiforme* Anissimowa (1926)。

插图:图 3-48F。

大小:长 9~15μm,宽 8~12μm。

甲板板式:未知,但发现薄的甲板。

叶绿体:无。

形态特征:细胞呈圆形,背腹扁平,上壳和下壳大小几乎相等(上壳稍大)。横沟下旋距离约为自身宽度。纵沟位于细胞中央,延伸到底部。细胞核位于下壳。细胞内经常存在食物泡。

近似种:"*Katodinium*" *asymmetricum* 和"*K.*" *gladulum*,但这些种个体更大,有顶钩。

评论:该细胞类似费氏藻属(*Pfiesteria*),包括摄食行为用捕食茎和食物管摄食(myzocytosis)和快速游动行为。

分布:砂质沉积物。英国环不列颠群岛地区(Dodge,1982),德国北部瓦登海(Hoppenrath,2000b),法国(Biecheler,1952),意大利厄尔巴岛(Hoppenrath,未发表),澳大利亚鲨鱼湾(Al-Qassab et al,2002),澳大利亚西北部布鲁姆(Murray and Hoppenrath,未发表),旧鲁萨(Anissimowa,1926),俄罗斯日本海(Konovalova and Selina,2010),加拿大英属哥伦比亚省(Hoppenrath,未发表),澳大利亚悉尼植物学湾(Murray,2003)。

参考文献:Spero,1982;Parrow and Burkholder,2004;Seaborn et al,2006。

"*Katodinium*" *glandulum*(E.C.Herdman)Loeblich Ⅲ

出版信息:Loeblich Ⅲ,1965,Taxon14,p. 16。

同种异名:*Gymnodinium glandulum* E.C. Herdman (1924b)。

其他名称:*Massartia glandula*(E.C.Herdman)Schiller (1933)。

插图:图 3-48G。

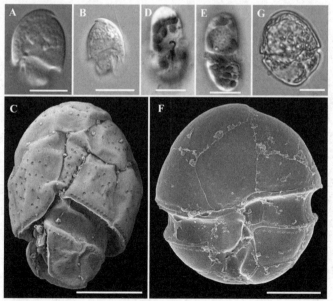

A~C—*K. asymmetricum*;D,E—*K. auratum*;F—*K. fungiforme*,扫描电镜图;G—*K. glandulum*。比例尺—A,B,D,E,G 为 10μm,C,F 为 5μm。

图 3-48 *Katodinium* spp.

大小：长 15~35μm,宽 11~29μm。

甲板板式：未知,但发现薄的甲板。

叶绿体：无。

形态特征：细胞呈卵形,略微倾斜的背腹扁平,具有较大的穹隆或盔状上壳(约为细胞长度的 2/3),下壳较短,宽度相等。上壳顶端有指向背侧的弯钩。横沟轻微偏移或不偏移。纵沟位于下壳右侧。细胞核位于细胞左下侧或居于中央。有时上壳内有食物泡。甲板光滑有孔。

近似种："*Katodinium*" *asymmetricum*,该种个体更小,具有更窄的下壳；"*Katodinium*" *fungiforme*,该种个体更小,无顶钩。

评论：以微小的硅藻为食物(Hoppenrath,2000b)。

分布：砂质沉积物。英国马恩岛伊林港(Herdman,1924a),环不列颠群岛地区(Dodge,1982),苏格兰北萨瑟兰郡(Dodge,1989),丹麦瓦登海(Larsen,1985)(?),德国北部瓦登海(Hoppenrath,2000b),意大利厄尔巴岛(Hoppenrath,未发表),科威特阿拉伯湾(Al-Yamani and Saburova,2010),日本北海道石狩湾(Horiguchi,未发表),加拿大英属哥伦比亚省(Baillie,1971;Hoppenrath,未发表),澳大利亚昆士兰保龄绿湾(Larsen and Patterson,1990)(?),澳大利亚悉尼植物学湾(Murray,2003)。

Moestrupia [genes dedicated to Ø. Moestrup-feminine]

Moestrupia G. Hansen et Daugbjerg

出版信息：Hansen and Daugbjerg,2011,Phycologia 50,p. 586。

模式种：*Moestrupia oblonga*(Larsen et Patterson)G. Hansen et Daugbjerg。

甲板板式：无甲类。

顶沟：短而弯曲的顶沟。

形态特征：无甲板,上壳腹侧有一条凸缘,弯曲的顶沟从凸缘上部延伸到背侧中部。横沟明显下旋,存在一个含多甲藻素的叶绿体,小腔位于上壳。

Moestrupia oblonga(Larsen et Patterson)G. Hansen et Daugbjerg

出版信息：Hansen and Daugbjerg,2011,Phycologia 50,p. 586-591,Figs 1-9,11-38。

同种异名：*Gyrodinium oblongum* Larsen et Patterson；Larsen and Patterson,1990,Journal of Natural History 24,p. 893,Figs 43g,h。

插图：图 3-49A~C。

大小：长 12~25μm,宽 6~10μm。

甲板板式：无甲类。

顶沟：短而弯曲的顶沟。

叶绿体：一个网状、含多甲藻素的叶绿体。

第3章 分类学

形态特征：细胞呈卵形至椭圆形，上下壳大小几乎相等。横沟明显下旋，下旋距离约为细胞长度的 1/3。螺旋形的横向鞭毛在纵沟内终止。纵沟在细胞后部变宽。腹侧凸缘（和腹侧脊状突起）明显，延伸至上壳。顶沟短而弯曲，从腹侧凸缘延伸至背侧中部。捕食管（peduncle）从上壳的一个小腔伸出。网状叶绿体通过淀粉鞘与细胞中央柄状的淀粉核相连。细胞核位于下壳后部。

评论：可能以捕食管摄食。在甲藻中，上壳存在独特的管状结构，不能排除该结构用作附着或未知的功能。

分布：砂质沉积物及高盐地区。西班牙加那利群岛特纳利夫岛（Hansen and Daugbjerg，2011）；西澳大利亚布鲁姆（Murray and Hoppenrath，未发表），西澳大利亚鲨鱼湾哈美林池（Al-Qassab et al，2002），澳大利亚昆士兰保龄绿湾（Larsen and Patterson，1990），澳大利亚悉尼植物学湾（Murray，2003）。

参考文献：见本条目的"分布"。

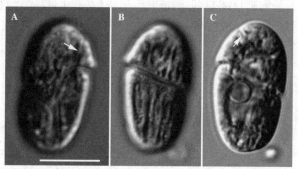

A—腹面观，标示了顶沟的起点（箭头）；B—背面观；C—聚焦中央细胞，标示了顶沟的终点（箭头）并展示了淀粉核的环状淀粉鞘。比例尺—10μm。

图 3-49　*Moestrupia oblonga*（见彩图 27）

Ostreopsis ［ostréon：mussel；opsis：aspect-feminine］

Ostreopsis Schmidt 蛎甲藻属

出版信息：Schmidt，1901，Botanisk Tidsskrift 24，p. 218-219。

模式种：*O. siamensis* Schmidt。

甲板板式：Po 3′ 7″ 6c 7(8?)s 5‴ 2″″。

叶绿体：数量较多，金褈色含多甲藻素的叶绿体。

形态特征：具甲类，细胞显著扁平，呈较宽的卵形至卵圆形，顶面观往腹侧逐渐变窄。顶部明显偏离中心，位于上壳背侧偏左。顶孔板(Po)由一个狭窄的裂隙状区域组成。横沟很窄，边缘有平滑的边翅。

纵沟凹陷难以观察，与横沟面相比是倾斜的。Besada 等(1982)对 *O. ovata* 进行了仔细观察，发现 8 块纵沟板以及一些小板。Norris 等(1985)在 *O. heptagona* 中至少识别出 6 块甲板。Faust 和 Morton(1995)没有用传统方式解读纵沟，但是引入了一个存在歧义的新术语。"腹板"(Vp)其实就是纵沟板，而"脊板"(Rp)是纵沟板的翅。腹部开口(Vo)一词也是适用的，因为 Besada 等(1982)所说的腹孔实际上与鞭毛孔这一术语更具一致性，并且其位于纵沟的前部。根据对地中海(图 3-49A～C)*O.* cf. *ovata* 和 *O.* cf. *siamensis* 纵沟的观察，找到一种构造与 Norris 等(1985)描述的接近。然而，这些观察清晰地显示，这些作者解释为第二底板(2‴)的四边形小板，认为是纵沟的一部分，并将其解释为纵沟后板(Sp)，这一命名遵循了 Besada 等(1982)的提议。在多数样品中，Norris 等(1985)提出的较大的细长型后间插板(1p)与纵沟后板(Sp)相连，因此与 Balech(1980)提出的底板一词更具一致性。此后，*Ostreopsis* 就被认为没有后间插板，而是有像 *Coolia* 那样的两块底板。除此之外，还发现培养条件下能够形成明显的边翅[Faust 和 Morton(1995)中描述的"Rp"]，和 Balech 的观点相同(图 11，Norris et al,1985)。不赞同 Norris 等(1985)对过渡板的解释，这一板块不在前左纵沟板(Ssa)的左端，而是位于下端。另外，对于过渡板，普遍认为是狭义多甲藻目(Peridiniales sensu lato)横沟的一部分(并非纵沟的一部分)，其在膝沟藻目(Gonyaulacales)中没有(Fensome et al,1993)，认为它是前纵沟板的附板(S.ac.a.)，因此至少有 7 块纵沟板。

该属基于大小、形态和甲板排列，已描述了 9 种。尽管对甲板的解释不同，然而几乎所有物种的板式都相同，与 *O. siamensis* 的描述相符，几乎无法用于物种识别。目前可用于区分物种的特征是背腹/前后直径(DV/AP)的比例，但并非所有物种都有这一数据。甲板纹饰光滑，根据物种的不同，具有一到两种不同的孔纹。物种之间的识别问题仍未解决，因为有的原始描述是不精确的，导致后来的解释存在误解和混淆。

该属栖息在泥沙或附生在植物上，在特定条件下，在浮游生物(假性浮游生物)中可能存在它们的细胞。一些物种可能会造成水华。

评论：甲板板式与 *Coolia* 十分相似，一些生物学家曾将它们视为同一属，但现在看来并非如此。尽管 Besada 等(1982)认为甲板板式应有其他释义(4 块顶板，6 块沟前板)，Parsons 等(2012)也表示赞同，但在不考虑板的同源性下，认为之前 Schmidt(1901)和 Fukuyo(1981)的释义与 Kofoid 对甲板(顶孔与顶板相连，沟前板与横沟相连)的定义更一致。对于下壳，同意 Besada 等(1982)的解读，认为存在两块底板，没有后间插板。

Ostreopsis belizeana Faust

出版信息：Faust,1999,Phycologia 38,p. 94-96,Figs 6-10。

插图：图 3-50。

大小：深 79～92μm(背腹直径)，宽 38～48μm。

甲板板式：Po 3' 7" 6c 7(8?)s 5''' 2''''。

叶绿体：数量较多，金褐色，含多甲藻素。

形态特征：细胞前后扁平，呈明显的尖椭圆形。上壳与下壳倾斜，大小相等。第一顶板(1')呈五边形，较窄。顶板孔(Po)长 16μm。横沟较窄。甲板表面光滑，有圆形孔(平均直径为 0.42μm)。

其形状、大小和存在一种壳孔等特性与 O. siamensis 十分相似(Fukuyo,1981)。由于缺乏有关横沟弯曲和前后长度等信息，其是否为单独的一种仍待考证。

评论：关于是否产毒，无相关信息。

分布：加勒比海(Faust,1999)。

Ostreopsis caribbeana Faust

出版信息：Faust,1999,Phycologia 38, p. 96-97,Figs 11-16。

插图：图 3-50。

大小：深 56～81μm(背腹直径)，26～47μm 宽，背腹直径与宽度比为 1.94。

甲板板式：Po 3' 7" 6c 7(8?)s 5''' 2''''。

叶绿体：数量较多，浅黄褐色，含多甲藻素。

形态特征：细胞呈卵形至椭圆形，前后扁平，上壳与下壳大小相等。第一顶板(1')呈五边形，较窄。顶板孔(Po)平直，长 17μm。第二底板(2'''')呈五边形，较长(长宽比为 2.45)。甲板表面光滑，大的圆孔无规则分布(平均直径为 0.60μm)，部分有射出的刺丝胞(Faust,1999)。

就大小而言，该种介于 O. ovata 较小的和较大的个体之间。

评论：是否产生毒素未知，该种仍需继续研究，包括分子序列。

分布：加勒比海(伯利兹，波多黎各)(Faust,1999)。

Ostreopsis heptagona Norris,Bomber et Balech 七角蛎甲藻

出版信息：Norris et al,1985,Toxic dinoflagellates,Elsevier Science publ. Co., p. 40-42, Figs 1-15。

插图：图 3-50，图 3-51H,I。

大小：深 80～122μm(背腹直径)，宽 46～84μm，长 48～70μm。

甲板板式：Po 3' 7" 6c 7(8?)s 5''' 2''''。

叶绿体：数量较多，金褐色，含多甲藻素。

形态特征：细胞较大，呈较宽的卵形，顶面观往腹侧逐渐变窄。第一顶板(1')较独特，为七边形，和第五沟前板(5")之间有片间带。第二沟前板(2")较小，大小约为顶孔板(Po)的 2 倍。横沟很窄(1.5～3.0μm)。纵沟凹陷，位于隐蔽处，横向延长。第二底板(2'''')较长，腹侧宽。甲板上有许多小突起，内有孔(直径为 0.30μm，Faust

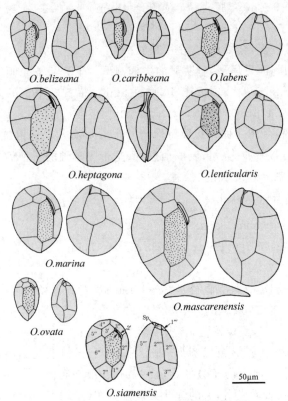

图 3-50　*Ostreopsis* spp. 甲板排列绘图

et al,1996)。

在一个培养的 *O. ovata* 畸变样本(Besada et al,1982)中也发现了一个七边形顶板(1′),而在 Penna 等(2010)的 *O.* cf. *ovata* 样本中发现了更多。尽管这些物种的大小远小于 *O. heptagona*,第一顶板的形状可以用来区分物种。

评论:该种有毒(Norris et al,1985)。在形成丝状体的过程中会产生大量黏液。

分布:印度洋加勒比佛罗里达群岛(Norris et al,1985;Faust et al,1996)。

参考文献:Norris et al,1985;Faust et al,1996。

Ostreopsis labens Faust et Morton

出版信息:Faust and Morton,1995,Journal of Phycology 31,p. 458-461,Figs 1-15。

插图:图 3-50。

大小:深 81～110μm(背腹直径),宽 70～80μm,长 60～86μm。

甲板板式:Po 3′ 7″ 6c 7(8?)s 5‴ 2⁗。

叶绿体:数量较多,金褐色,含多甲藻素。

形态特征:细胞较大,呈较宽的卵形,两面突起。上壳和下壳大小相等。顶孔板

(Po)长 $18\mu m$。第一顶板($1'$)呈五边形(但包含 6 块甲板),稍偏向上壳左侧。横沟宽 $3\sim4\mu m$。第五沟后板($5'''$)和第二底板($2''''$)背腹侧伸长。壳表面光滑,分布有壳孔(平均直径为 $0.3\mu m$),位于较小的凹陷处,有小的边缘(从发表的图片推断)。在扫描电镜下可以看见较小的孔,但不清晰。细胞核呈圆形,位于背侧。

据 Fukuyo(1981)对 *O. siamensis* 的描述,细胞会平滑地移动。Faust 和 Morton(1995)也提到其为异养型。

根据 Faust 和 Morton(1995)的描述,该种个体较大,但形状和壳孔的大小都与 *O. siamensis* (Fukuyo,1981)相似。根据 Schmidt(1901)的图 7,相比更为扁平的 *O. siamensis*,该种前后更长。

评论:用于描述该细胞整体形状的术语仍然存疑。Faust 和 Morton(1995)用了 3 个含义不同的专有名词以描述其形状——椭圆形(oval)、卵形(ovoid)和卵形的(ovoidal)。在浮游生物、沙滩以及大型藻类上的附生植物中均发现过该种。其毒性尚未可知。

分布:印度洋西南部加勒比,日本,中国东海(Faust and Morton,1995;Faust et al,1996),马来西亚(Mohammad-Noor et al,2007)。

Ostreopsis lenticularis Fukuyo 凸透蛎甲藻

出版信息:Fukuyo,1981,Bulletin of the Japanese Society for the Scientific Fisheries 47, p. 970,Figs 30-34,52,53。

插图:图 3-50。

大小:深 $60\sim100\mu m$(背腹直径),宽 $45\sim80\mu m$(Fukuyo,1981)。

甲板板式:Po $3'$ $7''$ 6c 7(8?)s $5'''$ $2''''$。

叶绿体:数量较多,金褐色,含多甲藻素。

形态特征:细胞呈双凸镜状,腹部突出,细胞前后变扁。上壳和下壳几乎等长。甲板排列和形状与 *O. siamensis* Fukuyo (1981)相似,最大的区别在于其存在两类孔,在光镜下呈现出一大一小两种形态(Fukuyo,1981,图 33),横沟无弯曲。

评论:与 Penna 等(2005)认为的长形或圆形是区分 *O. lenticularis* 和 *O. siamensis* 最显著的特征相反,Fukuyo(1981)明确指出两个种大小、形状和甲板排列都相似。与原来的描述不同,Faust 等(1996)通过扫描电镜识别出只有一种孔的 *O. lenticularis* 样本,似乎属于另外一种。

Tindall 等(1990)提出,该种具有毒性,但可能将其和 *O. siamensis* 混淆了。

分布:加勒比,马斯克林群岛,马来西亚,中国东海,太平洋墨西哥湾,法属波利尼西亚,新喀里多尼亚。

参考文献:Fukuyo,1981;Fukuyo et al,1996;Okolodkov and Gárate-Lizárraga,2006;Mohammad-Noor et al,2007b。

Ostreopsis marina Faust
出版信息：Fukuyo,1999,Phycologia 38,p. 93-94,Figs 1-5。
插图：图 3-50。
大小：深 83~111μm(背腹直径),宽 73~85μm。
甲板板式：Po 3' 7" 6c 7(8?)s 5‴ 2⁗。
叶绿体：数量较多,金褐色,含多甲藻素。
形态特征：细胞大,宽椭圆形,前后扁平。第一顶板(1')窄而细长,为五边形,偏移至上壳左侧。顶孔板(Po)窄而弯曲,长 24μm。第六沟前板(6″)五边形,是上壳中最大的板。第二底板(2⁗)较长,呈五边形(长宽比为 1.91)。甲板表面光滑,布满壳孔(平均直径为 0.33μm)。
评论：是否产生毒素未知。
分布：加勒比海(Faust,1999),印度洋西南部,越南(Larsen and Nguyen-Ngoc,2004)。
参考文献：Faust,1999；Larsen and Nguyen-Ngoc,2004。

Ostreopsis mascarensis Quod 马斯克林蛎甲藻
出版信息：Quod,1994,Cryptogamie Algologie 15,p. 245,Figs 1-3。
插图：图 3-50。
大小：深 113~195μm(背腹直径),宽 79~138μm,长 25~30μm。
形态特征：细胞大,呈宽的椭圆形,明显扁平。相比较扁平的下壳,上壳轻微突起。顶孔板(Po)较长(27μm),轻微弯曲。第二沟后板(2‴)呈六边形,较大且长,长宽比为 2.55。甲板表面光滑,布满大量较浅的圆形凹陷(直径为 1~1.2μm),凹陷内中心位置有一个或多个壳孔(直径为 0.2~0.4μm)。
据 Faust 等(1996)所述,壳孔呈圆形,有两个小的缺口,边缘光滑,0.6μm 可能指的是凹陷的直径。
评论：神经毒性物种(Quod,1994),会产生水螅毒素类似物(mascareno 毒素 A 和 B)(Lenoir et al,2004)。
分布：附生物种,附生于红色或棕色大型藻类而非沉积物,加勒比海(Faust et al,1996),印度洋西南部(Quod,1994)。
参考文献：Quod,1994；Faust et al,1996；Lenoir et al,2004。

Ostreopsis ovata Fukuyo 卵圆蛎甲藻
出版信息：Fukuyo,1981, Bulletin of the Japanese Society for the Scientific Fisheries 47, p. 971,Figs 35-38,54-55。
插图：图 3-50,图 3-51A~C,图 3-52。
大小：深 50~56μm(背腹直径),宽 25~35μm。
甲板板式：Po 3' 7" 6c 7(8?)s 5‴ 2⁗。

第3章 分类学

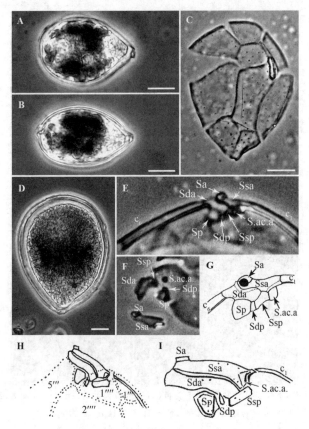

A~C—*O.* cf. *ovata*,其中,A 为顶面观(上壳板),B 为右侧面观,C 为压扁后的上壳(展示了甲板排列);D~G—*O.* cf. *siamensis*,其中,D 为顶面观(上壳板),E 为从下壳板上观察的沟板细节,F 为分离的纵沟板,G 为纵沟的示意图;H,I—Norris 等(1985)对 *O. heptagona* 的修改绘图和对纵沟板的重新示意。甲板名称——Sa 为纵沟前板,Sda 为纵沟右前板,Ssa 为纵沟左前板,S.ac.a 为纵沟附加前板,Sdp 为纵沟右后板,Ssp 为纵沟左后板,Sp 为纵沟后板。比例尺—10μm。

图 3-51　*Ostreopsis* spp.(来自法属地中海沿岸,照片由 Nézan 提供)

叶绿体:数量较多,黄褐色,含多甲藻素。

形态特征:细胞呈卵形,腹侧细长。前后长度几乎与横径(宽度)相等。背腹直径为宽度的 1.5~2 倍。甲板排列和形状与 *O. siamensis* 相似。光镜下能够看见甲板上大量微小的孔。

Faust 等(1996)提出的 0.07μm 的壳孔大小可能有误。Penna 等(2005)在地中海和大西洋中发现了比 *O. ovata* 更小的样本,其分子序列与太平洋的物种不同。他们将其称作 *O.* cf. *ovata*,并称壳孔的大小为 0.16~0.55μm 不等,分为两类:一类 0.25~0.30μm,另一类 0.45~0.50μm。该种较小的壳孔也可被观察到,但在光镜下

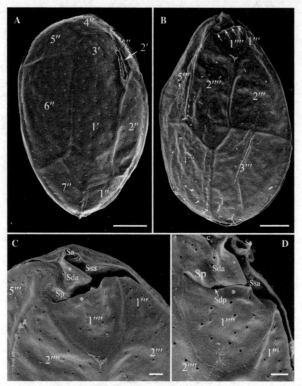

A—顶面观,上壳板;B—底面观,下壳板(箭头所指为纵沟);C,D—底面观,纵沟的细节(星号标示了一些甲板上的边翅)。比例尺—A、B、C 为 10μm,D 为 2μm。

图 3-52 *Ostreopsis* cf. *ovata* 扫描电镜图(展示了甲板排列)

无法清晰分辨。

一些样本在背侧具有一个或两个红色液泡(Fukuyo,1981)。

评论:有毒物种,会产生海葵毒素(palytoxin)和卵圆蛎甲藻毒素(ovatoxins)(Ciminiello et al,2008)。会形成水华。

分布:加勒比海,西大西洋(巴西),地中海,阿拉伯湾,日本琉球群岛,法属波利尼西亚,新喀里多尼亚。可能也存在于马来西亚,但尺寸比原本描述的要小很多。地中海和大西洋的(巴西)的样本在序列上和马来西亚以及印尼发现的样本存在差异(Penna et al,2005,2010)。由于缺乏来自模式地的 *O. ovata* 的分子特征,因此无法得知到底哪种基因型与之匹配,并且大部分发表的 *O.* cf. *ovata* 都来自热带或温带。该种的分类仍不明确(Parsons et al,2012)。

参考文献:Fukuyo,1981;Besada et al,1982;Penna et al,2005,2010;Aligizaki and Nikolaidis,2006;Mohammad-Noor et al,2007b;Al-Yamani et al,2010;Parsons et al,2012。

Ostreopsis siamensis Schmidt 暹罗蛎甲藻

出版信息：Schmidt,1901,Botanisk Tidsskrift 24,p. 219,Figs 5-7。
插图：图 3-50,图 3-51D～G。
大小：深 60～100μm(背腹直径),宽 45～90μm(Fukuyo,1981)。
甲板板式：Po 3′ 7″ 6c 7(8?)s 5‴ 2⁗。
叶绿体：数量较多,金褐色,含多甲藻素。

形态特征：细胞扁平,形状似牡蛎,呈较宽的卵圆形,顶面观往腹侧逐渐变窄。上壳和下壳长度相近。顶孔板(Po)窄而细长,随细胞轮廓弯曲。第一顶板(1′)较大,为六边形,位于上壳中央。横沟较窄,侧面观有弯曲(Fukuyo,1981)。

Schmidt(1901)指出,背腹直径为 90μm。从发表的图像上看,细胞前后长度大约为 32μm,顶孔板为 17μm。

从分类学角度说,对 *O. siamensis* 的定义并不清楚,对该种的识别也存在问题。因为在最初的描述中,Schmidt(1901)描述了不同形态的两种样本。该样本在顶面(上壳)视图中是圆形的,而从底面观,其腹侧突出且呈泪珠状。Schmidt(1901)提到,甲板是粗大多孔的,即该种存在相对较大的壳孔,且在光镜下可见。Schiller(1937)对 Schmidt 的原始图像进行了重新绘制,但未能成功记录甲板排列(缺失了 2′ 和 Po 板)。1981 年,Fukuyo 对鉴定为 *O. siamensis* 的样本进行了研究,并强调细胞的形状为宽卵圆形,横沟在侧面观是有弯曲的,正如 Fukuyo(1981,图 7)所示。他也注意到甲板上布满了孔,且孔只有一种类型。他建议将 *O. lenticularis* 作为新种,但其形状、轮廓和甲板排列与 *O. siamensis* 相似,不同之处是它有两种大小的孔,并且侧面观横沟没有弯曲(Fukuyo,1981)。通过扫描电镜,Faust 等(1996)分辨出了较大的细胞(背腹直径为 108～123μm),该细胞和 *O. siamensis* 一样,具有两种气孔(0.5μm和 0.1μm)。由于尺寸小于光镜的分辨率,较小的壳孔(0.1μm)在之前的研究中被忽略了,但细胞则比原始描述要大。由于缺乏横沟弯曲的信息,无法对这些样本进行鉴定。可能它们属于其他的物种,而非 *O. siamensis*。同样,Chang 等(2000)对 *O. siamensis* 的识别也存疑。Rhodes 等(2000)从新西兰获取的样本中识别出了 *O. siamensis*,但比 Schmidt(1901)和 Fukuyo(1981)所发表的尺寸要小。然而,弯曲的横沟和同一种壳孔等特性在描述中是一致的。在地中海,Aligizaki 和 Nikolaidis(2006)公布了有弯曲横沟的样本,而 Penna 等(2005)将从加泰隆海和意大利南部分离的样本鉴定为 *O.* cf. *siamensis*,其横沟没有弯曲,是扁平的。后者和 Schmidt(1901)的图不同,应属于另一种。

因此,对来自 *O. siamensis* 模式地(象岛)的样本进行重新研究是十分必要的,其目的在于获取形态学和分子特性的更多细节。然而,更多的疑问随之产生,因为这些学者没有研究横沟的形状,没有明确是否存在一种或两种大小的孔。正如 Fukuyo(1981)所述,形状(轮廓)和甲板排列都不能用来区分 *O. siamensis* 和

O. lenticularis。

评论：会产生水螅毒素(palytoxin)及其类似物(Usami et al,1995；Ukena et al,2001)。

分布：大西洋(比斯开湾),地中海(?),日本海(?),日本琉球群岛,太平洋墨西哥湾,新西兰。

参考文献：Fukuyo,1981；Rhodes et al,2000；Okolodkov and Gárate-Lizárraga,2006；Penna et al,2005,2010；Selina and Orlova,2010；Laza-Martinez et al,2011。

"*Peridinium*" partim（新属）

此处将不对多甲藻属(*Peridinium*)展开详细描述,因为以下物种已被归入这一属,但需进一步研究其特征是否代表了一个新属。

"*Peridinium*" quinquecorne Abé

出版信息：Abé,1927,Science Reports of the Tohoku Imperial University, series 4,2, p. 410-412,Fig. 30。

插图：图3-53。

大小：长23~30μm,宽20~26μm。

甲板板式：APC 3′ 2a 7″ 5c 4s 5‴ 2⁗。

叶绿体：源于硅藻,金棕色,含岩藻黄素。

形态特征：细胞呈钻石状,背腹扁平。顶端有短小的顶角,下壳有4个大小不等(1~5μm)的底刺。横沟基本位于中央,偏移距离为自身宽度的一半。纵沟很短,未延伸到底部。甲藻核位于细胞左侧中央。另有较小的真核细胞核存在。纵沟有明显的红色沟状眼点。细胞外围有大约10个圆盘状至伸长的叶绿体。

近似种：存在明显的底刺,不易和其他物种混淆。

评论：在浮游生物和沉积物样本中均有发现。目前将其归为多甲藻属(*Peridinium*),但它不应归于该属,因为从系统发育上其和多甲藻的模式种 *P. cinctum* 没有密切联系(Horiguchi and Takano,2006)。应归于某一分支,仅包含有硅藻共生体的甲藻(Horiguchi and Takano,2006)。该分支在形态学上与其他种类不同,因此,为该种建立新属是合适的。

分布：潮汐池、沉积地带和浅水。北爱琴海(Aligizaki,未发表),东爱琴海米蒂利尼岛(Ignatiades and Gotsis-Skretas,2010),科威特阿拉伯湾(Saburova et al,2009),马来西亚博克海滩、沙巴(Mohammad-Noor et al,2007b),菲律宾马里巴克湾(Horiguchi and Soto,1994),南非瓜祖卢-纳塔尔棕榈滩和阿曼泽姆多蒂(Horiguchi and Pienaar,1991),日本青森县浅虫(Abé,1927,1981),太平洋墨西哥湾(Okolodkov and Gárate-Lizárraga,2006),澳大利亚悉尼植物学湾(Murray,2003)。

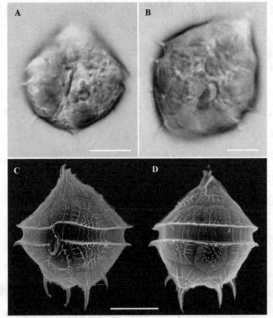

A,B—光镜图,展示了沟区的红色眼点;C,D—扫描电镜图,展示了底刺,其中,C为腹面观,D为背面观。比例尺—10μm。

图 3-53 "*Peridinium*" *quinquecorne*(见彩图 28)

Pileidinium [pileus: mitra, kind of cap; dino-neutral]

Pileidinium Tamura et Horiguchi

出版信息:Tamura and Horiguchi,2005,European Journal of Phycology 40, p. 283。

模式种:*P. ciceropse* Tamura et Horiguchi。

甲板板式:1' 5" 4c 4s 5‴ 1⁗。

形态特征:具甲类,细胞左右侧扁,上壳小,下壳大,横沟不完整,含多甲藻素叶绿体。

Pileidinium ciceropse Tamura et Horiguchi

出版信息:Tamura and Horiguchi,2005,European Journal of Phycology 40, p. 283-284,Figs 1-32。

插图:图 3-54。

大小:长 14~26μm,宽 10~14μm,深 14~23μm。

甲板板式:1' 5" 4c 4s 5‴ 1⁗。

叶绿体：黄褐色，含多甲藻素叶绿体，有从中央淀粉核向外辐射的叶状突起。

形态特征：细胞呈椭圆形至梯形，左右侧扁。上壳较小，呈盖状或帽状（约为细胞长的1/7），在背侧逐渐变窄。细胞核位于细胞后部。具有淀粉鞘的淀粉核位于中央。横沟不完整（环绕细胞的2/3），因此第四和第五沟前板（4″、5″）与第四和第五沟后板（4‴、5‴）相连。纵沟非常短，在光镜下无法分辨。纵沟内仅存在一个孔［鞭毛的（？）］。甲板上有网纹。没有顶孔复合体，上壳中央仅存在一个顶板（1′）。第一顶板（1′）和第二沟前板（2″）之间有一个孔［顶孔或腹孔（？）］。

近似种：细胞形状与 *Plagiodinium belizeanum* 相似，但后者具有完整的横沟，甲板排列也不同，见 *Plagiodinium belizeanum* 条目。

评论：沙栖物种在沙滩上，附生物种在海草上。

分布：马来西亚西巴丹岛（Mohammad-Noor et al,2007b），帕劳梅切查尔岛（Tamura and Horiguchi,2005）。

参考文献：Mohammad-Noor et al,2007b。

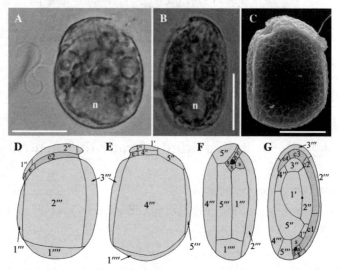

A—左侧面观，展示了纵向鞭毛和细胞核（n）；B—背面观，聚焦在细胞中央，n为细胞核；C—右侧面观，扫描电镜图；D～G—甲板排列绘图，其中，D为左侧面观，E为右侧面观，F为腹面观，G为顶面观。图A～C由Tamura提供。比例尺—10μm。

图3-54 *Pileidinium ciceropse*（见彩图29）

Plagiodinium［plagio-：oblique；dino-neutral］

Plagiodinium Faust et Balech

出版信息：Faust and Balech,1993,Journal of Phycology 29,p. 826-827。

模式种：*P. belizeanum* Faust et Balech。

甲板板式：(Po)5′ 0″ 5c 5s 5‴ 1‴‴。

形态特征：种类具体如下。

Plagiodinium belizeanum Faust et Balech

出版信息：Faust and Balech，1993，Journal of Phycology 29，p. 826-827，Figs 1-22。

插图：图 3-55。

大小：长 27~31μm，宽 20~25μm，深 7~9μm。

甲板板式：(Po)5′ 0″ 5c 5s 5‴ 1‴‴。

叶绿体：很多(?)，没有对颜色的描述。

形态特征：具甲类，细胞呈长圆形至椭圆形，左右侧扁。上壳很小，呈指状，由背侧向腹侧倾斜。横沟完整，无偏移。纵沟较短，约为细胞长度的一半(?)。细胞核位于细胞后部。甲板光滑，有孔。没有沟前板。在原始描述中没有是否存在顶孔(板)的可靠信息。

近似种：类似于狭义前沟藻属(*Amphidinium* s.s.)的物种。

评论：其分类仍需进一步研究。

分布：生活于漂浮碎屑、珊瑚碎石和红树林的沉积物。贝里斯堡礁(Faust and Balech，1993)，马来西亚(Mohammad-Noor，私人通信)。

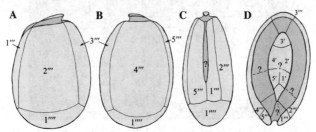

A—左侧面观；B—右侧面观；C—腹面观；D—顶面观。

图 3-55 *Plagiodinium belizeanum* 甲板排列绘图(对原始描述中图像的重绘)

Planodinium [planus: even, flat; dino-neutral]

Planodinium Sauders et Dodge

出版信息：Sauders and Dodge，1984，Protistologica 20，p. 275，278。

模式种：*P. striatum* Sauders et Dodge。

甲板板式：3′ 1a 8″ 7?c 4?s 5‴ 1‴‴。

形态特征：具甲类，左右侧扁，细胞呈椭圆形，顶部平截。上壳小，仅为细胞长度的 1/10~1/8。

Planodinium striatum Sauders et Dodge

出版信息：Sauders and Dodge，1984，Protistologica 20，p. 278，Figs 24-30。
其他名称：*Thecadinium petasatum* partim sensu Baillie(1971)。
插图：图3-56。

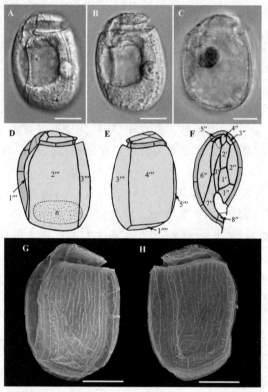

A,B—同一个细胞在不同对焦面,其中,A为左侧面观;C—细胞中部,展示了中央的食物泡(图片由Sparmann提供);D~F—甲板排列绘图,其中,D为左侧面观,E为右侧面观,F为顶面观(上壳和横沟);G,H—扫描电镜下的甲板纹饰,其中,G为左侧面观,H为右侧面观。比例尺—10μm。

图3-56 *Planodinium striatum*（见彩图30）

大小：长27~40μm，深10~27μm。
甲板板式：3′ 1a 8″ 7?c 4?s 5‴ 1⁗。
叶绿体：无。
形态特征：细胞左右侧极扁，大致呈长方形，背侧稍长。上壳呈帽状或穹顶状，较小，仅有细胞长度的1/10~1/8。无顶孔。甲板上有脊状突起，主要位于下壳，纵向延伸。较大的孔被一圈小孔围绕。上壳甲板上另有较小的突起。横沟下旋，下旋距离约为横沟自身宽度。纵沟偏移至左侧，未到达底部。纵沟狭窄，侵入上壳。细胞核位于下壳下部。细胞内常有一个较大的橙棕色食物泡。

近似种：在光镜下与 *Sabulodinium undulatum* 最相似，但甲板板式不同，上壳背侧向上突出。

评论：目前已知该属中一种更小的种，但还未对其进行描述。

分布：砂质沉积物。英国诺森伯兰郡布雷岛和霍利岛米尔波特（Sauders and Dodge,1984），英国苏格兰北萨瑟兰郡（Dodge,1989），德国北部瓦登海（Hoppenrath,2000b），意大利厄尔巴岛（Hoppenrath,未发表），俄罗斯日本海（Konovalova and Selina,2010），加拿大英属哥伦比亚省界限湾（Baillie,1971；Hoppenrath,未发表）。

参考文献：Hoppenrath,2000b。

Polykrikos [polus：numerous；krikos：ring-masculine]

Polykrikos Bütschli 多沟藻属

出版信息：Bütschli,1873,Archiv für mikroskopische Anatomie,p. 673-676,pl. 26,Fig. 22。

模式种：*P. schwartzii* Bütschli。

甲板板式：无甲类。

顶沟：闭环状。

形态特征：无甲板，假群体，多条横沟，多对鞭毛和细胞核。所有多沟藻属（*Polykrikos*）的物种都具有以下特征。(1)一个闭环状的顶沟；(2)下旋的横沟；(3)(轻微弯曲的)纵沟延伸到细胞底部；(4)刺丝胞-刺丝囊复合体；(5)细胞核的数量只有细胞个体的1/2或1/4，仅 *P. hartmannii* 有相同数量的细胞核和细胞个体；(6)能够分裂成只有一个细胞核的较少的假群体。

评论：目前正在研究（Hoppenrath and Leander,2007a）并修订（Hoppenrath and Leander,2007b；Hoppenrath et al,2010）关于多沟藻属（*Polykrikos*）的分类方法。目前已对该属中的5个种进行了细致描述。已知物种均为海洋物种。已对 *P. kofoidii* 的生活史进行了研究（Tillmann and Hoppenrath,2013）。

Polykrikos herdmaniae Hoppenrath et Leander

出版信息：Hoppenrath and Leander,2007b,Protist 158,p. 221,Fig. 8。

其他名称：*Polykrikos schwartzii* partim, *Polykrikos lebouriae* partim。

插图：图 3-57A～C。

大小：长 40～90μm，宽 30～55μm。

甲板板式：无甲类。

顶沟：闭环状。

叶绿体：无。

形态特征：假群体呈倾斜的扁平状，卵形，含8个细胞个体（8条横沟和8对鞭毛）和一条融合的纵沟。有两个细胞核。末端个体是中央个体的一半宽。个体间的边界不可见。存在刺丝胞-刺丝囊复合体。配子含有4~5个个体和一个细胞核。

近似种：*Polykrikos lebouriae*，有叶绿体。

分布：砂质沉积物。英国马恩岛伊林港（Herdman，1924a），德国北部瓦登海（Hoppenrath，2000b），意大利厄尔巴岛（Hoppenrath，未发表），加拿大英属哥伦比亚省界限湾（Baillie，1971；Hoppenrath and Leander，2007b）。

参考文献：Baillie，1971；Herdman，1922，1924a；Lebour，1925；Schiller，1933。

Polykrikos lebouriae E. C. Herdman emend. Hoppenrath et Leander

出版信息：Herdman，1924a，Proc. Trans. Liverpool Biol. Soc. 38，p. 60；Hoppenrath and Leander，2007b，Protist 158，p. 221。

插图：图3-57D~F。

A~C—*P. herdmaniae*，同一细胞，其中，A展示了8条横沟，B展示了刺丝胞-刺丝囊复合体；D~F—*P. lebouriae*，同一细胞，其中，D展示了8条横沟，E展示了位于倾斜扁平状假群体一侧的融合纵沟，F展示了两个细胞核。比例尺—10μm。

图3-57 *Polykrikos* spp.（见彩图31）

大小：长38~90μm，宽20~50μm。

甲板板式：无甲类。

顶沟：闭环状。

叶绿体：有众多未知来源的小型金褐色叶绿体。

形态特征：假群体呈倾斜的扁平状，卵形，含8个细胞个体(8条横沟和8对鞭毛)和一条融合的纵沟。有两个细胞核。末端个体是中央个体的一半宽。个体间的边界不可见。有时存在刺丝胞-刺丝囊复合体。配子仅含有4个个体和一个细胞核。

近似种：*Polykrikos herdmaniae*，无叶绿体。

评论：观察到透明的营养[分裂(?)]孢囊。

分布：砂质沉积物。英国马恩岛伊林港(Herdman,1922,1924a)，英国苏格兰北萨瑟兰郡(Dodge,1989)，德国北德瓦登海(Hoppenrath,2000b)，法国诺曼底(Paulmier,1992)，法国布列塔尼罗斯科夫(Balech,1956)，法国布列塔尼(Dragesco,1965)，美国伍兹霍尔盐池(Hulburt,1957)，加拿大英属哥伦比亚省界限湾(Hoppenrath and Leander,2007b)。

参考文献：Baillie,1971；Balech,1956；Dodge,1982,1989；Dragesco,1965；Herdman,1922,1924a；Hulburt,1957；Lebour,1925；Paulmier,1992；Schiller,1933。

Prorocentrum [pro: in front; kentron: goad-neutral]

Prorocentrum Ehrenberg 原甲藻属

出版信息：Ehrenberg,1834,Abhandlungen der Physikalisch-Mathematischen Klasse der Königlichen Akademie der Wissenschaften zu Berlin 1833.

模式种：*P. micans* Ehrenberg。

其他名称：*Dinopyxis* Stein，*Exuviaella* Cienkowski，*Postprorocentrum* Gourret。

甲板板式：两块主要的壳板(左和右)通过纵向片间带相连，顶端有5～14块微小板片，围绕两个围鞭毛区的孔(Faust et al,1999；Fensome et al,1993)。Hoppenrath等(2013a)对这些小板片进行了标记和命名，见图3-58。

叶绿体：金褐色，含多甲藻素。

形态特征：两根鞭毛从一个孔(即鞭毛孔)伸出(纵裂鞭毛)。第二个孔为辅助孔(也称辅孔或顶孔)，与黏液囊相连。细胞分裂方式为纵裂，分裂线沿着左壳板的片间带，围鞭毛小甲板与右壳板一起分开。

评论：已描述80个种，其中29个为底栖种类。原甲藻属(*Prorocentrum*)中至少有9个种会产生毒素(见7.5节)。由原甲藻属底栖物种引起有害水华的事件是罕见的。这些种类栖息于海洋沉积物的间隙，以附生方式生活在大型海藻表面、漂浮的碎屑和珊瑚上。本书关于术语的使用建议详见Hoppenrath等(2013a)。

Prorocentrum belizeanum Faust

出版信息：Faust,1993b,Journal of Phycology 29,p. 101,Figs 1-10。

插图：图3-59。

大小：长55~60μm，宽50~55μm。

甲板板式：1 2 3 4 5 6 7(?)8。

形态特征：细胞呈圆形至卵形，中间有淀粉核（淀粉环）。壳面为凹形网状，散布着孔纹，壳板边缘有规则排列的孔。围鞭毛区呈较宽的V形，有领状突起和较厚的凸缘，鞭毛孔周围有小板片的边翅。在小板片1上有3个较深的凹陷。围鞭毛板片的数量未知，从已发表的图像（Faust et al,2008）上能够识别出7~8块小板片。肾形细胞核位于细胞后部。

近似种：*P. hoffmannianum*，*P. sabulosum*，*P. tropicale*。

评论：区分这些近似种主要基于细胞大小和纹饰（凹陷的数量、大小和形状），但是这些特征变化很大。为定义物种界限，有必要重新研究所有形态类型。

已证明该种会产生冈田酸（OA），详见7.5节。

分布：伯利兹特温礁（Faust,1993b），太平洋墨西哥湾（Okolodkov and Gárate-Lizárraga,2006）。

参考文献：Faust et al,1999；Faust et al,2002；Faust et al,2008。

Prorocentrum bimaculatum Chomérat et Saburova

出版信息：Chomérat et al,2012,Journal of Phycology 48,p. 213-216,Figs 2-5。

插图：图3-59，图3-60A。

大小：长50~55μm，宽38~43μm。

甲板板式：1a,b 2 3 4 5 6 7 8。

形态特征：细胞呈长椭圆形，壳面光滑，散布着小孔，壳板中央没有壳孔，上下存在两个圆形区域。壳板边缘有大的孔（或较深的凹陷）规则排列。围鞭毛区呈较宽的V形，有较短的领状结构。有9块小板片，部分相互重叠。细胞核呈栗状，位于细胞后部。

分布：砂质沉积物。科威特阿拉伯湾（Chomérat et al, 2012）。

Prorocentrum borbonicum Ten-Hage et al

出版信息：Ten-Hage et al,2000b,Phycologia 39,p. 297-298,Figs 2-12。

插图：图3-59，图3-61。

大小：长18~24μm，宽14~20μm。

甲板板式：1 2 3 4 5 6a,b 7(?)8。

形态特征：细胞呈较宽的椭圆形，中央有淀粉核（淀粉环）。壳面凹陷，凹陷内部和之间布满孔。壳板中央没有大孔。右壳板中央的凹陷较深，围鞭毛区呈较宽的V形。有8~9块小板片。细胞核位于细胞后部。

评论：该种产生未知的神经毒素，随后被鉴定为borbotoxins（详见7.5节）。

分布：希腊地中海北爱琴海（Aligizaki et al, 2009；Ignatiades and Gotsis-

Skretas,2010),留尼汪岛(Ten-Hage et al,2000b)。

参考文献:Aligizaki et al,2009。

Prorocentrum caribaeum Faust

出版信息:Faust,1993b,Journal of Phycology 29,p. 104-107,Figs 17-27。

插图:图 3-59。

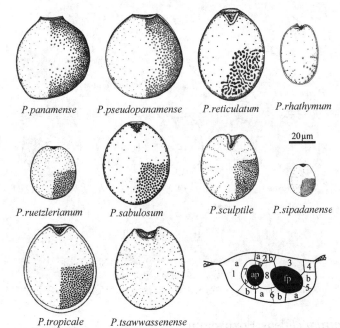

右下角图给出围鞭毛区小板片的数字和字母标记,ap 为辅孔,fp 为鞭毛孔。

图 3-58 *Prorocentrum* spp.(之一),绘图的比例尺相同,为细胞右侧面观、孔排列和部分纹饰

大小:长 40~45μm,宽 30~35μm。

甲板板式:未知。

形态特征:细胞呈心形,后端尖,不对称。壳面凹陷,孔排列方式特殊(顶部列状,后部放射状排列,后端有开放的圆形孔)。壳板中央没有壳孔。围鞭毛区呈较宽的 V 形,可能存在 7 个小板片,第八个(7#)也可能存在(Hoppenrath et al,2013a)。小板片 5 和 8 相连,翼位于板片 1。另一个较短的翼,更准确地说是边翅,位于最腹侧的小板片 4。肾形细胞核位于细胞后部。

近似种:有顶刺而不是翼的浮游种类 *P. micans*。

评论:形容词 *caribaeum* 的拼法已改为与加勒比岛(Caribbean islands)的拉丁文 *Caribae insulae* 一致。

分布:伯利兹特温礁(Faust,1993b)。

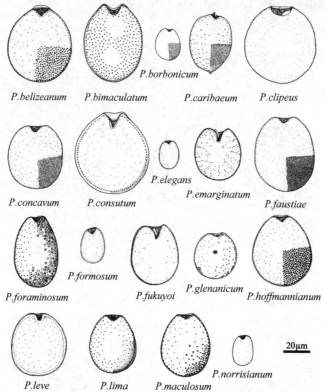

图 3-59 *Prorocentrum* spp.(之二),绘图的比例尺相同,为细胞右侧面观、孔排列和部分纹饰

Prorocentrum clipeus Hoppenrath

出版信息:Hoppenrath,2000a,European Journal of Protistology 36,p. 30-32, Figs 1-12。

插图:图 3-59,图 3-62A~C。

大小:长 37~55μm,宽 50~53μm。

甲板板式:1a,b 2 3 4 5 6 7 8。

形态特征:细胞呈近圆形,壳面光滑,没有可见的孔和排列。围鞭毛区呈较宽的 U 形(弧形),有领状和脊状结构,在辅孔旁的小板片 6 上有一个突起。有 9 块小板片。小板片 1a 上有两个弯曲的结构。肾形细胞核位于细胞后部。

分布:德国湾黑尔戈兰岛(Hoppenrath,2000a),意大利厄尔巴岛(Hoppenrath,未发表),澳大利亚新南威尔士史蒂芬港(Murray,2003)。

参考文献:Murray,2003。

Prorocentrum concavum Fukuyo

出版信息:Fukuyo,1981,Bulletin of the Japanese Society for the Scientific

Fisheries 47, p. 968, Figs 13-19,49。

其他名称：*Prorocentrum arabianum* Morton et Faust，认为是 *P. faustiae* Morton。

插图：图 3-59,图 3-60G,图 3-63F,G。

大小：长 38~55μm，宽 35~48μm。

甲板板式：1a,b 2 3 4 5 6 7 8。

形态特征：细胞呈宽椭圆形至卵形,中央有淀粉核(淀粉环)。壳面为凹形网纹,上面有孔,越接近边缘孔越密集。壳板中央没有壳孔,部分细胞也没有凹陷。围鞭毛区呈 V 形,一些细胞有翅状突起。有 8~9 块小板片。圆形至椭圆形细胞核位于细胞后部。

近似种：*P. faustiae*。

评论：*P. faustiae* 与 *P. concavum* 相似,包括细胞形状、表面纹饰、个体大小以及淀粉核。区别主要在于围鞭毛小板片的数量。然而,图像中仅能观察到 8~9 块小板片。原始描述中提及的边缘孔无法证明两者不同。有必要对该种形态进行重新研究,以明确其与 *P. concavum* 是否同种。

该种会产生冈田酸(OA)以及一种未知的鱼毒素(详见:7.5 节;Hoppenrath et al,2013a)。

分布：科威特阿拉伯湾(Saburova et al,2009;Al-Yamani and Saburova,2010)，留尼汪岛、桑给巴尔岛(Hansen et al,2001),马来西亚东姑阿都拉曼公园,昔邦加湾,博克海滩,马布岛,西巴丹岛,迪加岛,丹绒拿督(Mohammad-Noor et al,2007a,b),澳大利亚鲨鱼湾(Al-Qassab et al,2002)(?),日本冲绳县琉球群岛(Fukuyo,1981),太平洋墨西哥湾(Okolodkov and Gárate-Lizárraga,2006),巴拿马湾孔塔多拉岛(Grzebyk et al,1998),法属波利尼西亚,新喀里多尼亚(Fukuyo,1981)。

参考文献：Faust, 1990a; Faust et al, 1999; Faust and Gulledge, 2002; Mohammad-Noor et al,2007a,b; Morton et al,2002。

Prorocentrum consutum Chomérat et Nézan

出版信息：Chomérat et al,2010b,Journal of Phycology 46,p. 185-186,Figs 1-4。

插图：图 3-59,图 3-60B。

大小：长 57~61μm，宽 52~55μm。

甲板板式：1a,b 2 3 4 5 6 7 8。

形态特征：细胞呈近圆形至较宽的卵形或椭圆形,有淀粉核。壳面光滑,布满小孔,边缘有一列凹陷(有孔),包括围鞭毛区边缘。壳板中央没有壳孔。围鞭毛区呈 V 形,较深,鞭毛孔周围有领状结构、较厚的凸缘以及翅状突起。共有 9 块小板片,部分凹陷。小板片 1a 有 3 个深凹陷。小板片在鞭毛孔周围呈螺旋形排布,小板片 1 覆盖 7 和 8。肾形细胞核位于细胞后部。

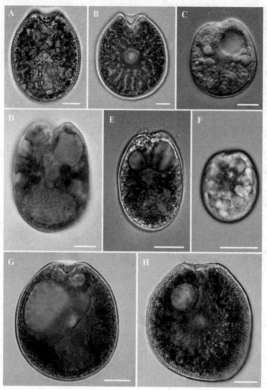

A—*P. bimaculatum*；B—*P. consutum*；C—*P. glenanicum*；D—*P. fukuyoi*；E—*P. rhathymum*；F—*P. formosum*；G—*P. concavum*；H—*P. panamense*。除 C 外，图片均由 Saburova 提供。比例尺—10μm。

图 3-60　原甲藻(*Prorocentrum* spp.)(见彩图 32)

近似种：*P. bimaculatum*，*P. lima*。

分布：砂质沉积物。法国布列塔尼山岛和格鲁瓦岛(Chomérat et al，2010b)，意大利厄尔巴岛(Hoppenrath，未发表)，科威特(Al-Yamani and Saburova，2010)。

Prorocentrum elegans Faust

出版信息：Faust，1993b，Journal of Phycology 29，p. 101-104，Figs 11-16。

插图：图 3-59。

大小：长 15～20μm，宽 10～14μm。

甲板板式：1 2 3 4 5 6 7 8。

形态特征：细胞呈椭圆形(一些细胞顶部"斜截")，不对称，壳面光滑，孔排列方式特殊(包括顶部列状孔)。壳板中央没有壳孔。围鞭毛区呈 V 形。共有 8 块小板片。小板片 1 腹面边缘有翼。细胞核位于细胞后部。

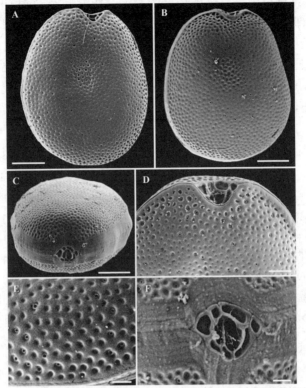

A—右侧面观;B—左侧面观;C—顶面观;D—右侧面上 V 形区域细节;E—甲板纹饰和壳孔详图;F—围鞭毛区。比例尺—A、B、C 为 5μm,D 为 2μm,E、F 为 1μm。

图 3-61　来自留尼汪岛(印度洋)的 *Prorocentrum borbonicum* 扫描电镜图
(由 Loïc Ten-Hage 和 Alain Couté 提供)

近似种：*P. formosum*。

评论：这两种相对较小且类似的种仅可通过围鞭毛区的形态进行区分。最明显的不同在于 *P. formosum* 没有辅孔。尚未有光镜下图像表明细胞核位于前部,该种细胞核位于细胞后部(来自 Rodríguez Hernández 等未发表的数据)。

分布：伯利兹特温礁(Faust,1993b)。

Prorocentrum emarginatum Fukuyo

出版信息：Fukuyo,1981,Bulletin of the Japanese Society for the Scientific Fisheries 47, p. 968, Figs 8-12,48。

插图：图 3-59。

大小：长 30~40μm,宽 25~35μm。

甲板板式：1 2 3 4 5 6a,b 7 8。

形态特征：细胞呈圆形至椭圆形，不对称。一些细胞（培养时）中央有淀粉核（淀粉环）。壳面有凹陷，孔呈放射状排列或排成两列。细胞经常是光滑的。壳板中央没有壳孔。围鞭毛区呈深而窄的 V 形。凸缘较厚，在围鞭毛区尖端周围延伸。从右壳面看，大部分细胞顶部"肩膀"的形状不同，背侧的被截平，腹侧的较高并突起。围鞭毛区有 9 块小板片。小板片 1 背侧边缘有翼状刺，光镜下可见。另一个较短的翼，更准确地说是边翅，位于小板片 4 的背侧。细胞核位于细胞后部，有透明的分裂孢囊。

近似种：*P. fukuyoi*，*P. sculptile*。

评论：区分这些种的可靠特征还未明确（详见 Hoppenrath et al,2013a）。

分布：西班牙比斯开（Laza-Martinez et al,2011），意大利厄尔巴岛（Hoppenrath，未发表）；地中海北爱琴海，南爱琴海，米蒂利尼岛，东爱琴海（Aligizaki et al,2009；Ignatiades Gotsis-Skretas,2010），科威特（Al-Yamani and Saburova,2010），马来西亚东姑阿都拉曼公园，昔邦加湾，博克海滩，西巴丹岛，沙巴（Mohammad-Noor et al,2007b），印度洋西南部留尼汪岛（Grzebyk et al,1998），俄罗斯日本海（Konovalova and Selina,2010），日本冲绳县琉球群岛（Fukuyo,1981），日本香川屋岛（Huang et al,2001），日本濑户内海（Ono et al,1999），太平洋墨西哥湾（Okolodkov and Gárate-Lizárraga,2006）。

参考文献：Aligizaki et al,2009；Faust,1990a；Hansen et al,2001；Murray et al,2007a。

Prorocentrum faustiae Morton

（认为这是 *P. concavum* 的同种异名。）

出版信息：Morton,1998,Botanica Marina 41,p. 566,Figs 1-4。

插图：图 3-59。

大小：长 43～60μm，宽 38～53μm。

甲板板式：1a,b 2 3 4 5 6 7 8。

形态特征：细胞呈较宽的椭圆形，中央有淀粉核（淀粉环）。壳面为网状凹陷，布满孔。一些细胞壳板中央无壳孔。围鞭毛区呈宽 V 形。有 16（原始描述）或 8～9 块小板片（我们的理解）。肾形细胞核位于细胞后部。

近似种：*P. concavum*。

评论：见 *P. concavum*。已证明该种会产生冈田酸（OA），详见 7.5 节。

分布：澳大利亚大堡礁赫伦岛（Morton,1998）。

参考文献：Faust and Gulledge,2002；Mohammad-Noor et al,2007b。

Prorocentrum foraminosum Faust

出版信息：Faust,1993a,Phycologia 32,p. 412,414,Figs 7-13。

其他名称：*Prorocentrum marinum* sensu Faust,(1990b)；non Cienkowski(1881)。

插图：图3-59。

大小：长46～66μm,宽31～42μm。

甲板板式：1 2 3 4 5 6a,b 7 8。

形态特征：细胞呈卵圆形至椭圆形,中央有淀粉核（淀粉环）。壳面光滑至微凹（壳孔位于凹陷处）,除了细胞中央部位外散布有壳孔。围鞭毛区呈宽V状。有9块小板片。小的细胞核位于细胞后部。细胞可通过黏液附着于表面。有透明的分裂孢囊。

分布：法国布列塔尼(Chomérat,未发表),伯利兹特温礁(Faust,1993a),马来西亚泰米尔亚布迪,拉贾姆公园和博克海滩(Mohammad-Noor et al,2007b),加拿大英属哥伦比亚省界限湾(Hoppenrath,未发表)。

参考文献：Faust et al,1999；Mohammad-Noor et al,2007b。

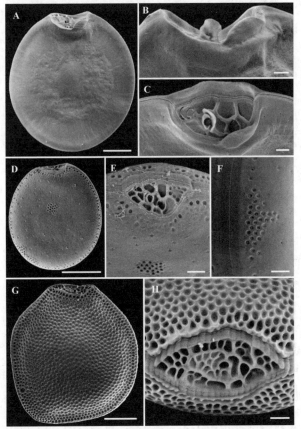

A～C—*P. clipeus*；D～F—*P. glenanicum*；G,H—*P. panamense*。比例尺—A、D、G为10μm,B、C、F、H为2μm,E为5μm。

图3-62　*Prorocentrum* spp. 扫描电镜图（一）

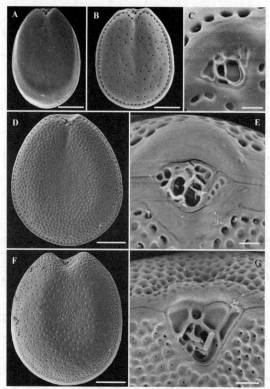

A~C—*P. lima*;D、E—*P. hoffmannianum*;F、G—*P. concavum*。比例尺——A、B、D、F 为 10μm,C、E、G 为 2μm。

图 3-63 *Prorocentrum* spp. 扫描电镜图(二)

Prorocentrum formosum Faust

出版信息:Faust,1993a,Phycologia 32,p. 414,416,Figs 14-22。

插图:图 3-59,图 3-60F。

大小:长 18~28μm,宽 13~16μm。

甲板板式:1 2 3 4 5 6(a,b) 8。

形态特征:细胞呈椭圆形(一些细胞顶部"斜截"),不对称,壳面光滑,孔排列方式特殊(包括顶部列状孔)。壳板中央没有壳孔。围鞭毛区呈宽 V 形。顶部两个"肩膀"形状不同,背侧较矮,腹侧较高,轻微突起。围鞭毛区有 7~8 块小板片,无辅孔。小板片 1 腹侧边缘有翼,光镜下可见。另一个较短的翼,更准确地说是边翅,位于小板片 4 的背侧。部分鞭毛孔周围有边翅和突起。细胞核位于细胞前部。

近似种:*P. elegans*。

评论:这两种相对较小且类似的物种仅可通过围鞭毛区的形态进行区分。最明

显的不同在于 *P. formosum* 没有辅孔。尚未有光镜图像表明细胞核位于前部。

分布：伯利兹特温礁（Faust,1993a），马来西亚西巴丹岛，马布岛，东姑阿都拉曼公园（Mohammad-Noor et al,2007b）。

参考文献：Mohammad-Noor et al,2007b。

Prorocentrum fukuyoi Murray et Nagahama

出版信息：Murray et al,2007a,Phycologial Research 55,p. 93,95,Figs 1-12。

插图：图 3-59,图 3-60D。

大小：长 28～42μm,宽 18～30μm。

甲板板式：1 2 3 4 5 6a,b 7 8。

形态特征：细胞呈椭圆形，不对称。壳面光滑，上有分散的壳孔，有时呈射线状排列。甲板中央有壳孔。围鞭毛区呈深窄的 V 形。凸缘较厚，在围鞭毛区尖端周围延伸。右壳面观显示大多细胞顶部的两个"肩膀"形状不同，背侧的被截平，腹侧的较高而突出。围鞭毛区有 9 块小板片。小板片 1 背侧边缘有翼状刺，光镜下可见。另一个较短的翼，更准确地说是边翅，位于小板片 4 的背侧。两个突起位于小板片 6 和 8 上。细胞核呈圆形和肾形，位于细胞后部。有透明的分裂孢囊。

近似种：*P. emarginatum*,*P. sculptile*。

评论：区分此类物种的可靠特征还未明确（详见 Hoppenrath et al,2013a）。该种被 Dragesco（1965）和 Drebes（1974）称作海洋卵甲藻（*Exuviaella marine*），被 Larsen（1985）和 Hoppenrath 等（2009a）称作 *Prorocentrum* cf. *marinum*，*Prorocentrum* spec.1（Hoppenrath et al,2000b）有可能是指 *P. fukuyoi*。一种名为 *Parvilucifera prorocentri* 的胞内寄生虫也在该种中被发现并描述（Leander and Hoppenrath,2008）。

分布：法国布列塔尼（Chomérat and Hoppenrath,未发表），西班牙比斯开（Laza-Martinez et al,2011），科威特阿拉伯湾（Saburova et al,2009；Al-Yamani and Saburova,2010），加拿大英属哥伦比亚省界限湾（Leander and Hoppenrath,2008）。

Prorocentrum glenanicum Chomérat et Nézan

出版信息：Chomérat et al,2011,Phycologia 50,p. 204-205,Figs 1,2,5-12,22-24。

插图：图 3-59,图 3-60C,图 3-62D～F。

大小：长 30～33μm,宽 29～31μm。

甲板板式：1 2 3 4 5 6a,b 7 8。

形态特征：细胞呈宽卵圆形至圆形，壳面光滑，有少量较浅的凹陷。孔或凹陷排列不对称，尤其是在右壳板，密集的孔组成环形和三角形，分别位于细胞中央上方和边缘。壳边缘孔不规则排列，壳板中央没有壳孔。围鞭毛区呈线形。有 9 块小板片。

小板块 1 有深的凹陷。椭圆形细胞核位于细胞后部。

分布：砂质沉积物。法国南布列塔尼(Chomérat et al,2011)，法国布列塔尼(Dodge,1985，称作 *P. lima*)，马提尼克岛(Chomérat，未发表)。

Prorocentrum hoffmannianum Faust

出版信息：Faust,1990a,Journal of Phycology 26,p. 522,Figs 13-20。

其他名称：*Exuviaella hoffmannianum* (Faust)McLachlan et Boalch。

插图：图 3-59,图 3-63D,E。

大小：长 45～55μm,宽 40～45μm。

甲板板式：1 2 3 4 5 6 7(?)8。

形态特征：细胞呈卵形，中间有淀粉核(淀粉环)。壳面呈网状凹陷，壳纹饰多样，从光滑(仅在浅凹陷中有孔)到凹陷和网状凹陷(Hoppenrath et al,2013a)。壳板中央没有壳孔。围鞭毛区呈宽 V 形，有 7～8 块小板片，有领状结构，鞭毛孔周围有小板片的边翅。在板片 1 上有 3 个深的凹陷。一些细胞有凸缘。椭圆形细胞核位于细胞后部。

近似种：*P. belizeanum*,*P. sabulosum*,*P. tropicale*。

评论：见 *P. sabulosum*。对这些近似种的区分主要基于大小和纹饰(凹陷的数量、大小和形状)，但这些特征变化很大。有必要对所有形态类型重新进行细致研究，以明确物种的区分界限。

关于毒性存在的可能性详见 7.5 节和 Hoppenrath 等(2013a)。

分布：贝利斯特温礁(Faust,1990a)。

参考文献：Faust et al,1999；Faust and Gulledge,2002。

Prorocentrum leve Faust,Kibler,Vandersea,Tester et Litaker

出版信息：Faust et al,2008,Journal of Phycology 44,p. 233-235,Figs 1a-g。

插图：图 3-59。

大小：长 40～49μm,宽 33～40μm。

甲板板式：1 2 3 4 5 6 7 8。

形态特征：细胞呈宽椭圆形，中央有淀粉核(淀粉环)。壳面光滑，布满孔，越向边缘越密集。壳板边缘细胞可能存在轻微褶皱。壳板中央壳孔较少或没有。边缘的孔较密，呈不规则的带状。围鞭毛区呈 V 形。有 7～8 块小板片。细胞核位于细胞后部。细胞可以在透明膜内成链。

近似种：*P. concavum*。

评论：已证明该种会产生冈田酸(OA)和鳍藻毒素(DTX2)，详见 7.5 节。

分布：贝利斯加里博珊瑚礁和特温礁(Faust et al,2008)，希腊北爱琴海海岸(Aligizaki et al,2009)。

Prorocentrum lima (Ehrenberg) Stein emend. Nagahama et al 利马原甲藻

出版信息：Ehrenberg, 1860；Stein, 1878；Nagahama et al, 2011, Journal of Phycology 47, p. 185-187。

同种异名：*Cryptomonas lima* Ehrenberg。

其他名称：*Dinopyxis laevis* Stein, *Exuviaella marina* Cienkowski, *Exuviaella lima* (Ehrenberg) Bütschli, *Prorocentrum arenarium* Faust。更多信息详见 Nagahama 等 (2011)。

插图：图 3-59，图 3-63A～C。

大小：长 30～57μm，宽 21～46μm。

甲板板式：1 2 3 4 5 6 7 8。

形态特征：细胞呈近圆形至卵圆形，细胞中央的淀粉核有明显的淀粉鞘（呈环形）。卵圆形最为常见。壳面光滑，有较大（圆形、卵圆形或肾形）的孔，壳板边缘有一圈大孔（圆形或卵圆形）。围鞭毛区呈宽 V 形，有 8 块小板片，一些细胞有领状结构，鞭毛孔周围有小板片的边翅。椭圆形细胞核位于细胞后部。

近似种：*P. consutum*，*P. maculosum*。

评论：*P. lima* 存在较多的形态学变种。它似乎有隐存的多样性，Aligizaki 等 (2009) 建议将其称作"*P. lima* 复合体"。所有培养的株系证实会产生不同量的冈田酸（OA）及其类似物（详见 7.5 节）。

分布：该种广泛分布于热带和温带，如英国苏格兰北萨瑟兰郡（Dodge, 1989），西班牙比斯开（Laza-Martinez et al, 2011），加拿大新斯科舍马洪湾（Marr et al, 1992），大西洋西北部乔治海岸（Maranda et al, 1999），美国切萨皮克湾（Marshall, 1980），美国佛罗里达（Faust, 1991），伯利兹加里博珊瑚礁和特温礁（Faust, 1990a, 1994），意大利厄尔巴岛（Hoppenrath，未发表），地中海北爱琴海、西爱琴海、南爱琴海，米蒂利尼岛，东爱琴海（Aligizaki et al, 2009；Ignatiades and Gotsis-Skretas, 2010），土耳其海（Koray, 2001），科威特阿拉伯湾（Saburova et al, 2009；Al-Yamani and Saburova, 2010），印度洋西南部马约特岛（Grzebyk et al, 1998；Hansen et al, 2001），马来西亚东姑阿都拉曼公园，昔邦加湾，迪加岛，博克海滩，西巴丹岛，马布岛，丹绒拿督，丹绒萨拉邦，波德申（Mohammad-Noor et al, 2007b），俄罗斯乌苏里湾（Selina and Levchenko, 2011），俄罗斯日本海（Konovalova and Selina, 2010），日本高知县（Ono et al, 1999），日本冲绳县琉球群岛（Fukuyo, 1981），日本德岛（Grzebyk et al, 1998），塞班岛（Faust, 1991），印度尼西亚（Sidabutar et al, 2000），太平洋墨西哥湾（Okolodkov and Gárate-Lizárraga, 2006），新西兰（Rhodes and Syhre, 1995）。

参考文献：Faust, 1991；Fukuyo, 1981；Nagahama and Fukuyo, 2005；Zhou and Fritz, 1993。

Prorocentrum maculosum Faust

出版信息：Faust,1993a,Phycologia 32,p. 410,412,Figs 1-6。

其他名称：*Exuviaella maculosum*(Faust)McLachlan et Boalch。

插图：图 3-59。

大小：长 40~50μm,宽 30~40μm。

甲板板式：1 2 3 4 5 6 7 8。

形态特征：椭圆形至卵圆形,中央有淀粉核(淀粉环)。壳面凹陷,有大孔,壳板边缘有一圈大孔。壳板中央没有壳孔。围鞭毛区呈宽 V 形,一些细胞有领状结构。鞭毛孔周围有小板片的边翅。一些细胞存在凸缘。有 8 块小板片。圆形细胞核位于细胞后部。

近似种：*P. belizeanum*,*P. hoffmannianum*,*P. lima*。

评论：该种与 *P. lima* 复合体十分相似,仅可通过甲板排列纹饰(使用扫描电镜)加以区分。该种与 *P. belizeanum*,*P. hoffmannianum* 也十分相似,均具有较深的网状凹陷纹饰,细胞形状仅有轻微不同。

该种产生腹泻性贝毒(DSP)衍生物和冈田酸(OA),详见 7.5 节和 Hoppenrath 等(2013a)。

分布：伯利兹特温礁(Faust,1993a),英属维尔京群岛盐岛(Zhou and Fritz,1993)。

参考文献：Faust et al,1999；Faust and Gulledge,2002；Zhou and Fritz,1993。

Prorocentrum norrisianum Faust et Morton 诺里斯原甲藻

出版信息：Faust,1997,Journal of Phycology 33,p. 852-854,Figs 1-6。

插图：图 3-59。

大小：长 14~25μm,宽 10~16μm。

甲板板式：1 2 3 4 5 6 7(?)8。

形态特征：细胞呈卵圆形至长方形(直角边)。原始描述提到细胞中央有淀粉核,细胞核位于后部。壳面光滑,有两类大小不同的小孔,壳板中央没有壳孔。围鞭毛区呈宽 V 形,具有 7~8 块小板片。

分布：伯利兹特温礁(Faust,1997),马来西亚西巴丹岛和丹绒拿都(Mohammad-Noor et al, 2007b)。

参考文献：Mohammad-Noor et al,2007b。

Prorocentrum panamense Grzebyk,Sako et Berland

出版信息：Grzebyk et al,1998,Journal of Phycology 34,p. 1059,1061,Figs 4-13。

插图：图 3-58,图 3-60H,图 3-62G,H。

大小：长 46~52μm,宽 43~46μm。

甲板板式：1 2 3 4 5 6a,b 7 8。

形态特征：细胞呈心形，不对称。壳面存在网状凹陷，越靠近中央，凹陷越浅。一些细胞中央无凹陷或孔。右壳板边缘具有一个特别大的圆孔，其底部呈筛状。围鞭毛区呈线形，具有明显的网状凹陷小板片。有9块小板片，U形细胞核位于细胞后部。

近似种：*P. pseudopanamense*。

评论：该种附着在藻泥上。仅可通过细胞形状与 *P. pseudopanamense* 区分（见该条目）。

分布：留尼汪岛（Hansen et al,2001），马提尼克岛（Chomérat,未发表），法属波利尼西亚孔塔多拉岛，巴拿马和土阿莫土群岛（Grzebyk et al,1998）。

参考文献：Hansen et al,2001。

Prorocentrum pseudopanamense Chomérat et Nézan

出版信息：Chomérat et al, 2011, Phycologia 50, p. 205-207, Figs 3, 4, 13-21, 25-28。

插图：图 3-58。

大小：长 46～51μm，宽 44～47μm。

甲板板式：1 2 3 4 5 6a,b 7 8。

形态特征：细胞呈椭圆形，稍不对称，壳面存在网状凹陷，越靠近中央凹陷越浅。一些细胞中央无凹陷或壳孔。右壳板边缘有一个特别大的孔，底部呈筛状。围鞭毛区呈线形，具有网状凹陷小板片。共9块小板片。

近似种：*P. panamense*。

评论：该种仅可通过细胞形状与 *P. panamense* 区分（不对称程度较小，非心形）。

分布：北海，德国湾（Hoppenrath,未发表）；法国南布列塔尼（Chomérat,2011），大西洋西北部圣皮埃尔和密克隆（Chomérat,未发表），意大利厄尔巴岛（Hoppenrath and Borchhardt,未发表）。

Prorocentrum reticulatum Faust

出版信息：Faust,1997,Journal of Phycology 33, p. 855-857, Figs 13-15。

插图：图 3-58。

大小：长 55～60μm，宽 40～45μm。

甲板板式：1 2 3 4 5 6 7 8。

形态特征：细胞呈椭圆形，壳面呈网状。孔的分布未知，很可能布满壳表面。围鞭毛区呈V形，有领状结构，厚凸缘，鞭毛孔周围有小板片的边翅。可能存在8块小板片，但在发表的图像上无法分辨。细胞核位于细胞后部（尚无证实这一点的图像）。

近似种：*P. belizeanum*，*P. hoffmannianum*，*P. sabulosum*，*P. tropicale*。

评论：这些物种主要基于其大小和纹饰加以区分（凹陷的数量、大小和形状），但这些特征变化很大。有必要对所有形态类型重新进行细致研究，以明确物种的区分界限。

分布：伯利兹特温礁（Faust，1997）。

Prorocentrum rhathymum Loeblich Ⅲ，Sherley et Schmidt

出版信息：Loeblich Ⅲ et al，1979a，Journal of Plankton Research 1，p. 115-116，Figs 8-13。

其他名称：*Prorocentrum mexicanum* Osorio-Tafall 1942 non auct。

插图：图 3-58，图 3-60E。

大小：长 28~48μm，宽 18~32μm。

甲板板式：1 2 3 4 5 6a，b 7 8。

形态特征：细胞呈椭圆形至长方形，不对称。壳面光滑，孔排列方式特殊（顶部列状，后部放射状排列，位于浅沟）。每个凹陷内有一个大孔。Faust（1990a）发现凹陷的（"褶皱的"）纹饰。壳板中央没有壳孔，围鞭毛区呈 V 形。有 9 块小板片。小板片 1 有一个翼状突起，另一个较短的翼，更准确地说是边翅，位于最接近腹侧的小板片。椭圆形细胞核位于细胞后部。有淀粉核的样本仅有一次记录（Mohammad-Noor et al，2007b）。

近似种：*P. caribaeum* 和浮游的 *P. mexicanum*。

评论：仅可通过不同的细胞形状和孔排列将该种与 *P. caribaeum* 加以区分。*P. mexicanum* 的形状不同，甲板纹饰包括孔排列，顶部有翼状刺，变细形成两三个尖突。

已证实分离自美国和马来西亚的株系会产生少量冈田酸（OA），详见 7.5 节和 Hoppenrath 等（2013a）。可以通过产生冈田酸的量对其加以区分。

分布：西班牙比斯开（Laza-Martinez et al，2011），伯利兹特温礁（Faust，1990a），维尔京群岛（Loeblich et al，19979a），北爱琴海，南爱琴海，爱奥尼亚海，希腊地中海（Aligizaki et al，2009；Ignatiades and Gotsis-Skretas，2010），科威特阿拉伯湾（Saburova et al，2009；Al-Yamani and Saburova，2010），马来西亚拉娜德拿督，曼塔那尼岛，博克海滩，西巴丹岛，丹绒拿督（Mohammad-Noor et al，2007b），澳大利亚鲨鱼湾（Al-Qassab et al，2002），日本冲绳县琉球群岛（Fukuyo，1981），太平洋墨西哥湾（Okolodkov and Gárate-Lizárraga，2006），澳大利亚悉尼植物学湾（Murray，2003），新喀里多尼亚（Chomérat，未发表），法属波利尼西亚茉莉雅岛（Grzebyk et al，1998）。

参考文献：Aligizaki et al，2009；Cortés-Altamirano and Sierra-beltrán，2003；Faust，1990a；Fukuyo，1981；Gárate-Lizárraga and Martínez-López，1997；Mohammad-Noor et al，2007b。

Prorocentrum ruetzlerianum Faust

出版信息：Faust,1990a,Journal of Phycology 26,p. 552,555,Figs 21-23。

插图：图 3-58。

大小：长 28～35μm,宽 28～35μm。

甲板板式：1 2 3 4 5 6(7?)8。

形态特征：细胞呈圆形至椭圆形,中央存在淀粉核（淀粉环）。壳面有明显的网状凹陷。在光镜下细胞边缘有明显的纹饰（有条纹的）排列。凹陷内是否有壳孔未知,但很可能壳边缘凹陷内均有一个壳孔。围鞭毛区呈宽 V 形。鞭毛孔周围有小板片的边翅,大约有 7 块小板片（根据发表的扫描电镜图）。细胞核位于细胞后部。

评论：在以前的描述中,并非所有壳凹陷处均有一个壳孔(Hoppenrath et al,2013a)。

分布：伯利兹特温礁(Faust,1990a)。

参考文献：Faust et al,1999; Faust and Gulledge,2002。

Prorocentrum sabulosum Faust

出版信息：Faust,1994,Journal of Phycology 30,p. 756-757,Figs 2-7。

插图：图 3-58。

大小：长 48～50μm,宽 41～48μm。

甲板板式：1 2 3 4 5 6 7(?)8。

形态特征：细胞呈宽椭圆形至卵圆形。壳面存在网状凹陷。壳孔分布情况未知,很可能布满表面。围鞭毛区呈宽 V 形,有领状结构,厚的凸缘以及鞭毛孔周围有小板片的边翅。有 7～8 块小板片。小板片 1 有 3 个深的凹陷。细胞核位于细胞前部（目前为止,尚无证实这一点的图像）。

近似种：*P. belizeanum*,*P. hoffmannianum*,*P. tropicale*。

评论：该种仅可通过甲板上的凹陷数量与 *P. hoffmannianum* 加以区分。这些种主要基于其大小和纹饰加以区分（凹陷的数量、大小和形状）,但这些特征变化很大。有必要对所有形态类型重新进行细致研究,以明确物种的区分界限。

分布：伯利兹加里博珊瑚礁(Faust,1994)。

Prorocentrum sculptile Faust

出版信息：Faust,1994,Journal of Phycology 30,p.757-759,Figs 8-13。

插图：图 3-58。

大小：长 32～48μm,宽 30～40μm。

甲板板式：1 2 3 4 5 6a,b 7 8。

形态特征：圆形至椭圆形细胞,不对称,中央可能存在淀粉核（淀粉环）。壳面褶皱,在一些凹陷内有壳孔,或有放射状排列的壳孔（一列或多列）。壳板中央没有壳孔。围鞭毛区呈深窄的 V 形。凸缘较厚,在围鞭毛区尖端周围延伸。在右壳板,大部分细胞顶端的两个"肩膀"形状不同,背侧的被截平,腹侧的较高且尖。大约存在 8 块小板片。一个翼状刺位于小板片 1 边缘,也可能在小板片 7 的背侧,在光镜下可见,不确定是否有第二个较短的翼状刺。细胞核位于细胞后部。

近似种:*P. emarginatum*,*P. fukuyoi*。

评论:区分此类物种的可靠特征还未明确(详见 Hoppenrath et al,2013a)。

分布:伯利兹加里博珊瑚礁(Faust,1994),马来西亚拉哈达图,西巴丹岛,马布岛,东姑阿都拉曼公园,博克海滩,昔邦加湾,丹绒拿督(Mohammad-Noor et al,2007b),留尼汪岛(Hansen et al,2001)。

参考文献:Hansen et al,2011;Mohammad-Noor et al,2007b。

Prorocentrum sipadanense Mohammad-Noor,Daugbjerg et Moestrup

出版信息:Mohammad-Noor et al, 2007b, Nordic Journal of Botany 24, p. 655, Figs 12a-e, 23a,b。

插图:图 3-58。

大小:长 18~19μm,宽 15~16μm。

甲板板式:1 2 3 4 5 6 7 8。

形态特征:细胞较小,呈圆形至椭圆形。壳面有凹陷,边缘有一排间隔不均匀的较大凹陷,内有壳孔。壳板中央没有壳孔,但外围有较大的凹陷,内有壳孔。围鞭毛区呈宽 V 形。有 8 块小板片。上面有边翅。

评论:对该种的描述来自对两个固定细胞的观察,因此活细胞的形态特征(如淀粉核、细胞核)未知。

分布:马来西亚西巴丹岛(Mohammad-Noor et al,2007b)。

Prorocentrum tropicale Faust

出版信息:Faust,1997,Journal of Phycology 33,p. 854-855,Figs 7-12,16。

插图:图 3-58。

大小:长 50~55μm,宽 40~45μm。

甲板板式:1 2 3 4 5 6a,b 7 8。

形态特征:细胞呈宽椭圆形至卵圆形,壳面有凹陷(被描述为有褶皱的)。壳孔分布未知,很可能与 *P. concavum* 类似。围鞭毛区呈宽 V 形,有领状结构,有 8~9 块小板片。细胞核位于后部(尚无证实这一点的图像)。

近似种:*P. belizeanum*,*P. hoffmannianum*,*P. sabulosum*。

评论:这些近似种主要基于其大小和纹饰加以区分(凹陷的数量、大小和形状),但这些特征变化很大。有必要对所有形态类型重新进行细致研究,以明确物种的区分界限。

分布:附着于珊瑚粗石上。伯利兹加里博珊瑚礁(Faust,1997)。

Prorocentrum tsawwassenense Hoppenrath et Leander

出版信息：Hoppenrath and Leander,2008,Journal of Phycology 44,p. 453-456,Figs 1-7。

插图：图 3-58。

大小：长 40~55μm,宽 30~48μm。

甲板板式：1 2 3 4 5a,b 6a,b 7 8。

形态特征：细胞呈椭圆形,壳面光滑,有放射状排列的大孔,顶端两列在右壳板的围鞭毛区下方,壳板中央没有壳孔。围鞭毛区呈宽 U 形,小板片 1 有领状结构和翼状突起,5~6 个突起位于小板片 3,4,5,6,(7,)8。有 8~10 块小板片,排列多样,圆形至椭圆形细胞核位于细胞后部。

分布：砂质沉积物。法国布列塔尼(Chomérat,未发表),加拿大英属哥伦比亚省界限湾(Hoppenrath and Leander,2008)。

Pseudothecadinium [pseudo-：false,resembling;Thecadinium-neutral]

Pseudothecadinium Hoppenrath et Selina

出版信息：Hoppenrath and Selina,2006,Phycologia 45,p. 265。

模式种：*P. campbellii* Hoppenrath et Selina。

甲板板式：ACP 4′ 2a 4″ 4c 5?s 5‴ 1⁗。

形态特征：具甲类,细胞左右侧扁,上壳和下壳不对称。上壳小于下壳。有腹孔。横沟下旋。沟前板不完整。间插板互相分离。底板位于右侧。

Pseudothecadinium campbellii Hoppenrath et Selina

出版信息：Hoppenrath and Selina,2006,Phycologia 45,p. 265-267,Figs 1-40。

其他名称：*Thecadinium aureum* Campbell nomen nudum。

插图：图 3-64。

大小：长 40~53μm,深 32~45μm。

甲板板式：ACP 4′ 2a 4″ 4c 5?s 5‴ 1⁗。

叶绿体：数量多,黄褐色。

形态特征：细胞极左右侧扁,腹面观底部呈现倾斜的轮廓,侧面观为卵圆形。上下壳不对称,上壳较小(为细胞长度的 1/4~1/3)。上壳右侧几乎比左侧高 2 倍,横沟明显下旋,下旋距离为横沟宽度的 4~6 倍。纵沟深而窄。甲板表面光滑,有孔,顶孔板(Po)位置较低。马蹄形顶孔被大孔包围。不完整的沟前板始于背侧。第二前间插板(2a)位于第三沟前板(3″)凹陷处,有一个"腹孔"。下壳在底部变窄,向右侧弯曲。底板位于右侧,细胞核位于下壳背侧中部,被叶绿体遮蔽。

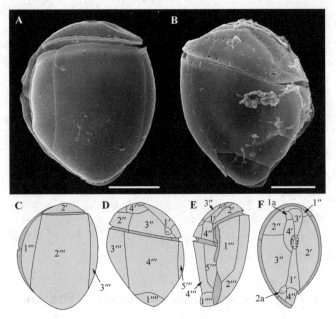

A—左侧面观,扫描电镜图;B—右侧面观,扫描电镜图;C～F—仿Hoppenrath 和 Selina(2006)的甲板排列绘图,其中,C 为左侧面观,D 为右侧面观,E 为腹面观,F 为顶面观(上壳和横沟)。比例尺—10μm。

图 3-64 *Pseudothecadinium campbellii*

近似种:*Thecadiniopsis tasmanica* 与其相似,可通过其几乎不突出的底部、裂隙状顶孔和底板位置加以区分。*Thecadiniopsis tasmanica* 为淡水浮游物种。*Thecadinium kofoidii* 较小,横沟无偏移,因此没有不对称的上壳。这 3 个种的甲板板式和甲板纹饰不同。

评论:在浮游样品中发现其生活于浅水(深 0.4～0.6m)中,但最有可能生活于砂质沉积物中。

分布:美国北卡罗来纳州,盖尔斯克里克(Campbell,1973),墨西哥湾(Steidinger and Williams,1970),俄罗斯鄂霍次克海,伦斯克湾(Hoppenrath and Selina,2006),俄罗斯乌苏里湾(Selina and Levchenko,2011),俄罗斯日本海(Konovalova and Selina,2010)。

参考文献:Campbell,1973。

Pyramidodinium〔puramis:pyramid;dino-neutral〕

Pyramidodinium Horiguchi et Sukigara

出版信息:Horiguchi and Sukigara,2005,Phycologial Research 53,p. 248。

模式种：*P. atrofuscum* Horiguchi et Sukigara。

甲板板式：无甲类。

顶沟：无顶沟。

形态特征：无甲类，不动细胞阶段占优势。不动细胞呈金字塔形，被一层细胞壁包裹，其表面有大量突起，且有一条纵向的脊和两条横向的脊。游动细胞类似裸甲藻，没有顶沟。有含多甲藻素的叶绿体。

Pyramidodinium atrofuscum Horiguchi et Sukigara

出版信息：Horiguchi and Sukigara, 2005, Phycologial Research 53, p. 248, Figs 1-15。

插图：图 3-65。

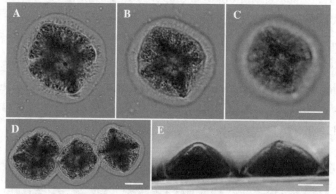

A~C—同一细胞的不动阶段；D—表面相连的 3 个细胞；E—侧面观，相连的细胞。比例尺—10μm。

图 3-65　*Pyramidodinium atrofuscum*（见彩图 33）

大小：固着细胞的前面观为（28~33）μm×（27~32）μm，高 12~20μm；游动细胞长 18~21μm，宽 14~16μm。

甲板板式：无甲类。

顶沟：无顶沟。

叶绿体：数量多，黄褐色，含多甲藻素。

形态特征：金字塔形不动细胞（不动阶段），被一层细胞壁包裹，其表面有大量（500~700 个）细小的突起，且有一条纵向脊和两条横向脊。在正面观，不动细胞或多或少呈弧形的方形，侧面观呈三角形。游动细胞类似裸甲藻，上下壳大小几乎相等，背腹扁平，无顶沟。横沟和纵沟不清晰，横沟下旋。细胞内有褐色晶体，使细胞几乎呈现出黑色。不动细胞在细胞壁内分裂为两个子细胞，子细胞可以游动和释放。游动细胞会直接转变为不动细胞，叶绿体主要沿单脊和双脊分布。

近似种：*Spiniferodinium galeiforme* 和 *S. palauense* 有多刺的圆顶状细胞壁。但细胞壁的形状和显微形态不同，游动细胞存在顶沟。*Galeidinium rugatum*

有圆顶状的细胞壁,上有横向的沟,有一个眼点。Higa 等(2004)描述的有稍呈圆顶状细胞壁的不动细胞有类似 *Amphidinium* 的游动细胞。

评论:关于 phytodinialean 的分类详见第 4 章。

分布:砂质沉积物。帕劳共和国水母湖(Horiguchi and Sukigara,2005)。

Rhinodinium [rhis:nose;dino-neutral]

***Rhinodinium* Murray,Hoppenrath,Yoshimatsu,Toriumi et Larsen**

出版信息:Murray et al,2006b,Journal of Phycology 42,p. 935。

模式种:*R. broomeense* Murray,Hoppenrath,Yoshimatsu,Toriumi et Larsen。

甲板板式:Po 3′ 1a 5″ 4c ?s 5‴ 1⁗。

形态特征:背侧突出,顶端存在钩状突起。细胞呈倾斜的左右侧扁。腹刺指向后部。

***Rhinodinium broomeense* Murray,Hoppenrath,Yoshimatsu,Toriumi et Larsen**

出版信息:Murray et al,2006b,Journal of Phycology 42,p. 935-937,Figs 1-5。

插图:图 3-66,图 3-67。

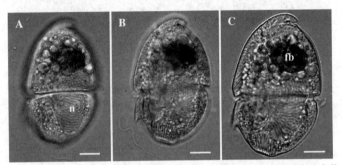

A 展示了细胞核(n);B 展示了腹刺和纵向的鞭毛;C 展示了顶钩和食物泡(fb)。比例尺—10μm。

图 3-66 *Rhinodinium broomeense* 光镜图(见彩图 34)

大小:长 48~70μm,深 26~39μm,宽 18~30μm。

甲板板式:Po 3′ 1a 5″ 4c ?s 5‴ 1⁗。

叶绿体:无。

形态特征:细胞倾斜,左右侧扁。上壳略长于下壳。指向背侧的顶钩较大,遮盖了顶孔。顶孔呈圆形至椭圆形。横沟较窄,无偏移,在光镜下呈现不完整。纵沟深。腹刺紧邻纵沟,位于左侧,指向后部。甲板光滑有孔。第一顶板非常窄,难以识别。底板上有密集的大孔。细胞核位于细胞中央靠背侧。许多细胞的上壳中有红色的食

第 3 章 分 类 学　　　　　135

物泡。

评论：其形态体现了与 *Cabra* 和 *Roscoffia* 的亲缘关系(系统发育关系?)。详见 Murray 等(2006b)和第 4 章。这些属在形态学上有明显区别,暂无已知的近似种。

分布：砂质沉积物。意大利厄尔巴岛(Hoppenrath and Borchhardt,未发表),西澳大利亚州布鲁姆陶恩海滩(Murray et al,2006b),日本大滨拓町长崎市五岛(Murray et al,2006b)。

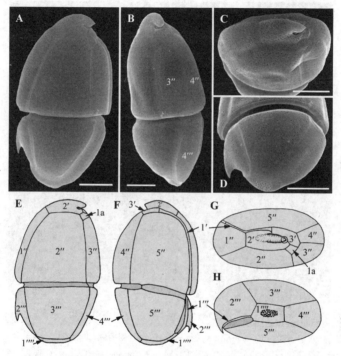

A～D—扫描电镜图,其中,A 为左侧面观,B 为背面观,C 为顶面至左侧面观,D 为底面至左侧面观;E～H—甲板排列绘图,其中,E 为左侧面观,F 为右侧面观,G 为顶面观,H 为底面观。比例尺—10μm。

图 3-67　*Rhinodinium broomeense* 扫描电镜图和甲板排列绘图

Roscoffia [from Roscoff(France),type locality-feminine]

Roscoffia Balech

出版信息：Balech,1956,Revue Algologique 2,p.42。

模式种：*R. capitata* Balech。

甲板板式：Po 3(4)′ (1a) 5″ 3c 3-4s 5‴ 1⁗。

形态特征：具甲类,左右稍侧扁,细胞呈椭圆形或罐状,上壳相对较小,横沟宽,稍上旋。纵沟较宽,后部有一个较大的鞭毛孔和两个纵沟翼。

评论：除了以下描述的两种,我们还发现了 4 种尚未被描述的 *Roscoffia*。

Roscoffia capitata Balech

出版信息：Balech,1956,Revue Algologique 2,p. 44-45,Figs 43-52。

插图：图 3-68A,B,图 3-69A,B。

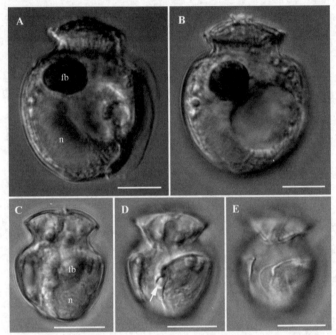

A,B—同一 *R. capitata* 细胞,其中,A 为右侧面观(聚焦于纵沟翼),B 展示了前部顶孔周围的"皇冠";C~E—同一 *R. minor* 细胞,其中,C 聚焦于腹面,D 聚焦于有大鞭毛孔(箭头处)的宽纵沟,E 聚焦于纵沟左翼(腹面观)。fb 为食物泡,n 为细胞核。比例尺—10μm。

图 3-68 *Roscoffia* spp. 光镜图(见彩图 35)

大小：长 32~40μm,深 25~32μm。

甲板板式：Po 3(4)′ 5″ 3c 4s 5‴ 1⁗。

叶绿体：无。

形态特征：细胞呈椭圆形或罐状,左右稍侧扁,上壳相对较小,顶孔周围有一个冠状结构,有两个纵沟翼。横沟深陷而宽,上旋距离约为横沟自身宽度。第二横沟板无纹饰。纵沟宽,后部有一个大的鞭毛孔。后纵沟板有特殊的纹饰(许多孔)。底板上有一块孔密集区域。甲板有明显的纹饰。细胞核位于下壳后部。大多数细胞的下壳背部上方有一个橙色到红色的食物泡。

近似种：*Roscoffia minor*，该种要小很多，顶部没有冠状结构，但有一个指状突起。

评论：Hoppenrath 和 Elbrächter(1998)描述了特殊的游动行为。

分布：砂质沉积物。德国北德瓦登海(Hoppenrath and Elbrächter,1998)，德国威廉港(Hoppenrath,未发表)，法国罗斯科夫(Balech,1956)，意大利厄尔巴岛(Hoppenrath,未发表)。

参考文献：Chomérat et al,2010a；Gómez et al,2010；Saldarriaga et al,2003。

A,B—*R. capitata*，其中，A 为右侧面观，B 为背面至右侧面观；C～E—*R. minor*，其中，C 为右侧面观，D 为左侧面观，E 为背面观。比例尺—10μm。

图 3-69 *Roscoffia* spp. 扫描电镜图

Roscoffia minor Horiguchi et Kubo 1997

出版信息：Horiguchi and Kubo,1997,Phycologial Research 45,p. 68-69,Figs 1-10。

插图：图 3-68C～E,图 3-69C～E。

大小：长 20～23μm，深 16～17μm。

甲板板式：Po 3′ 1a 5″ 3c 3s 5‴ 1⁗

叶绿体：无。

形态特征：细胞呈椭圆形或罐状，左右稍侧扁，帽状上壳相对较小，有一个指状突起遮盖顶孔和两个纵沟翼。横沟深陷且较宽，上旋距离约为横沟自身宽度的一半。纵沟宽，中间有大的鞭毛孔。甲板上有明显的纹饰。细胞核位于下壳后部。

近似种：*Roscoffia capitata*，该种更大，顶部具有冠状结构，无指状突起。

分布：砂质沉积物。德国威廉港（Hoppenrath，未发表），科威特阿拉伯湾（Saburova et al, 2009；Al-Yamani and Saburova, 2010），日本北海道石狩海滩（Horiguchi and Kubo, 1997），澳大利亚悉尼（Hoppenrath, 未发表）。

Sabulodinium [sabulum：sand，dino-neutral]

Sabulodinium Saunders et Dodge emend. Hoppenrath et al

出版信息：Sauders and Dodge, 1984, Protistologica 20, p. 278；Hoppenrath et al, 2007a, Phycologial Research 55, p. 163-166。

模式种：*S. undulatum* Saunders et Dodge。

甲板板式：Po 5′ 1a 6″ 5c 4s 6‴ 1⁗。

形态特征：具甲类，左右侧扁，细胞呈椭圆形，顶部有一个截面，上壳小，向背侧突出。背侧形状多变。下壳背侧边缘可能呈波状，可能存在背刺和底刺。

Sabulodinium undulatum Saunders et Dodge

出版信息：Sauders and Dodge, 1984, Protistologica 20, p. 278, 280, Figs 31a-c。

其他名称：*Phalacroma kofoidii* (colorless form) sensu Herdman (1942b)；*Thecadinium kofoidii* sensu Larsen (1985)。

插图：图 3-70A～B。

大小：长 26～43μm，深 19～36μm。

甲板板式：APC 5′ 1a 6″ 5c 4s 6‴ 1⁗。

叶绿体：无。

形态特征：左右极侧扁，细胞大致呈椭圆形，顶端有一个截面，扁而小的上壳向背侧突出。上壳有两个平行的突起遮盖了顶孔。大部分样品下壳后部边缘形状不规则（波状）。底板完全处于细胞右侧。横沟深，无偏移。纵沟位于细胞右侧。甲板光滑有孔。细胞核位于下壳后部。已确定 3 个变种，见下文。

近似种：在光镜下，该种和 *Planodinium striatum* 最相似，但甲板板式不同，上壳背侧不往上面突出。

评论：下面 3 个条目描述的变种可能代表不同的物种，但正式描述需要确定所有形态类型的完整甲板板式和分子数据。

分布和季节性：砂质沉积物。目前为止，仅存在于北温带及科威特，英国马恩岛伊林港（Herdman, 1924b），英国诺森伯兰郡霍利岛（Sauders and Dodge, 1984），苏格兰北萨瑟兰郡（Dodge, 1989），丹麦瓦登海（Larsen, 1985），德国北德瓦登海（Hoppenrath, 2000b；Hoppenrath et al, 2007a），荷兰瓦登海（Hoppenrath et al, 2007a），法国罗斯科夫（Sauders and Dodge, 1984），意大利厄尔巴岛（Hoppenrath, 未

发表),科威特(Al-Yamani and Saburova,2010),俄罗斯鄂霍次克海彼得大帝湾,日本海,阿尼瓦湾和库页岛(Hoppenrath et al,2007a);俄罗斯日本海(Konovalova and Selina,2010),日本北海道石狩海滩(Hoppenrath,未发表),加拿大英属哥伦比亚省界限湾(Hoppenrath et al,2007a)。该种全年在所有欧洲沿岸地区都有发现,在德国的亚沿岸地区也有发现,细胞数量在春季最多。在俄罗斯,主要存在于3月至9月,在8月细胞数量到达高峰。

参考文献:Hoppenrath,2000b;Hoppenrath et al,2004;Hoppenrath and Selina,2006。

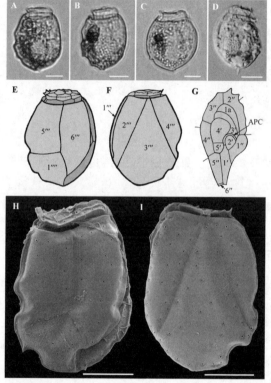

A,B,E~I—*S. undulatum* var. *undulatum*;C—*S. undulatum* var. *glabromarginatum*;D—*S. undulatum* var. *monospinum*;E~G—甲板排列绘图,其中,E 为右侧面观,F 为左侧面观,G 为顶面观;H—右侧面观,扫描电镜图;I—左侧面观,扫描电镜图。比例尺—10μm。

图 3-70 *Sabulodinium undulatum*

Sabulodinium undulatum var. *undulatum* Hoppenrath et al.

出版信息:Hoppenrath et al,2007a,Phycologial Research 55,p. 116,Figs 10-17,24-41,43-56。

其他名称:*Phalacroma kofoidii* (colorless variety) sensu Herdman(1942b);

Thecadinium kofoidii sensu Larsen(1985)。

插图：图 3-70A,B,E～I。

大小：长 28～42μm，深 20～36μm。

甲板板式：APC 5′ 1a 6″ 5c 4s 6‴ 1⁗。

叶绿体：无。

形态特征：同该种的描述。细胞为稍细长的椭圆形，背侧边缘或多或少呈波状。底板能形成一个或两个较小的刺。

分布：英国，丹麦，德国，荷兰，法国，意大利，俄罗斯，加拿大。

Sabulodinium undulatum var. *glabromarginatum* Hoppenrath et al

出版信息：Hoppenrath et al,2007a,Phycologial Research 55,p. 116,Figs 18,19,42。

插图：图 3-70C。

大小：长 35～43μm，深 30～33μm。

甲板板式：?APC ?′ ?a ?″ ?c 4s 6‴ 1⁗。

叶绿体：无。

形态特征：同该种的描述。细胞更圆，背侧边缘光滑或平直。底板能形成一个非常小的后刺。

分布：德国，意大利，俄罗斯。

Sabulodinium undulatum var. *monospinum* Hoppenrath et al

出版信息：Hoppenrath et al,2007a,Phycologial Research 55,p. 166,Figs 20-23。

插图：图 3-70D。

大小：长 29～33μm，深 19～23μm。

甲板板式：?APC ?′ ?a ?″ ?c ?s 6‴ 1⁗。

叶绿体：无。

形态特征：同该种的描述。细胞更圆，背侧边缘光滑或平直。底板能形成一个突出的后刺。

分布：日本。

Scrippsiella [dedicated to Scripps Institution of Oceanography-feminine]

Scrippsiella Balech ex Loeblich Ⅲ 施克里普藻属

出版信息：Balech,1959,The Biological Bulletin 116,p. 197,Figs 1,2;Loeblich Ⅲ,1965,Taxon14,p. 15。

模式种：*S. sweeneyae* Balech ex Loeblich Ⅲ。

甲板板式：APC 4′ 3a 6-7″ 6c 4-5s 5‴ 2″″。

形态特征：具甲类，细胞呈圆形或卵圆形，有顶角，含大量叶绿体。

评论：鉴于Balech从事动物学研究，往往会通过动物学分类规则研究（Gottschling，私人通信），所以Loeblich(1965)对该属的描述有疑问。

Scrippsiella hexapraecingula Horiguchi et Chihara

出版信息：Horiguchi and Chihara，1983，The Botanical Magazine 96，p. 357-358，Figs 1-17。

其他名称：*Scrippsiella gregaria* (Lombard et Capon) Loeblich III,Sherley et Schmidt (Loeblich et al,1979b)：non *Peridinium gregarium* Lombard et Capon (Lombard and Capon,1971)。

插图：图3-71,图3-72。

大小：长25～32μm,宽20～28μm。

甲板板式：APC 4′ 3a 6″ 6c 5s 5‴ 2″″。

叶绿体：数量多，椭圆至棒状不等，黄褐色，含多甲藻素。

形态特征：细胞背腹略微扁平，上壳呈锥形，顶端略突起，下壳半球形。横沟下旋距离为自身宽度。纵沟宽，略微侵入上壳并到达底部。甲板光滑有孔。细胞核位于下壳中央，淀粉核有鞘，在上壳靠近横沟处（与分裂前不动细胞的位置相反）。纵沟右侧有杆状眼点。顶孔有柄（不动细胞）。

近似种：目前只在潮池中发现该种。在潮池中形成水华的甲藻里没有发现相似物种。

评论：处于不动细胞分裂阶段时，细胞通过顶孔的柄和盘状固着基相连。在游动细胞转化为不动细胞后，鞭毛随即消失，出现蜕皮现象，细胞壁开始发育。细胞昼夜迁移。该种可能混合营养，有摄食茎。甲板排列可变。

分布：潮池。东京八丈岛，千叶馆山市，冲绳石垣岛，日本（Horiguchi and Chihara，1983a），美国加利福尼亚州南部帕洛斯维尔德斯半岛（Loeblich et al,1979b）。

参考文献：Sekida et al,2001,2004。

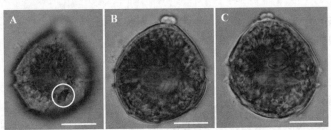

A—展示了纵沟处的红色眼点（白圈处）；B—展示了顶部突起；C—展示了淀粉核周围的淀粉鞘（环状）。比例尺—10μm。

图3-71 *Scrippsiella hexapraecingula* 光镜图（见彩图36）

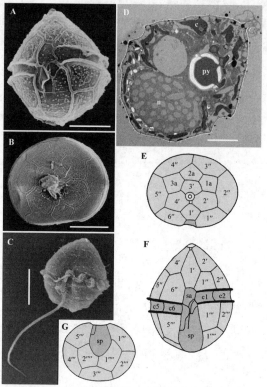

A~C—扫描电镜图,其中 A 为腹面观,B 为上壳顶面观,C 为完整细胞(有鞭毛)的腹面观;D—透射电镜观察到的细胞纵剖面,其中 c 为叶绿体,py 为淀粉核,n 为细胞核;E~G—甲板排列绘图,其中 E 为顶面观,F 为腹面观,G 为底面观。比例尺—A~C 为 10μm,D 为 5μm。

图 3-72 *Scrippsiella hexapraecingula* 电镜图和甲板排列绘图

Sinophysis [sino-:(from sinae),Chinese;physis:nature or phusa:bubble-feminine]

***Sinophysis* Nie et Wang**

出版信息:Nie et al,1944,Sinensia 15,146。

模式种:*S. microcephala* Nie et Wang.

甲板板式:2 or 4 or 6?E 4C 4?S 4H。

形态特征:该属有 Dinophysoid 的甲板板式。细胞极左右侧扁,上壳极小。横沟深且略微下旋,几乎被横沟下部的翅遮住。横沟边翅平滑没有肋纹,整体向上倾斜/往上。纵沟左边翅发达,几乎盖住纵沟。纵沟右边翅缺失或被遮挡。细胞右侧的纵沟偏移。细胞核位于下壳后部。

第 3 章　分　类　学　　143

评论：该属的历史可参见 Hoppenrath（2000d，引言）。目前已了解至少 3 种细胞的形态类型。无论是未描述的种还是已知种的变种，都需要通过分子方法进行研究。

Sinophysis canaliculata Quod,Ten-Hage,Turquet,Mascarell et Couté
出版信息：Quod et al,1999,Phycologia 38,p. 87-89,Figs 1-16。
插图：图 3-73A，图 3-74A～C，图 3-75A,B。

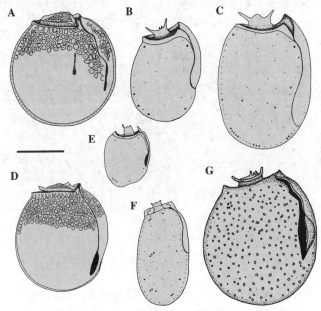

A—*S. canaliculata*；B—*S. ebriola*；C—*S. grandis*；D—*S. microcephala*；E—*S. minima*；F—*S. stenosoma*；G—*S. verruculosa*。比例尺—20μm。

图 3-73　*Sinoplysis* spp. 细胞右侧面绘图

大小：长 45～57μm，深 37～51μm。
甲板板式：2?E ?C ?S 4H。
叶绿体：无。
形态特征：细胞几乎呈圆形，左右侧扁。上壳相对较大（深度），呈穹形，有两个平行的垂直突起。下壳稍长，后部呈圆形。横沟深且宽。右侧纵沟约为细胞长度的 2/3。甲板上孔纹明显。左下壳中央有窄缝。
近似种：可根据细胞形状、大小、上壳大小和显微结构、纵沟的相对长度、壳的纹饰/孔排列区分该属的种类。*S. microcephala* 与该种最为相似，细胞不太圆，纵沟更长些，个体较小，没有壳缝。*S. verruculosa* 与该种不同且不太明显的壳纹饰。*Sinophysis* 具有光滑的甲板、不同的细胞形状和大小。

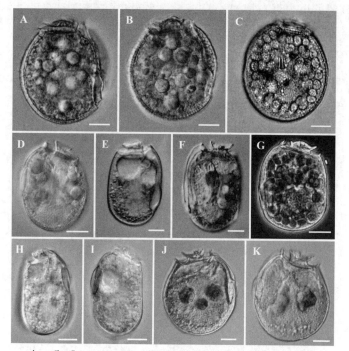

A～C—*S. canaliculata*；D—*S. ebriola*；E, F—*S. grandis*；G—*S. microcephala*；H, I—*S. stenosoma*；J, K—*S. verruculosa*。比例尺—10μm。

图 3-74 *Sinophysis* spp. 光镜图（见彩图 37）

评论：该种细胞内可能存在蓝藻内共生体（Escalera et al, 2011）。

分布：大型藻类、珊瑚石和砂质沉积物。通常位于热带。希腊克里特岛（Aligizaki and Nikolaidis, 2008），马来西亚东姑阿都拉曼公园（Mohammad-Noor et al, 2007b），科摩罗群岛留尼汪岛，马约特岛，科摩罗群岛，欧罗巴岛，莫桑比克海峡盖瑟礁（Quod et al, 1999），墨西哥太平洋（Okolodkov and Gárate-Lizárraga, 2006）。

参考文献：Escalera et al, 2011；Hoppenrath, 2000d；Ten-Hage et al, 2001。

Sinophysis ebriola (E.C. Herdman) Balech

出版信息：Balech, 1956, Revue Algologique 2, p. 32-35, Figs 9-22。

同种异名：*Phalacroma ebriola* E.C. Herdman；Herdman, 1924b, p. 79, Fig. 24。

其他名称：*Thecadinium ebriolum* (E.C. Herdman) Kofoid et Skogsberg；Kofoid and Skogsberg, 1928, p. 28。

插图：图 3-73B，图 3-74D，图 3-76A。

大小：长 33～48μm，深 23～33μm。

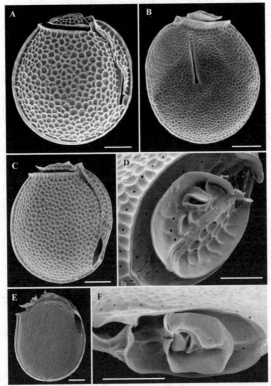

A、B—*S. canaliculata*,照片由 Couté 提供,其中 A 为右侧面观,B 为左侧面观(展示了壳缝);C、D—*S. microcephala*,其中 C 为右侧面观,D 为顶面观;E、F—*S.verruculosa*,其中 E 为右侧面观,F 为顶面观。比例尺—A~C、E,F 为 10μm,D 为 5μm。

图 3-75 *Sinophysis* spp. 扫描电镜图,有纹饰的甲板

甲板板式:2 or 4?E 4C 2-4?S 3 or 4H。

叶绿体:无。

形态特征:细胞大致呈椭圆状,左右侧扁。上壳中等大小(深度),略微有些倾斜,有两个平行的垂直突起。下壳宽且后部偏圆。横沟深且宽。右侧纵沟约为下壳长度的 2/3。平滑的甲板上分布着大小不等的孔,下壳板片边缘有一些大孔,后部背侧有 3 个相邻的大孔。

近似种:该种可由细胞形状、大小、上壳大小和微结构、纵沟相对长度、壳纹饰/孔型区分。甲板光滑的种还有 *S. grandis*(更大)、*S. minima*(更小)和 *S. stenosoma*(除了体积大,整体也更加细长)。

分布:温带砂质沉积物。英国马恩岛伊林港(Herdman,1924b),德国北部瓦登海(Hoppenrath,2000d),法国罗斯科夫(Balech,1956),意大利厄尔巴岛(Hoppenrath,未发表),科威特(Al-Yamani and Saburova,2010),俄罗斯彼得大湾,

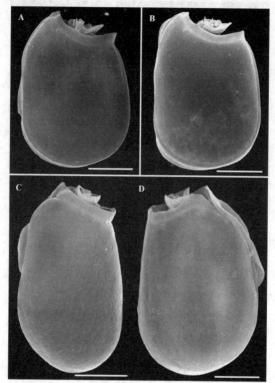

A—*S. ebriola*；B—*S. grandis*；C,D—*S. stenosoma*。A～C 为左侧面观,D 为右侧面观。比例尺—10μm。

图 3-76 *Sinophysis* spp. 扫描电镜图,甲板光滑有孔

俄罗斯日本海(Selina and Hoppenrath,2004),俄罗斯日本海(Konovalova and Selina,2010),加拿大界限湾(Ballile,1971；Hoppenrath,未发表)。

参考文献:Dodge,1982；Hoppenrath et al,2013b；Kofoid and Skogsberg,1928；Lebour,1925；Schiller,1933。

Sinophysis grandis Hoppenrath

出版信息:Hoppenrath,2000d,European Journal of Phycology 35,p. 159-161,Figs 7-9,34-41。

插图:图 3-73C,图 3-74E,F,图 3-76B。

大小:长 50~59μm,宽 31~42μm。

甲板板式:3?E ?C 4S 3?H。

叶绿体:无。

形态特征:细胞大致呈长方形,左右侧扁。上壳较大(深度),稍向背侧倾斜,有两个平行的垂直突起。下壳大、宽且后部圆,左右侧几乎平行。横沟深且宽。右侧纵沟约

为下壳长度的 3/4。平滑的甲板上分布着大小不等的孔,边缘处的大孔呈组/排分布。

近似种:该属的种类可根据细胞形状、大小、上壳大小和微结构、纵沟的相对长度、壳纹饰/孔的排列区分。甲板光滑的 *Sinophysis* 物种还有 *S. ebriola*、*S. minima*(二者都较小)和 *S. stenosoma*(更细长一些)。

分布:温带的砂质沉积物。不列颠群岛(Saunders and Saburova,1984),德国北部瓦登海(Hoppenrath,2000d),法国比特塔尼(Saunders and Saburova,1984),意大利厄尔巴岛(Hoppenrath,未发表),科威特(Al-Yamani and Saburova,2010),俄罗斯沃斯托克湾,彼得大湾,日本海(Selina and Hoppenrath,2004),俄罗斯日本海(Konovalova and Selina,2010),加拿大界限湾(Hoppenrath,未发表)。

参考文献:Hansen et al,1992;Hoppenrath et al,2013b;Saunders et al,1984.

Sinophysis microcephala Nie et Wang

出版信息:Nie and Wang,1944,Sinensia 15,p. 148-150,Figs 1-8。

插图:图 3-73D,图 3-74G,图 3-75C,D。

大小:长 36~44μm,宽 20~35μm。

甲板板式:2 or 4?E 4C 4S 4H。

叶绿体:无。

形态特征:细胞呈近圆形,左右侧扁。上壳半球形、较大(深度),有两个平行的垂直突起。下壳稍拉长,后部较圆。横沟深且宽。右侧纵沟几乎到底部。甲板平滑,孔纹明显。

近似种:该属的种类可根据细胞形状、大小、上壳大小和微结构、沟的相对长度、壳纹饰和或孔排列划分。最相似的种是 *S. canaliculata*,呈圆形,纵沟较短,整体较大,壳上有缝。*S. verruculosa* 有不明显的壳纹饰。其他 *Sinophysis* 的近似种都具有光滑的甲板,细胞形状和大小有所不同。

分布:附生在热带大型藻上、珊瑚上和砂质沉积物中。伯利兹特温礁(Faust,1993c),科威特(Al-Yaman and Saburova,2010),马来西亚博克海滩,东姑阿都拉曼海洋公园,马布岛和西巴丹岛(Mohammad-Noor et al,2007b),中国新村港(Nie and Wang,1944),太平洋,墨西哥(Hernandez-Becerril,1988)。

参考文献:Hoppenrath et al,2013b;Ten-Hage et al,2001.

Sinophysis minima Selina et Hoppenrath

出版信息:Selina and Hoppenrath,2004,Phycological Research 52,p. 150-152,Figs 2-17。

插图:图 3-73E。

大小:长 18~35μm,深 15~28μm。

甲板板式:1?E ?C 1?S 4H。

叶绿体：无。

形态特征：细胞几乎呈正方形，个体小，左右侧扁。上壳呈不对称圆柱状，长度只有下壳长度的1/3。下壳背侧较长，稍突出。横沟深且宽。纵沟位于细胞右侧，纵沟约为下壳长度的3/4。甲板平滑，上面分布着大小不等的孔。下壳大的甲板边缘有大孔，后部背面可见3个大孔一组。

近似种：该属的种类可由细胞形状、大小、上壳大小和微结构、纵沟的相对长度、壳纹饰和/或孔排列区分。*S. ebriola* 和 *S. grandis* 甲板光滑，*S. grandis* 细胞较大，上壳较深，*S. stenosoma* 更大且更细长。

分布：温带砂质沉积物。德国北部瓦登海和沃斯托克湾，俄罗斯彼得大帝湾，俄罗斯日本海（Selina and Hoppenrath，2004），俄罗斯日本海（Konovalova and Selina，2010）。

Sinophysis stenosoma Hoppenrath

出版信息：Hoppenrath，2000d，European Journal of Phycology 35，p. 159，Figs 4-6，24-33。

插图：图 3-73F，图 3-74H，I，图 3-76C，D。

大小：长 36～56μm，深 21～33μm。

甲板板式：?E ?C 2?S 4H。

叶绿体：无。

形态特征：细胞呈矩形、椭圆形或卵圆形，左右侧扁。上壳小，呈圆柱状和冠状，向背侧倾斜，有两个平行的垂直突起。下壳较窄，两侧平行或后1/3处变宽，底部圆。横沟深且宽。右侧纵沟约为下壳长的一半。甲板光滑，分布有大小不等的孔。边缘密集的小孔成排分布，可见一小簇大孔。孔的排列会发生变化。

近似种：该属的种类可根据细胞形状、大小、上壳大小和微结构、纵沟的相对长度、壳纹饰和/或孔排列区分。上壳光滑的 *Sinophysis* 物种还有 *S. ebriola*（上壳深、小、宽）、*S. grandis*（上壳深且宽）和 *S. minima*（较小）。

分布：温带和亚热带砂质沉积物。德国北部瓦德登海（Hoppenrath，2000d），意大利厄尔巴岛（Hoppenrath，未发表），科威特阿拉伯湾（Saburova et al，2009，Al-Yamani and Saburova，2010），彼得大帝湾，俄罗斯日本海（Selina and Hoppenrath，2004），俄罗斯乌苏里斯基湾（Selina and Levchenko，2011），俄罗斯日本海（Konovalova and Selina，2010），日本的相模湾、濑户内海（Ono et al，1999），加拿大界限湾（Hoppenrath，未发表）。

参考文献：Campbell，1973；Hoppenrath et al，2013b；Saunders and Dodge，1984。

Sinophysis verruculosa Chomératet Nezan

出版信息：Chomérat et al，2009，Botanica Marina 52，p. 70-75，Figs 2-33。

插图：图 3-73G，图 3-74J，K，图 3-75E，F。

大小：长52～58μm，深43～51μm。
甲板板式：6?E 4C 2?S 4H。
叶绿体：无。

形态特征：细胞呈卵圆形到近圆形不等，左右侧扁。上壳中等大小，向背侧倾斜，有两个平行的垂直突起。下壳大，后部圆。横沟深而宽。纵沟位于细胞右侧，约占下壳的2/3。疣状甲板上有饰纹，分布有大小不一的孔。细胞边缘和背侧下部的大孔成簇分布，中间和后部呈线状排列。

近似种：该属的种可通过细胞形状、大小、上壳大小和微结构、纵沟的相对长度、壳纹饰和/或孔排列划分。*Sinophysis* 的所有种在壳纹饰上都存在差异。该种与 *S. ebriola* 最相似，但个体更大。

评论：该种的上壳板片排列已清楚，但其排列与其他种有所不同（Chomérat et al,2009）。因为不清楚小板片的纹饰和突起，大多数种的上壳板片排列还不清楚，有待进一步研究。

分布：温带砂质沉积物。法国布列塔尼南部的莫顿岛（Chomérat et al,2009），意大利厄尔巴岛（Hoppenrath,未发表）。

参考文献：Hoppenrath et al,2013b。

Spiniferodinium [spina：spine,ferre：to carry；dino-neutral]

Spiniferodinium Horiguchi et Chihara

出版信息：Horiguchi et al,1987,Phycologia 26,p.479。
模式种：*S. galeiforme* Horiguchi et Chihara。
甲板板式：无甲类。
顶沟：像一个问号。
形态特征：无甲类，不动细胞是主要的生活史阶段。固着细胞被透明、坚硬、盔状和多刺的壁/壳包裹。游动细胞似裸甲藻，有顶沟和含多甲藻素的叶绿体。

Spiniferodinium galeiforme Horiguchi et Chihara

出版信息：Horiguchi and Chihara,1987,Phycologia 26,p.479,Figs 1-21,25-34。
插图：图3-77A～D。
大小：长25～36μm，宽23～34μm。
甲板板式：无甲类。
顶沟：问号形状（尚未清楚显示）。
叶绿体：数量多，小椭圆形，棕色，含多甲藻素。
形态特征：固着细胞（不动阶段）腹侧附着于表面（无任何特殊结构辅助），背侧上部有一层头盔状的透明细胞壁，上有300～500根刺。不动细胞呈卵圆形至近方形,背侧平。上壳有时在顶端变平,有疣状突起。纵沟在底部形成缺口。游动细胞似裸甲藻,上下壳大小几乎相等,背腹扁平,有顶沟。横沟位于细胞中间,无偏移。纵沟侵入上壳以及到达底部。细胞核位于上壳。固着细胞分裂成两个子细胞,同时形成鞭毛并释放。有时会形成 4 个子细胞。游动细胞会直接转化为固着细胞。

近似种:为 S. palauense(见下面的条目)。*Galeidinium rugatum* 也有圆顶状的细胞壁,但是细胞壁有横向沟,无刺。有一个眼点。Higa 等(2004)描述的有稍呈圆顶状细胞壁的固着细胞有类似前沟藻属的游动细胞。

评论:关于"phytodinialean"的讨论请参阅第 4 章。

分布:岩生或附生。荷兰泽兰沃尔切伦岛(Houpt and Hoppenrath,2006),日本井川庆岛(Horiguchi and Chihara,1987),日本广岛吴市(Tamura,2005),加拿大界限湾(Hoppenrath,未发表),澳大利亚悉尼植物学湾(Murray,2003)。

Spiniferodinim palauense Horiguchi,Hayashi,Kudo et Hara

出版信息:Horiguchi et al,2011,Phycologia 50,p. 622-623,Figs 1-24。

插图:图 3-77E~H。

大小:长 22~30μm,宽 19~25μm。

甲板板式:无甲类。

顶沟:问号形状。

叶绿体:数量多,小,椭圆状,棕色,含多甲藻素。

形态特征:固着细胞(不动阶段)腹侧附着于表面(无任何特殊结构),背侧上部有一层头盔状的透明细胞壁,壁上有大量的刺。不动细胞呈卵圆形,背侧扁平。上壳顶部较平,有小突起。下壳底部有纵沟形成的缺口。游动细胞似裸甲藻,上壳比下壳短,背侧较平,有一个像问号的顶沟。横沟位于细胞中间,略微上旋。纵沟侵入上壳,也到达底部。细胞核位于横沟和纵沟交汇处。叶绿体分布在细胞外围。不动细胞分裂成两个游动子细胞并释放。有时会形成 4 个子细胞。游动细胞会直接转化为固着细胞。

近似种:*Spiniferodinium galeiforme* 横沟没有偏移,上下壳大小几乎相同,细胞核位于上壳,细胞壁上的刺是尖的;而 *S. palauense* 的为刺圆柱形,顶部扁平,中间有孔。*S. galeiforme* 有刺丝胞,而 *S. palauense* 没有。*Galeidinium rugatum* 有圆顶形的细胞壁,有横向的沟,没有刺,有一个眼点。Higa 等(2004)描述的有稍呈圆顶状细胞壁的不动细胞有类似前沟藻属的游动细胞。*Pyramidodinium atrofuscum* 有多刺的金字塔形的细胞壁,但二者细胞壁的形状和显微形态不同,游动细胞则缺少顶沟。

评论:有关"phytodinialean"类的讨论请参阅 4.10 节。

分布:岩生或附生。翁加尔湖,帕加卢岛,帕劳牛奶湖(Horiguchi et al,2011)。

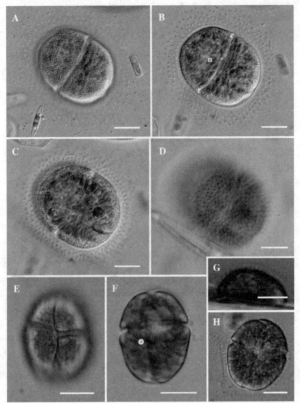

A~D—*S. galeiforme*,为同一个不动细胞,n 为细胞核;E~H—*S. palauense*;E,F 为运动细胞;E 为腹面观;F 为聚焦细胞中央;G,H 为不动阶段;G 为附着细胞的侧面观。比例尺—10μm。

图 3-77 *Spiniferodinium* spp.(见彩图 38)

Stylodinium [stulos: pillar;dino-neutral]

Stylodinium Klebs

出版信息:Klebs,1912,Verhandlungen des naturwissenschaftlich-medizinischen Vereins Heidelberg N.F. 11,p. 369-451。

模式种:*S. globosum* Klebs。

甲板板式:不详。

形态特征:具甲类,不动细胞占优势,有柄。动孢子无性繁殖,原生质体二分裂。

Stylodinium littorale Horiguchi et Chihara

出版信息:Horiguchi and Chihara,1983b,Phycologia 22,p. 23-25,Figs 1-10。

插图:图 3-78。

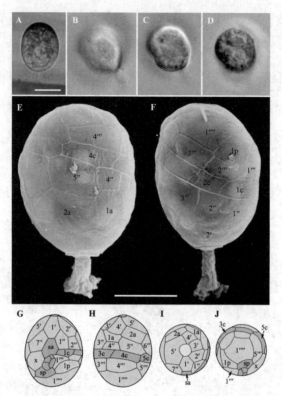

A—不动细胞的侧面观,展示了短柄;B~D—同一细胞的不同聚焦平面图;E,F—扫描电镜下的不动细胞以及部分甲板图;G~J—甲板排列绘图,其中,G 为腹面观,H 为背面观,I 为顶面观,J 为底面观。比例尺—10μm。

图 3-78 *Stylodinium littorale*(见彩图 39)

大小:长 10~28μm,宽 12~20μm,柄长 5~20μm。

甲板板式:Po 5′ 2a 7″ × 5c 6s 5‴ 1p 1⁗ 或 Po 5′ 2a 7″ × 5c 6s 5‴ 2⁗。

叶绿体:数量多,绿色和棕黄色,含多甲藻素。

形态特征:不动细胞呈卵圆形到圆形,具有甲板,横沟和纵沟浅。顶部柄可固着。细胞外围分散着盘状叶绿体,细胞上壳有淀粉鞘。细胞核靠近细胞中央。游动细胞背腹扁平,有一层薄的甲板,横沟不完整,下旋。纵沟到达底部。

近似种:*Halostylodinium arenarium*,也是沙栖种(见上文),甲板板式、细胞大小和柄的形态有所不同。该游动细胞与 *Hemidinium* 形状一样,横沟都不完整,但是二者的甲板板式不同。

评论:细胞在占优势的不动生活阶段中会通过柄与基底相连。*Stylodinium* 的模式种来自淡水,这里的海洋种类可能与其关系不大,而且淡水种的分子数据也没有。该种很可能是从 *Stylodinium* 进化的另一个种(新物种?)。

分布：砂质沉积物。南非夸祖鲁-纳塔尔南海岸(Horiguchi,未发表),日本鹿儿岛市奄美大岛(Horiguchi and Chihara,1983b),日本冲绳石垣岛(Horiguchi and Yoshizawa-Ebata,1998),日本长滨市、冲绳县和奄美大岛(Tamura,2005),加拿大界限湾(Hoppenrath,未发表),澳大利亚悉尼植物学湾(Murray,2003)。

参考文献：Fensome et al,1993；Horiguchi and Yoshizawa-Ebata,1998。

Symbiodinium [sumbioun: live together; dino-neutral]

Symbiodinium spp.

自由生活的 *Symbiodinium* 的物种可能会出现在海洋沉积物中。

Hirose 等(2008)以及 Reimer 等(2010)从日本的沙滩分离出了该种,相关论文还引用了关于珊瑚礁沉积物的记录。最近的研究描述了更多从日本沙滩分离出的物种(Yamashita and Koike,2013)。对这些种的形态学分类还没有完成,对这个属形态种的概念还没有形成,相关讨论请参见 LaJeunesse 等(2012)。

Testudodinium [testudo: turtle, turtle shell; dino-neutral]

Testudodinium Horiguchi, Tamura, Katsumata et A. Yamaguchi

出版信息：Horiguchi et al,2012,Phycological Research 60,p. 139。

模式种：T. testudo (Herdman) Horiguchi, Tamura, Katsumata et A. Yamaguchi。

甲板板式：无甲类。

顶沟：无顶沟,上壳有纵向的沟。

形态特征：该属细胞有小的圆形上壳嵌入较大的下壳。上壳腹部有一条长沟(纵向的沟)。细胞中央有短又窄的纵沟。细胞中含有多甲藻素的叶绿体。

Testudodinium corrugatum (Larsen et Patterson) Horiguchi, Tamura et A. Yamaguchi

出版信息：Horiguchi et al,2012,Phycological Research 60,p. 141-143,Figs 18-31。

同种异名：*Amphidinium corrugatum* Larsen et Patterson；Larsen and Patterson,1990,J. Nat. Hist. 24,p. 889,Fig. 45a。

插图：图 3-79A～D。

大小：长 24～33μm,宽 15～29μm。

甲板板式：无甲类。

顶沟：无顶沟,上壳有纵向的沟。

叶绿体：数量多,细长,黄色,含多甲藻素。

形态特征：圆形至椭圆形，背腹扁平，腹侧平，背侧凸。背侧有 6～11 条纵向肋纹。上壳极小，有一条明显的纵向沟，没有穿过下壳。横沟完全环绕上壳。纵沟从细胞中间延伸到后部。细胞核位于细胞后部。腹侧有脊状结构。一些细胞有淀粉体（鞘）。

近似种：*T. testudo* 和 *T. maedaense*，背侧均无肋纹。

分布：砂质沉积物。科威特阿拉伯湾（Al-Yamani and Saburova, 2010; Saburova et al, 2009），日本冲绳伊计岛（Tamura, 2005），日本冲绳（Horiguchi et al, 2012），加拿大界限湾（Hoppenrath, 未发表），澳大利亚昆士兰州保龄球绿湾（Larsen and Patterson, 1990），澳大利亚悉尼植物学湾（Murray and Patterson, 2002b）。

Testudodinium maedaense Katsumata et Horiguchi

出版信息：Horiguchi et al, 2012, Phycological Research 60, p. 141, Figs 10-17。

插图：图 3-79E～G。

大小：长 20～28μm，宽 15～20μm。

甲板板式：无甲类。

顶沟：无顶沟，上壳有纵向的沟。

叶绿体：数量多，棕黄色，含多甲藻素。

形态特征：细胞呈卵圆形，背腹扁平，腹侧平坦，背侧光滑凸出。上壳舌状、较小，有一条明显的纵向沟，略微穿过下壳，顶部向背侧倾斜。横沟呈 U 形，完全环绕上壳。腹部中间有短的纵沟。细胞核位于细胞后部。淀粉核位于细胞中央，有淀粉鞘。叶绿体分散在细胞外围。

近似种：*T. testudo*，其上壳未突出而穿过下壳边缘，该种有 V 形横沟和特殊的细胞边缘。*T. corrugatum* 背侧有肋纹。像狭义前沟藻（*Amphidinium* s.s.）细胞，有月牙形或三角形上壳。

分布：砂质沉积物。日本冲绳真荣田岬（Horiguchi et al, 2012）。

Testudodinium testudo (E.C. Herdman) Horiguchi, Tamura, Katsumata et A. Yamaguchi

出版信息：Horiguchi et al, 2012, Phycological Research 60, p. 139-141, Figs 3-8。

同种异名：*Amphidinium testudo* E.C. Herdman, Herdman, 1924b, Transactions of Liverpool Biological Society 38, p. 76, Figs 2-5。

插图：图 3-79H～K。

大小：长 20～42μm，宽 12～35μm。

甲板板式：无甲类。

顶沟：无顶沟，上壳有纵向的沟。

叶绿体：数量多，棕黄色，含多甲藻素，圆形到长条形不等。

形态特征：细胞呈圆形到椭圆形，背腹扁平，腹侧基本扁平，背侧光滑凸出。上壳较小,纵向的沟明显但未穿过下壳。V形横沟完全环绕上壳。细胞腹侧中间有短的纵沟。细胞边缘有窄的带状结构,里面有透明的细胞质。细胞核位于细胞后部。

近似种：*T. maedaense* 的上壳穿过下壳边缘并且有 U 形横沟。*T. corrugatum* 背侧有肋纹。

分布：砂质沉积物。马恩岛伊林港(Herdman,1924b),英国苏格兰北部萨瑟兰(Dodge,1989),丹麦瓦登海(Larsen,1985),德国北部瓦登海(Hoppenrath,2000b),意大利厄尔巴岛(Hoppenrath,未发表),科威特阿拉伯湾(Al-Yamani and Saburova,2010;Saburova et al,2009),日本濑户内海,日本神奈川佐贺湾(Ono et al,1999),加拿大界限湾(Hoppenrath,未发表),澳大利亚昆士兰保龄绿湾国家公园(Larsen and Patterson,1990),澳大利亚悉尼植物学湾(Murray and Patterson,2002b)。

参考文献：Larsen,1985；Larsen and Patterson,1990；Hoppenrath,2000b；Muray and Patterson,2002b。

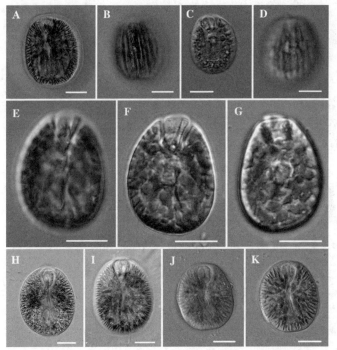

A~D—*T. corrugatum*；E~G—*T. maedaense*,同一细胞；H~K—*T. testudo*。比例尺—10μm。

图 3-79　*Testudodinium* spp.(见彩图 40)

Thecadinium [theca: theca; dino-neutral]

Thecadinium Kofoid et Skogsberg
出版信息：Kofoid and Skoysberg, 1928, Memoirs of the Museum of Comparative Zoology at Harvard College 51, p. 32。

其他名称：*Amphidinium* Claparède et Lachmann partim; *Phalacroma* Stein partim。

模式种：*T. kofoidii* (E.C. Herdman) Larsen。

甲板板式：(Po)3/4′(1a)4-7″ 5/6c 4-6s 4/5‴(1p)1⁗。

形态特征：具甲类，细胞左右侧扁，上壳相对较小，下壳较大。下壳主要由两个大的侧板构成。

评论：该属可能是多源的，包含几个属（Hoppenrath et al, 2004）。关于该类物种的分类史讨论参见 Hoppenrath(2000e)。

Thecadinium acanthium Hoppenrath
出版信息：Hoppenrath, 2000e, Phycologia 39, p. 101, Figs 7, 8, 20-22, 51-60。

插图：图 3-80A～C。

大小：长 50～64μm，深 38～51μm。

甲板板式：4′ 6″ 6c ?s 5‴ 1⁗。

叶绿体：无。

形态特征：细胞几乎呈立方体，左右极侧扁，顶部边翅平滑，有 5～8 根后刺（大小和位置无规律）。上壳约为细胞长度的 1/3，横沟下旋距离约为横沟宽度的 3 倍。细胞核位于下壳中央背侧。无顶孔板。大的腹孔位于第一顶板(1′)。第三沟前板(3″)上有一些孔和突起（多凸板）。甲板上有突起。壳的详细描述参见 Hoppenrath(2000e)。

近似种：*Thecadinium striatum* 也有多凸板和几个不规则分布的后刺，但个体较小，纹饰不同。*Thecadinium ovatum* 也有多凸板，但形状和纹饰与其不同，只有两个后刺。*Thecadinium ornatum* 的形状与其不同，有一个"凹(3″)"的板片，后刺规则排列。

分布：砂质沉积物。德国北部瓦登海(Hoppenrath, 2000b, e)，意大利厄尔巴岛(Hoppenrath, 未发表)，日本北海道石狩沙滩(Horiguchi, 未发表)。

Thecadinium arenarium Yoshimatsu, Toriumi et Dodge
出版信息：Yoshimatsu et al, 2004, Phycological Research 52, p. 216, 219, Figs 6, 39-46, 51。

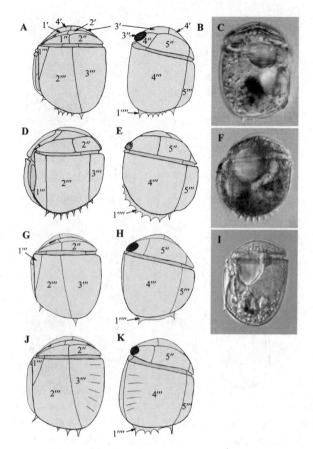

A~C—*T. acanthium*；D~F—*T. ormatum*；G~I—*T. ovatum*；J,K—*T. striatum*；A,B,D,E,G,H,J,K—甲板排列；A,D,G,J—左侧面观；B,E,H,K—右侧面观；C,F,I—侧面观,光镜图。

图 3-80　*Thecadinium* spp.甲板排列绘图和光镜图（一）（见彩图 41）

插图：图 3-81M~O。

大小：长 35~41μm,深 25~30μm。

甲板板式：Po 3′ 1a 6″ 5c 4s 5‴ 1⁗。

叶绿体：棕色。

形态特征：细胞呈卵圆形至宽梭形,左右稍侧扁,上下壳明显不对称,上壳较小。横沟起点在细胞下半部分,其在腹侧上升因此偏移较大。上壳的左侧比右侧小。纵沟短,几乎到达底部。细胞核位于细胞中央背侧。顶孔板被一圈突起包围,顶孔 U 形（马蹄形）。顶部间插板较小。甲板厚且有网状结构（不明显）和大孔。

近似种：*Thecadinium yashimaense*,该种个体更大一些,有不同的壳纹饰。

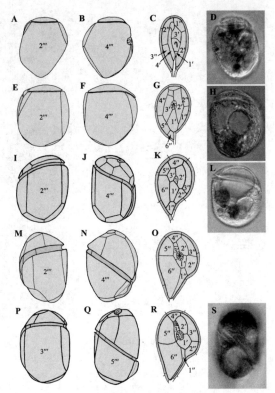

A~D—*T. kofoidii*；E~H—*T. neopetasatum*；I~L—*T. inclinatum*；M~O—*T. arenarium*；P~S—*T. yashimaense*；A~C,E~G,I~K,M~R—甲板排列；A,E,I,M,P 为左侧面观；B,F,J,N,Q 为右侧面观；C,G,K,O,R 为顶面观(上壳和横沟)；D,H,L,S 为细胞右侧，光镜图。

图 3-81　*Thecadinium* spp.甲板排列绘图和光镜图(二)(见彩图 42)

分布：砂质沉积物。日本香川奥马哈海滩(Yoshimatsu et al, 2004)。

Thecadinium inclinatum Balech

出版信息：Balech,1956,Revue Algologique 2,p. 40,Figs 34-37。

其他名称：*Sabulodinium inclinatum*(Balech)Saunders et Dodge(1984)。

插图：图 3-81I~L。

大小：长 54~79μm，深 40~62μm，宽 25~26μm。

甲板板式：Po 3′ 6/7″ 7c 7s 5‴(1p)1⁗。

叶绿体：无。

形态特征：细胞呈卵圆形至长方形，背侧较直，左右侧扁，上壳不对称，比下壳小(为细胞长度的 1/4~1/3)。上壳左侧比右侧小。横沟下旋(距离约等于自身宽度)，背侧较高。纵沟深陷(呈袋状)几乎到达底部。细胞核位于细胞中央。细胞经常有体积较大的有色食物泡。顶孔呈钩形。甲板光滑,分布着许多孔。

评论:对甲板板式需进一步研究,最终结果会因甲板的不同解读有所差异(Hoppenrath et al,2004;Yoshimatsu et al,2004)。

分布:砂质沉积物。英国诺森伯兰郡霍利岛(Saunders and Dodge,1984),德国北部瓦登海(Hoppenrath,2000b;Hoppenrath et al,2004),法国布列塔尼罗斯科夫(Balech,1956),意大利厄尔巴岛(Hoppenrath,未发表),日本濑户内海(Yoshimatsu,2004)。

参考文献:Hoppenrath et al,2004;Yoshimatsu et al,2004。

Thecadinium kofoidii(E.C. Herdman)Larsen

出版信息:Larsen,1985,Opera Botanica 79,p. 17。

同种异名:*Phalacroma kofoidii* E.C. Herdman(1924a,p. 60)。

其他名称:*Amphidinium kofoidii* Herdman var. *petasatum* E. C. Herdman(1922);*Thecadinium petasatum* Kofoid et Skogsberg;*Thecadinium kofoidii* Kofoid et Skogsberg in Schiller(1931);*Thecadinium petasatum* (Balech)Kofoid et Skogsberg in Dodge(1982);*Thecadinium kofoidii* (E.C. Herdman)Schiller in Saunders and Dodge(1984);*Amphidinium sulcatum* Kofoid sensu Herdman(1921)。

不同种:*Phalacroma kofoidii* sensu Herdman(1924b);*Thecadinium petasatum* sensu Baillie(1971);*Thecadinium kofoidii* sensu Larsen(1985)。

插图:图 3-81A~D。

大小:长 28~33μm,深 22~26μm。

甲板板式:Po 3′ 1a 4″ 5(6?)c 5s 4‴ 1″″。

叶绿体:数量多,棕色。

形态特征:细胞近椭圆形,后部稍尖,左右极侧扁,上壳小,帽状。横沟无偏移。细胞核位于下壳背侧较下的位置。顶孔呈钩形。右沟后板(4‴)在纵沟处有缺口。甲板光滑,有大孔、脊或孔纹。甲板详细描述参见 Hoppenrath(2000e)。

近似种:*Thecadinium neopetasatum*,该种较大,不含叶绿体;*Pseudothecadinium campbellii* 的上壳更大,不对称,横沟偏移,后部向右弯曲。

评论:Hoppenrath(2000e)对该种的分类史有讨论。

分布:砂质沉积物。英国马恩岛伊林港(Herdman,1924a),英国苏格兰北部萨瑟兰(Dodge, 1989),德国黑尔戈兰(Hoppenrath, 2000b, e),法国布列塔尼(Dragesco,1965),意大利厄尔巴岛(Hoppenrath,未发表)。南非夸祖鲁-纳塔尔南海岸(Horiguchi,未发表),俄罗斯远东海域(Konovalova,1998),俄罗斯乌苏里斯基湾(Selina and Levchenko,2011),日本冲绳三美岛(Tamura,2005),濑户内海,佐贺湾,日本东京湾(Ono et al,1999),加拿大英属哥伦比亚省界限湾(Hoppenrath,未发表),澳大利亚悉尼植物学湾(Murray,2003)。

参考文献：Hoppenrath,2000e；Saunders and Dodge,1984；Steidinger and Tangen,1997。

Thecadinium neopetasatum Saunders et Dodge

出版信息：Saunders and Dodge,1984,Protistologica 20,p. 275,Figs 19-23。

插图：图 3-81E~H。

大小：长 33~43μm，深 28~38μm。

甲板板式：Po 3′ 1a 6″ 6c ?s 5‴ 1‴′。

叶绿体：无。

形态特征：细胞大致呈宽椭圆形，后部稍尖，左右极侧扁，上壳帽状。横沟下旋。细胞核位于下壳中央。顶孔呈马蹄形，周围有大孔。甲板光滑，上面散布有孔，修订后的甲板说明参见 Hoppenrath(2000e)。

近似种：*Thecadinium kofoidii*，较小，含叶绿体。

分布：砂质沉积物。英国诺森伯兰郡霍利岛(Saunders and Dodge,1984)，德国北部瓦登海(Hoppenrath,2000b,e)，意大利厄尔巴岛(Hoppenrath,未发表)，科威特(Al-Yamani and Saburova,2010)，加拿大界限湾(Hoppenrath,未发表)。

Thecadinium ornatum Hoppenrath

出版信息：Hoppenrath,2000e,Phycologia 39,p. 99,101,Figs 5,6,17-19,43-50。

插图：图 3-80D~F,图 3-82A。

大小：长 45~56μm，深 40~47μm。

甲板板式：4′ 6″ 6c 6s 5‴ 1‴′。

叶绿体：无。

形态特征：细胞呈卵圆形或圆形，左右极侧扁，顶部边翅平滑，后部边缘的刺分布规则。上壳约为细胞长度的 1/3，横沟下旋约自身宽度的 3 倍。细胞核位于下壳的上部。无顶孔。第一顶板(1′)上有大的腹孔。第三沟前板(3″)有大的浅凹(凹板)。甲板纹饰特别。甲板的详细描述参见 Hoppenrath(2000e)。

近似种：*Thecadinium acanthium* 与 *T. striatum* 有不同的形状，甲板有多处突起，后刺不规则。*Thecadinium ovatum* 的纹饰不同，有两个后刺。

分布：砂质沉积物。德国北部瓦登海(Hoppenrath,2000b,e)，意大利厄尔巴岛(Hoppenrath,未发表)。

Thecadinium ovatum Yoshimatsu,Toriumi et Dodge

出版信息：Yoshimatsu et al,2004,Phycologial Research 52,p. 213,Figs 3,15-22,48。

插图：图 3-80G~I,图 3-82B~D。

大小:长 40~50μm,深 33~40μm。

甲板方程:3′ 6″ 6c 5?s 5‴ 1⁗。

叶绿体:无。

体态特征:几乎所有的细胞都呈卵圆形,左右极侧扁,顶部边翅光滑,有两个后刺。上壳约占细胞长度的 1/4。横沟下旋距离约为自身宽度的 2 倍。细胞核位于下壳中央背侧。无顶孔板。第一顶板(1′)上有大的腹孔。第三沟前板(3″)有一些孔和突起(多凸板)。甲板上有小刺。

近似种:*Thecadinium acanthium* 和 *T. striatum* 也有多凸板,但细胞形状、纹饰与该种不同,有一些不规则的刺。*Thecadinium ornatum* 的形状不同,有一块"浅凹"板,边翅上有小刺。

分布:砂质沉积物。意大利厄尔巴岛(Hoppenrath,未发表),科威特(Al-Yamani and Saburova, 2010),日本高知县右橘海岸与濑户内海(Yoshimatsu et al,2004)。

A—*T. ornatum* 右侧面观;B~D—*T.* cf. *ovatum*,其中,B 为"多凸板"(第三沟前板)细节图,C 为左侧面观,D 为右侧面观。比例尺—A、C、D 为 10μm,B 为 3μm。

图 3-82 *Thecadinium* spp. 扫描电镜图

Thecadinium striatum Yoshimatsu,Toriumi et Dodge

出版信息:Yoshimatsu et al,2004,Phycological Research 52, p. 213, 216, Figs 4, 23-30, 49。

插图：图3-80J,K。

大小：长33~41μm，深23~30μm。

甲板板式：3′ 6″ 6c 5?s 5‴ 1⁗。

叶绿体：无。

形态特征：细胞几乎矩形，左右极侧扁，顶部边翅光滑，有不规则的后刺。上壳约占细胞长的1/3。横沟下旋并外伸，下旋距离约为横沟宽度的2倍。细胞核处于下壳中心背侧。无顶孔板。腹孔位于第一顶板(1′)，第三沟前板(3″)有一些孔和突起(多凸板)。甲板上有突起和脊(皱褶)。

近似种：*Thecadinium acanthium* 也有多凸板，有一些不规则的后刺，个体更大，有不同的纹饰。*Thecadinium ovatum* 有多凸板，但形状、纹饰不同，只有两个后刺。*Thecadinium ornatum* 有多凸板，形状不同，有"凹的"第三沟前板(3″)，边翅的后刺呈规律性排布。

评论：腹孔未在原始记录中描述，但在已发表的SEM图像上可见。

分布：砂质沉积物。日本波加马贺川府(Yoshimatsu et al,2004)。

Thecadinium yashimaense Yoshimatsu, Toriumi et Dodge

出版信息：Yoshimatsu et al,2004,Phycologial Research 52,p. 216,Figs 5,31-38,50。

其他名称：*Thecadinium mucosum* Hoppenrath et Taylor(2004)；*Thecadinium foveolatum* Bolch(2004)。

插图：图3-81P~S。

大小：长38~65μm，深23~42μm，宽28~36μm。

甲板板式：Po 3′ 1a 6″ 5-7/8c 5s 6‴ 2⁗。

叶绿体：1~2个，浅裂，均为棕黄色，含多甲藻素。

形态特征：细胞呈卵圆形，左右稍侧扁，上下壳极不对称，上壳较小。横沟起点在细胞下半部分，其在腹侧上升因此偏移较大。上壳的左侧远比右侧小。纵沟短而深，几乎到达底部。细胞核位于细胞中央背侧。顶孔板深陷，有马蹄形顶孔。顶部间插板小且有特殊纹饰。甲板厚，有大的凹陷，凹陷内有小孔。甲板的详细描述参见Hoppenrath等(2004)。

近似种：*Thecadinium arenarium*，该种个体较小。

分布：砂质沉积物。英国苏格兰鄂湖(Bolch and Campbell,2004)，德国西尔特和黑尔戈兰，荷兰格雷维林根湖和奥斯特谢尔德河口(Hoppenrath et al,2007b)，日本香川八岛(Yoshimatsu et al,2004)，加拿大界限湾(Hoppenrath et al,2004,2007b)。

参考文献：Hoppenrath et al,2004,2005；Bolch and Campbell,2004。

Togula [togula: small toga-feminine]

Togula Flø Jørgensen, Murray et Daugbjerg

出版信息：Flø Jørgensen et al, 2004b, Phycologial Research 52, p. 289。

模式种：*T. britannica*(E.C. Herdman)Flø Jørgensen, Murray et Daugbjerg。

甲板板式：无甲类。

顶沟：无顶沟。

形态特征：无甲板，细胞上下壳不对称。背腹扁平。横沟起于中间靠后，往前面以直线延伸，左转并在背侧以S形下旋，在右侧以直线下旋，在腹侧回到起点。纵沟延伸至底部。有多甲藻素叶绿体。细胞核位于细胞中央。

评论：有两个种会产生透明的营养孢囊，这些孢囊是分裂孢囊，或是在特殊条件下保护细胞的。*Amphidinium asymmetricum* Kofoid et Swezy(Kofoid et al, 1921, p. 133)可能是 *Togula* 的物种。鉴于最初的描述不够详细，无法确定它是已描述的种还是未知种。不寻常的地方是其有类似环沟藻(*Gyrodinium*)的表面条纹。

Togula britannica(E.C. Herdman)Flø Jørgensen, Murray et Daugbjerg

出版信息：Flø Jørgensen et al, 2004b, Phycologial Research 52, p. 289-291, Figs 2-12, 36。

同种异名：*Amphidinium asymmetricum* var. *britannicum* E. C. Herdman; Herdman, 1922, Proceedings and Transactions of Liverpool Biological Society 36, p. 18, Fig. 5。

插图：图 3-83A～C。

大小：长 40～70μm，宽 30～54μm。

甲板板式：无甲类。

顶沟：无顶沟。

叶绿体：数量多，黄棕色，含多甲藻素。

形态特征：细胞呈卵圆形至椭圆形，背腹扁平，由于横沟走向的因素(见 *Togula* 属描述)，上下壳不对称。横沟起于细胞中心右侧。纵沟向细胞靠右略微弯曲，到达底端，被纵沟翼覆盖。叶绿体围绕细胞中心散布。细胞核位于细胞中央。细胞分裂前失去移动能力和形成包囊(在透明黏液中?)。

近似种：*T. compacta* 和 *T. jolla* 小得多。

评论：该种会在透明的营养孢囊中分裂，游动细胞占主导。

分布：砂质沉积物。英国马恩岛伊林港(Herdman, 1913, 1922)，英国不列颠群岛(Dodge, 1982)，丹麦瓦登海(Larsen, 1985)，丹麦莱夫乔登(Flø Jørgensen et al, 2004b)，德国北部瓦登海(Hoppenrath, 2000b)，意大利厄尔巴岛(Hoppenrath, 未发

表），科威特阿拉伯湾（Al-Yamani and Saburova,2010;Saburova et al,2009），日本东京湾，濑户内海，佐贺米湾（Ono et al,1999），加拿大界限湾（Hoppenrath,未发表）。

参考文献：Herdman,1913，称作 *Amphidinium operculatum* 的较大个体；Lebour,1925;Dodge,1982;Larsen,1985;Ono et al,1999;Hoppenrath,2000b,称作 *Amphidinium britannicum*，见本条目的"分布"。

Togula compacta (E.C. Herdman) Flø Jørgensen, Murray et Daugbjerg

出版信息：Flø Jørgensen et al,2004b, Phycologial Research 52, p. 292-293, Figs 13-21, 37。

同种异名：*Amphidinium asymmetricum* var. *compactum* E. C. Herdman;Herdman,1922, Proceedings and Transactions of Liverpool Biological Society 36, p. 22, Fig. 6。

插图：无。

大小：长 25～39μm，宽 18～35μm。

甲板板式：无甲类。

顶沟：无顶沟。

叶绿体：数量多，棕黄色，含多甲藻素。

形态特征：细胞呈卵圆形，背腹扁平，由于横沟走向的因素（见 *Togula* 属描述），上下壳不对称，背腹面扭曲（最好观察游动细胞）。横沟极不对称，起于细胞中心的右下方（大约在中心到底端的中间）。纵沟不明显，稍向细胞右侧弯曲。叶绿体从细胞中心向四周辐射。细胞核位于细胞中央。尚未观察到透明（分裂）孢囊。

近似种：*T. britannica*，该种个体大得多，无扭曲；*T. jolla* 是橄榄绿色，在细胞分裂前会产生纵向的沟。

评论：用光镜观察游动细胞时，很难区分 *T. compacta* 和 *T. jolla*。

分布：砂质沉积物。英国马恩岛伊林港（Herdman,1922），丹麦瓦登海（Larsen,1985），丹麦海尔肖尔梅岛和弗雷德里克沙文附近（Flø Jørgensen et al,2004b），意大利厄尔巴岛（Hoppenrath,未发表），科威特阿拉伯湾（Al-Yamani and Saburova,2010;Saburova et al, 2009），加拿大界限湾（Hoppenrath,未发表）。

参考文献：Herdman,1924a, 称作 *Amphidinium asymmetricum* var. *compactum*;Herdman,1924b;Lebour,1925, 称作 *Amphidinium britannicum* var. *compactum*;Larsen,1985, 称作 *Amphidinium britannicum*;Hoppenrath,2000b, 称作 *Amphidinium britannicum*。

Togula jolla Flø Jørgensen, Murray et Daugbjerg

出版信息：Flø Jørgensen et al,2004b, Phycologial Research 52, p. 293-296, Figs 22-35, 38。

插图：图3-83 D~G。

大小：长25~43μm，宽19~35μm。

甲板板式：无甲类。

顶沟：无顶沟。

叶绿体：数量多，橄榄绿，含多甲藻素。

形态特征：细胞呈卵圆形，背腹扁平，由于横沟走向的因素（见 *Togula* 属描述），上下壳不对称，背腹面扭曲不明显（最好观察游动细胞）。横沟极不对称，起于细胞中心的右下方（大约在中心到底部的中间）。纵沟不明显，稍微向右弯曲。叶绿体细长，不规则，从细胞中心辐射。细胞核位于细胞中央。细胞分裂前下壳形成6~8条纵向排列的沟。有透明（分裂）孢囊。

近似种：*T. britannica* 个体较大，无扭曲；*T. compacta* 在细胞分裂前不会产生纵向的沟，颜色为黄棕色。

评论：在光镜下观察游动细胞时，无法区分 *T. compata* 和 *T. jolla*。

分布：砂质沉积物。加拿大界限湾（Jacobsen，1988*），美国拉霍亚（Loeblich，1966*），澳大利亚植物学湾（Murray，2003），新西兰纳皮尔（Rhodes，1998*）。

［* 数据来自 Flø Jørgensen 等（2004b）培养物的信息，无参考文献。］

参考文献：Saldarriaga et al，2001，称作 *Amphidinium corpulentum* 和 *A. asymmetricum*（SSU rDNA 序列来自 LB1562 和 NEPCC725），参见 Flø Jørgensen 等（2004b）的讨论。

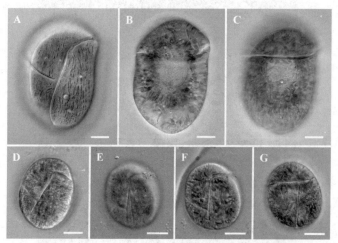

A~C—*T. britannica*，同一细胞，其中，A 为腹面观，B 为聚焦细胞中部（展示了细胞中心的细胞核），C 为背面观；D~G—*T. jolla*，其中 E,F 为同一细胞。比例尺—10μm。

图 3-83　*Togula* spp.（见彩图 43）

Vulcanodinium [Vulcanus：Vulcan，volcano；dino-neutral]

Vulcanodinium Nézan et Chomérat 伏尔甘藻属

出版信息：Nézan and Chomérat，2011，Cryptogamie Algologie 32，p. 6。

模式种：*V. rugosum* Nézan et Chomérat。

甲板板式：Po×4′ 3a 7″ 6c 6s 5‴ 2⁗。

Vulcanodinium rugosum Nézan et Chomérat 消瘦伏尔甘藻

出版信息：Nézan and Chomérat，2011，Cryptogamie Algologie 32，p. 6，Figs 2-29。

插图：图 3-84。

大小：长 24~32μm，宽 20~30μm。

甲板板式：Po×4′ 3a 7″ 6c 5/6s 5‴ 2⁗。

A—活的运动细胞；B—固定的运动细胞；C—休眠孢囊；D~G—扫描电镜图，展示了甲板排列，其中 D 为腹面观，E 为背面观，F 为顶面观（整体观）。比例尺—10μm。

图 3-84 消瘦伏尔甘藻

叶绿体：黄棕色。

形态特征：下壳呈梯形至半球形，底部渐尖。横沟较宽，下旋距离为横沟宽度的1.5～2倍。纵沟呈S形，前部狭窄，往后面变宽，一直到达底端。第一顶板(1′)较窄，和前面的导沟板相连。3块前间插板相邻。甲板表面被纵向纹和交叉网状纹覆盖，中间穿插着小孔。细胞核拉长，位于横沟。顶端分泌黏液基质。不动细胞几乎呈圆形(孢囊?)而且通常在黏液中。

评论：该种在水体中出现时间很短。圆形的不动细胞产生大量黏液，在整个生活史内占主导(Zeng et al,2012)。该种会产生江瑶毒素(Rhodes et al,2011；Smith et al,2011；Hess et al,2013)，见7.8节。

分布：法国地中海潟湖(Nézan and Chomérat,2011)，希腊(Aligizaki,未发表)，日本(Rhodes et al,2011)，中国华南地区(Zeng et al,2012)，新西兰(Rhodes et al,2011)。

第4章 系统发育学及系统分类学

甲藻的进化最初是通过比较其形态特征推测出来的,如鞭毛排列、甲板板式、甲板排列和甲板同源性、复杂的细胞器(如:Taylor,1980),这些信息对于评估分子系统发育分析中支持度较低的进化支非常重要(Saldarriaga et al,2004;Taylor,2004)。基于形态学的推断还没有经过分子序列充分的验证,这些分子标记能够提供足够的信号展示甲藻系统发育树最深的分支。目前由于物种和序列都不全,系统发育分析受到限制。Orr等(2012)首次表明,甲板只进化一次(有单一起源),最早为无甲类,任何谱系的甲板都没有丢失。而先前的系统发育研究表明,甲板出现反复丢失(Saldarriaga et al,2004)。我们对 rDNA 和热休克蛋白 90 的序列分析也证实了甲藻出现多次不同质体的替换(Saldarriaga et al,2001;Shalchian-Tabrizi et al,2006),验证了早期的形态学结果(见 Schnepf and Elbrächter,1999 综述)。

有关底栖种类,还有几个未解的重大问题:底栖分类群通常是系统发育进化树的主干还是主要分支? 浮游甲藻主要是从底栖物种进化而来的吗? 这些假说都来自对底栖甲藻很多属的观察,它们有着不寻常的甲板排列,这些甲板排列往往属于浮游甲藻不同目的中间体。原甲藻属(*Prorocentrum*)的分子系统发育数据表明,分支 Clade 2 中的浮游种类与一组底栖种类的主干群相近,特别是与其中的分支 Clade 1(仅由底栖物种组成)是最近的姊妹群(Hoppenrath and Leander,2008)。但是 Murray 等(2009)表示,浮游和底栖的生活方式似乎在原甲藻属中多次出现。这只是一个甲藻主要谱系不确定性的例子。另外,*Polykrikos* 是底栖物种衍生的,它与同属的浮游物种的一个分支有联系(Hoppenrath and Leander,2007b)。从形态学特征来看,一些证据表明底栖 *Sinophysis* 可能是甲藻的祖先,但这一问题尚未通过分子遗传学数据得到证实(Hoppenrath et al,2013b)。此外,底栖甲藻中多种多样的无甲类可能是核心甲藻谱系中的祖先,最原始的属是前沟藻属(*Amphidinium*)(Orr et al,2012),是主要的底栖类群。

4.1 形态适应的系统发育学

大多数底栖甲藻很小,细胞扁平(有时很明显)。这些细胞没有边翅、刺或角等突起。这些"平滑"且通常扁平的细胞外形能够体现出间隙栖息的生存方式。一些底栖属或种会在沉积物或基底表面度过主要的不动细胞阶段。其他类群则可以通过柄附着的方式度过这个阶段。分子系统发育不支持形成柄的物种在进化上更接近（Horiguchi,未发表,详细讨论见 4.10 节）。目前已知有几个类群会产生大量黏液。团聚的细胞可以在不同形状的黏液包中存活,这很可能是对底栖生活的一种适应以保护自身,例如,细胞不会被波浪带走。

很明显,一些底栖物种会覆盖(保护?)顶孔,但在浮游物种中没有发现。顶孔可能会被一些组织遮盖,例如大的顶钩（*Rhinodinium*）、小钩（*Durinskia agilis*、*Herdmania*、一些 *Amphidiniopsis* 的物种、"*Katodinium*"的物种）、指状或小的突起（*Amphidiniella*、*Apicoporus*、*Cabra aremorica*、*Roscoffia minor*）和平行的竖直突起（*Sabulodinium* 和 *Sinophysis*）可以遮住顶孔。从比较形态学和分子系统发育的数据来看,这一特征演变了很多次(即趋同演化)。

具甲的底栖物种的甲板板式很特别。一些物种有不完整的横沟和一个导沟板,后者也在浮游的隐甲藻属（*Crypthecodinium*）存在（Parrow et al,2006）。找到底栖类群间的联系或者将它们分类都很困难,因为对这些不常见的甲板板式会有不同的解读,例如"*Thecadinium*"/*Amphidiniopsis dragescoi*（Hoppenrath et al,2004,2012b）。*Pileidinium*、*Planodinium* 和一些 *Thecadinium* 的物种没有顶孔复合体（APC）。一些浮游甲藻也没有顶孔,如 *Protoperidinium*（*Testeria* 亚属）和 *Peridinium*（*Cleistoperidinium* 亚属）（如：Faust,2006;Hansen and Flaim,2007）。*Plagiodinium* 没有沟前板（Faust and Balech,1993）,*Pseudothecadinium* 和 *Thecadinium kofoidii* 只有不完整的沟前板。浮游甲藻 *Thecadiniopsis* 也有不完整的沟前板（Croome et al,1987;Hoppenrath and Selina,2006）。*Cabra* 和 *Rhinodinium* 的横沟没有完全凹陷,却是完整的。*Adenoides* 是已知唯一具有完整后间插板的属。这些不寻常的甲板板式通常很难与已知的浮游类群或任何甲藻联系起来。底栖类群很可能是主要甲藻谱系之间"失去的联系"。基于少数种类的分子系统发育结果都难以说明问题。在迄今为止进行的分子系统发育研究中,底栖甲藻经常在相对较长的分支上,但系统进化树的拓扑结构往往不能得到充分证实。最近才证明 *Thecadinium kofoidii* 是膝沟藻目中的一个原始分类群（Orr et al,2012）。因此,有必要对更多的物种和更多的基因进行详细研究,以得到支持度高的系统进化拓扑结构,并确定这些底栖甲藻谱系的可能亲缘关系。

4.2 *Amphidinium*

多基因的系统发育研究显示前沟藻属（*Amphidinium*）似乎是最早的"核心"甲藻（Flø Jørgensen et al,2004a;Zhang et al,2007;Orr et al,2012;Murray et al,2012）。这一结果与线粒体和核蛋白基因系统发育结果一致（Zhang et al,2007;Orr et al,2012)。前沟藻属可能是以浮游物种为主的环沟藻属(*Gyrodinium*)的姊妹类群(Orr et al,2012)。

在前沟藻属中发现了非常大的遗传差异(Flø Jørgensen et al,2004a；Murray et al,2012；Orr et al,2012)，甚至在一些种内也发现了这种差异，如强壮前沟藻(*Amphidinium carterae*)和 *Amphidinium massartii*。线粒体细胞色素 b、ITS 和 LSU 序列的分析结果也类似。强壮前沟藻与 *A. massartii* 在 LSU 和 ITS 序列的种内差异分别为 4.6%~8.3%、14.2%~38.8%(Murray et al,2012)。同样,ITS 和 LSU 的高度差异也出现在细胞色素 b 编码区(强壮前沟藻内的差异达20%~25%)。在细胞色素 b 440 bp 的"条形码"区域比较中，发现凯伦藻科的种类(*Karenia brevis*, *Karlodinium micrum*)与原甲藻目种类(*Prorocentrum lima*, *Prorocentrum minimum*)仅有 10%~12%的差异。因此，前沟藻属的强壮前沟藻种内有更高的差异性，甚至比其他甲藻的两个目之间的差异性更大。

前沟藻属是底栖甲藻中最大、多样性最高的一个属，约有 120 种。为了将前沟藻属与其他无甲类甲藻分开，过去的标准比较宽泛，如上壳大小(短于细胞长的 1/3)和横沟偏移，因此产生了一个多系群属。对模式种 *A. operculatum* 和可能的近缘种再调查之后(Flø Jørgensen et al,2004a；Murray et al,2004)，前沟藻属被重新定义。之前归入前沟藻属的大约 20 种符合"狭义"的定义，其他 100 余种不确定或未知("广义分类群")。最近新建的属包含了以前的前沟藻属的物种，这些属是 *Togula*、*Prosoaulax* Calado et Moestrup、*Apicoporus*、*Testudodinium* 和 *Ankistrodinium* (Flø Jørgensen et al,2004b；Calado and Moestrup,2005；Sparmann et al,2008；Horiguchi et al,2012；Hoppenrath et al,2012a)。

4.3 *Amphidiniopsis*, *Archaeperidinium*, *Herdmania*-Peridiniales

分子系统发育数据揭示了一个由底栖类 *Herdmania* 和浮游类 *Archaeperidinium* 组成的分支(Yamaguchi et al,2011a)。这个分支属于多甲藻目(Peridiniales)，很难从 *Herdmania* 不寻常的甲板板式确定。此外，*Amphidiniopsis* 是该分支中 *Archaeperidinium* 的近亲(Hoppenrath et al,2012b)。支持度很高的原多甲藻科(Protoperidiniaceae)分支 clade (IV 或 D)目前由 5 个物种组成，即 *Amphidiniopsis dragescoi*、*A. rotundata*、*Archaeperidinium minutum*、*A. saanichi* 和 *Herdmania litoralis* (Yamaguchi et al,2011a；Hoppenrath et al,2012b；Mertens et al,2012)。底栖类群是否是进化上的原始分支尚不清楚，需要对更多的物种进行分析。到目前为止，还没有发现这些类群共同的形态学特征。

4.4 *Cabra*、*Rhinodinium*、*Roscoffia*-Podolampadaceae

一些底栖物种的细胞后部有特殊的孔区(密集的孔隙区域),包括所有 *Cabra* 的物种、*Rhinodinium broomeense* 和 *Roscoffia capitata*(Hoppenrath and Elbrächter, 1998;Murray et al,2006b;Chomérat et al,2010a)。这可以表明这3个属之间关系密切的形态学特征之一,不过需要利用分子系统发育的数据进行验证(Hoppenrath et al,未完成)。这3个属都有一个非常狭窄的第一顶板和相似的甲板排列(Horiguchi and Kubo, 1997; Hoppenrath and Elbrächter, 1998; Murray and Patterson,2004;Murray et al,2006b;Chomérat and Nézan,2009;Chomérat et al, 2010a)。

有人认为 *Roscoffia* 与足甲藻科(Podolampadaceae)有关系(Horiguchi and Kubo,1997;Hoppenrath and Elbrächter,1998)。Horiguchi 和 Kubo(1997)认识到, *R. minor* 的甲板排列介于 Diplopsalioideae、Congruentidiaceae 和足甲藻科之间。 *Lessardia* 被视为足甲藻科的成员,对 *Lessardia* 的研究支持了这一假设 (Saldarriaga et al,2003),但 Carbonell-Moore(2004)将 *Lessardia* 单独归为一科,即 Lessardiaceae。Gómez 等(2010)的分子系统发育研究将 *Roscoffia capitata* 归为足甲藻科。根据甲板板式,*Cabra* 与 *Roscoffia* 和 Podolampadaceae 的亲缘关系 (Murray and Patterson,2004;Chomérat and Nézan, 2009)以及 *Rhinodinum* 与 *Cabra* 和 *Roscoffia* 之间的亲缘关系(Murray et al,2006b)得到讨论。

4.5 *Coolia*、*Gambierdiscus*、*Ostreopsis*-Gonyaulacales

膝沟藻类的甲藻有许多底栖属,比如 *Thecadinium*、*Coolia*、蛎甲藻属 (*Ostreopsis*)、冈比亚藻属(*Gambierdiscus*)、*Sabulodinium* 和 *Amphidiniella*。对甲藻系统发育的每一次重要研究都会发现膝沟藻目(Gonyaulacales)是一个单系谱系 (Saldarriaga et al, 2004; Murray et al, 2005; Hoppenrath and Leander, 2010; Tillmann et al,2012;Orr et al,2012)。但到目前为止,还没有迹象表明所有底栖的膝沟藻类群是单系的(如:Saldarriaga et al,2004;Kuno et al,2010)。

尽管如此,仍有一些证据表明某些底栖膝沟藻之间存在亲缘关系。例如,一些研究表明,*Coolia* 和蛎甲藻属(*Ostreopsis*)是姊妹群(Kuno et al,2010),尽管系统发育上蛎甲藻属经常出现在较长的分支中。一些研究表明,*Coolia*/*Ostreopsis* 分支可能与产生麻痹性毒的浮游亚历山大藻属(*Alexandrium*)紧密相关或为姊妹群(Saldarriaga et al, 2004;Kuno et al,2010;Gottschling et al,2012;Tillmann et al,2012;Orr et al,2012)。

迄今为止,对冈比亚藻属(*Gambierdiscus*)与其他膝沟藻类甲藻关系的系统学研究没有得到一致的结果。在许多研究中,与膝沟藻目相比,该属处于更长的分支中(Litaker et al,2009;Kuno et al,2010)。

4.6 *Prorocentrum*、*Adenoides*

核糖体基因的系统发育分析表明,原甲藻属(*Prorocentrum*)可能是多系群,因为它分成了两个不相关的分支(拓扑结构没有统计支持,主干结构的解析性较差。如:Zardoya et al,1995;Grzebyk et al,1998;Litaker et al,1999)。这一结果令人惊讶,从比较形态学的角度来看,原甲藻属应形成一个庞大的单系群,包括底栖和浮游物种(如:Taylor,1980,2004;Fensome et al,1993;Saldarriaga et al,2004)。最近,通过基于多个基因(包括线粒体基因)的系统发育分析,证明了原甲藻属的单系性(Zhang et al,2007;Murray et al,2009;Orr et al,2012)。本章一开始就讨论了底栖和浮游原甲藻种类的系统发育。

Adenoides eludens 证明是最接近原甲藻属的姊妹谱系(Hoppenrath and Leander,2008;Orr et al,2012;Hoppenrath et al,2013a)。从系统发育的角度来看,这种关系令人感兴趣,对此 Hoppenrath 等(2013a)已详细讨论过。验证这个假设会很有意思:类似 *Adenoides* 的底栖甲藻可能是原甲藻的祖先。Hoppenrath 和 Leander(2008)假设浮游原甲藻属来源于底栖原甲藻的祖先。

4.7 *Sinophysis*、*Sabulodinium*

Sinophysis 是主要的甲藻谱系——鳍藻目(Dinophysiales)唯一的底栖甲藻属,可能也是该谱系的一个早期分支,因为它具有原始的形态特征。然而,分子系统发育结果并不能很好地证明这一点,因为基于 SSU 基因的系统发育树拓扑结构支持度很低(Hoppenrath et al,2013b)。

Hoppenrath 等(2007a)提出了 *Sabulodinium* 和鳍藻亚纲(Dinophysiphycidae)(拟小角藻属 *Nannoceratopsis* 和鳍藻目)的特征进化假设。*Sabulodinium* 的下壳有一个"前片间带",右侧有一个纵沟,上壳有许多平行弯曲向上的突起——后两个特征与 *Sinophysis* 的种类相同(Hoppenrath et al,2007a)。此外,*Sabulodinium* 具有类似于 *Sinophysis*/dinophysoid 的分裂模式,即壳纵向分成两半,子细胞在分裂过程中会并排游动一段时间(Hoppenrath,未发表)。

有意思的是,有一种底栖原甲藻——*P. clipeus*,其围鞭毛区的板片上有平行的弯曲突起(Hoppenrath,2000a;Hoppenrath et al,2013a)。从形态学数据来看,长期以来都有鳍藻目和原甲藻目是姊妹群的推测(如:Taylor,1980)。

4.8 "Dinotoms"-*Dinothrix*、*Durinskia*、*Galeidinium*、"*Gymnodinium*" quadrilobatum、"*Peridinium*" quinquecorne

一些甲藻体内有来源于硅藻的第三次内共生体,在分子系统发育树上聚集在一个分支下,称为"dinotoms"(Imanian et al,2010)。硅藻的细胞质被一层膜与甲藻分离,通常不仅包含叶绿体,还有细胞核和线粒体。dinotom 分支包括 *Durinskia* 的种类、*Kryptoperidinium foliaceum*、*Galeidinium rugatum*、"*Peridinium* " *quinquecorne*、*Dinothrix paradoxa*、*Gymnodinium quadrilobatum* 和 *Peridiniopsis* spp.,除了 *Kryptoperidinium* 和 *Peridiniopsis* spp.以外,都是底栖种。尽管它们形态多样并且生活史模式不同,然而这一谱系出现了共同的内共生事件(如:Horiguchi and Pienaar,1994c;Inagaki et al,2000;Tamura et al,2005a)。"*Peridinium*" *quinquecorne* 的硅藻内共生体是第二次替换(Horiguchi and Takano,2006)。Dinotoms 的一个共同特征(共源性状)是具有一种特殊的眼点,来自一种含多甲藻素甲藻的叶绿体(如:Horiguchi and Pienaar,1994c;Tamura et al,2005a)。

4.9 有临时隐藻叶绿体的甲藻分类群

一些甲藻能暂时保留从被吞噬的藻类(如隐藻)中获得的叶绿体,并在一定时间内用作光合作用细胞器。这些暂时"被偷来"的叶绿体被称为临时叶绿体(Schnepf and Elbrächter,1992)。这类叶绿体在具甲类(如:*Dinophysis* spp.)(Schnepf and Elbrächter,1988)和无甲类(裸)甲藻中都有。后者包括底栖沙栖物种,如"*Amphidinium*" *poecilochroum* (Larsen,1988)、"*A*". *latum* (Horiguchi and Pienaar,1992)、*Gymnodinium myriopyrenoides* (Yamaguchi et al,2011b),以及一些淡水种,如 *Gymnodinium aeruginosum*(Schnepf et al,1989),*G. acidiotum* (Wilcox and Wademayer,1984)和 *G. eucyaneum* (Xia et al,2013)。最近的系统发育研究(Takano and Horiguchi,2007;Yamaguchi et al,2011b;Xia et al,2013)表明,所有这些栖息在沙滩上和淡水中的无甲类有临时叶绿体的甲藻都是单系的,证明该谱系中临时叶绿体的来源相同。基于详细的超微结构比较,Onuma 和 Horiguchi(2013)证明了隐藻在被海洋种类(如:"*A*". *poecilochroum*)吞噬后的形态转变比淡水甲藻(如:*G. aeruginosum*)更原始。

4.10 "phytodinialean"类甲藻

4.10.1 概况

大多数甲藻(甲藻纲)的细胞是游动的,尽管形态极其多样,但都具有典型的甲形态。但是一部分甲藻主要的生活史阶段是不动的,多数情况下,它们的细胞形态与典型的运动甲藻不大相同。其中,有一些是新月形的,被一层细胞壁包围;另一些可能有附着的柄。本书将这些甲藻统称为不动甲藻。1912 年,Klebs 就发现不动甲藻会在淡水和海洋环境中存在。它们的形态和习性极为不同,最近的分子系统发育研究表明它们是多源系群(如：Logares et al,2007)。不动甲藻已在沙砾和海藻的表面发现,是底栖藻类群体中的重要组成部分,也是本书的主要内容。这里会重点关注"phytodinialean"类甲藻的多样性和系统发育。

4.10.2 不动甲藻多样性

自由生活的不动甲藻是一个复系群,目前分为 3 个不同的目：胸甲球藻目(Thoracosphaerales)、膝沟藻目(Gonyaulacales,特别是梨甲藻科 Pyrocystaceae)和植甲藻目(Phytodiniales)(Fensome et al,1993)。除它们之外,许多寄生或共生的甲藻也是不动的。

胸甲球藻属(*Thoracosphaera*)(胸甲球藻目)的特征是具有自由生活的圆形不动细胞以及一层钙质细胞壁。该类群有别于植甲藻目(Phytodiniales),因为前者具有钙质细胞壁,而后者形成了有机细胞壁(Fensome et al,1993)。Tangen 等(1982)和 Inouye 和 Pienaar(1983)报道了该属模式种海洋浮游 *Thoracosphaera heimii* (见图 4-1A)的形态、生活史的详细信息。这种球形的钙质细胞会生成裸甲藻类细胞。分子数据表明,*T. heimii* 可能与多甲藻目(Peridiniales)的 Pfiesteriaceae 有亲缘联系(Calado et al,2009)。最近,Gottschling 等(2012)发现一个分支,由 *Thoracosphaera*、Pfiesteriaceae、广义 *Scrippsiella* 和 *Ensiculifera/Pentapharsodinium* 组成,他们建议将这个分支命名为胸甲球藻科(Thoracosphaeraceae)。

Gonyaulacales 目的 *Pyrocystis*(Pyrocystaceae)是浮游种类,具有新月形或圆形的不动细胞,被一层纤维素壁包裹(Swift and Remsen,1970,见图 4-1B)。在大洋水域中很常见。该属的特征是在其生活史中产生具有膝沟藻类甲板板式的游动细胞。分子系统发育研究清楚地表明 *Pyrocystis* 是膝沟藻目的成员(如 Zhang et al,2007,见图 4-2)。Fensome 等(1993)指出,梨甲藻科(Pyrocystaceae)不同于"Phytodiniales",因为后者不形成膝沟藻类的游动细胞。

除了自由生活的不动甲藻外,一些寄生甲藻传统上也被归为 Blastodiniales 目(Fensome et al,1993,如 *Dissodinium*、*Amyloodinium* 和 *Blastodinium*),它们同样也有不动细胞。其生活史里只短暂地拥有甲藻核。"植甲藻目"("Phytodiniales")拥有永久的甲藻核(Fensome et al,1993)。囊甲藻目(Blastodiniales)也是复系群,分布在各主要甲藻谱系中,即 *Blastodinium* 属于多甲藻目(Peridiniales)(Skovgaard et al,2007),球甲藻属(*Dissodinium*)属于狭义裸甲藻(*Gymnodinium* s.s.)分支(Gómez et al,2009)。

"植甲藻目"的定义是"这种甲藻的主要生活史阶段包括非钙质球状(营养孢囊)阶

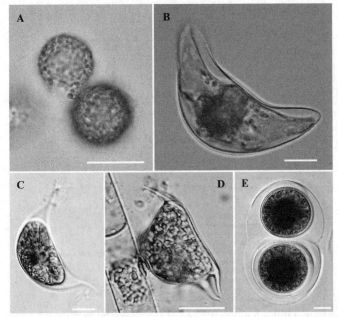

A—不动"phytodinialean"海洋甲藻，*Thoracosphaera heimii*，左边是空的钙质细胞壁；B—gonyaulacalean 甲藻，*Pyrocystis*；C—淡水种，*Cystodinium cornifax*；D—淡水种，*Tetradinium intermedium*；E—淡水种，*Hemidinium nasutum* 的球柄期。C～E 由 Takano 提供。比例尺—10μm。

图 4-1 一些"phytodinialean"类甲藻（见彩图 44）

段或外被一层细胞壁的多细胞阶段，或变形虫阶段和不动细胞阶段共存"(Fensome et al,1993)。该目实际包括了所有不属于胸甲球藻目（Thoracosphaerales）、梨胞藻科（Pyrocystaceae）或囊甲藻目的不动甲藻。在这个定义中，该目不仅包括不动的单细胞（球甲藻目 Dinococcales），还包括具有一层细胞壁的多细胞（丝甲藻目 Dinotrichales），以及包括不动细胞阶段（Dinamoebales 目）的变形虫状甲藻。这个目只是为了方便而建立的，因为对它们的系统发育关系知之甚少。

4.10.3 "phytodinialean"类群的多样性

以下是对根据上述定义属于"植甲藻目"分类群多样性的综述，不过情况比较复杂。例如，一种底栖海洋甲藻 *Gymnodinium quadrilobatum* 的不动细胞阶段占优势，其细胞形状类似于"肥的"四叶苜蓿，细胞被一层细胞壁包裹。这些特征符合"植甲藻目"的定义。然而，Horiguchi 和 Pienaar(1994c)根据游动细胞的形态而不是不动细胞的形态将这种甲藻归入裸甲藻目（Gymnodiniales），他们认为"植甲藻目"是一个异源组合。由于同样的原因，其他不动海洋甲藻，如 *Galeidinium rugatum* 和

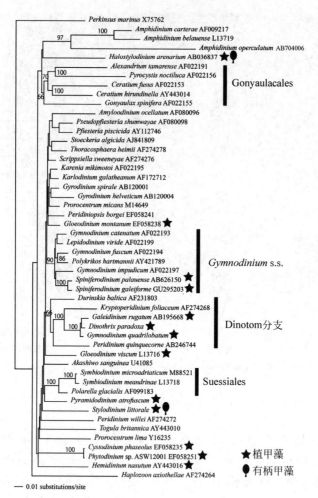

分析方法与 Horiguchi 等(2012)的分析方法基本相同。选择的模型为 TrN+I+G,分析参数为:假设核苷酸频率 A=0.2633,C=0.1955,G=0.2354,T=0.3058;替代率矩阵 AC=1.0000,AG=3.4566,AT=1.0000,CG=1.0000,CT=6.8543,GT=1.0000;假定位点比例不变,为 0.3563,假设可变位点遵循伽马分布后的形状参数为 0.5747;速率类别为 4。只显示大于 50 的支持度(100 次重复)。

图 4-2 基于小亚基序列的最大似然树(3041 个位点,包括空位),
包括一些"植甲藻"甲藻(星形符号)

Pyramidodinium atrofuscum,没有被划到更高的分类等级(Tamura et al,2005a;Horiguchi and Sukigara,2005)。"植甲藻"的系统发育位置多种多样,这里会讨论与"植甲藻目"定义一致的所有类群,以证明该目的多系性。

表 4-1 列出了被归类为"植甲藻"的甲藻。可以看到,其中很多是淡水种。用于区分不动甲藻属的分类标准是看其细胞形状以及是否有附属物,如刺、角或柄(参考:

Bourrelly,1970；Klebs,1912；Pascher,1927；Popovský and Pfiester,1990）。一些淡水种（如 *Cystodinium cornifax*、*Tetradinium intermedium*）如图 4-1C～E 所示。

表 4-1 被归类为"植甲藻"的甲藻

属 名	模 式 种	生境	注 释
Bourrellyella Baumeister 1957	*B. armata* Baumeister	F	*Dinastridium* sensu Popovský and Pfiester 1990 的次同种异名
Cystodinedria Pascher 1944	*C. inermis* (Geitler) Pascher	F	
Cystodinium Klebs 1912	*C. batabiiense* Klebs	F	
Dinamoeba Pascher 1916	*D. varians* Pascher	F, M	
Dinoclonium Pascher 1927	*D. conradii* Pascher	B	
Dinopodiella Pascher 1944	*D. phaseolus* Pascher	F	*Stylodinium* sensu Popovský and Pfiester 1990 的次同种异名
Dinastridium Pascher 1927	*D. sexangulare* Pascher	M	
Dinothrix Pascher 1927	*D. paradoxa* Pascher	M	
Galeidinium Tamura et Horiguchi 2005	*G. rugatum* Tamura et Horiguchi	M	
Gloeodinium Klebs 1912	*G. montanum* Klebs	F, M	*Hemidinium* 生活史中的阶段
Gymnocystodinium Baumeister 1957	*G. gessneri* Baumeister	F	*Cystodinium* sensu Popovský and Pfiester 1990 的次同种异名
Halostylodinium Horiguchi et Yoshizawa-Ebata 2000	*H. arenarium* Horiguchi et Yoshizawa-Ebata	M	
Hemidinium Stein 1878	*H. nasutum* F. Stein	F	有效发表的分类群，见 Fensome 等(1993)
Hypnodinium Klebs 1912	*H. sphaericum* Klebs	F	
Manchudinium Skvortzov 1972	*M. sinicum* (Skvortzov) Skvortzov	F	
Phytodinedria Pascher 1944	*P. aeruginea* Pascher	F	*Cystodinedria* sensu Popovský and Pfiester 1990 的次同种异名
Phytodinium Klebs 1912	*P. simplex* Klebs	F	
Pyramidodinium Horiguchi et Sukigara 2005	*P. atrofuscum* Horiguchi et Sukigara	M	

续表

属　名	模式种	生境	注　释
Rhizodinium Baumeister in Bourrelly 1955	*R. gessneri*（Baumeister）Loeblich et Loeblich	F	
Spiniferodinium Horiguchi et Chihara 1987	*S. galeiforme* Horiguchi et Chihara	M	
Stylodinium Klebs 1912	*S. globosum* Loeblich et Loeblich	F,M	
Tetradinium Klebs 1912	*T. javanicum* Klebs	F	

注：F=淡水，M=海水，B=半咸水。

海洋"植甲藻"类群包括的属有 *Dinoclonium*、*Dinothrix*、*Galeidinium*、*Gloeodinium*、*Halostylodinium*、*Pyramidodinium*、*Spiniferodinium* 和 *Stylodinium*。其中，*Galeidinium*、*Pyramidodinium* 和 *Spifinerodinium* 会产生圆顶状或金字塔形的细胞壁。但这些属的细胞壁表面形态有很大不同。*Galeidinium* 有一层褶皱的细胞壁，其表面有一条横向的沟（见图 3-33）；在 *Pyramidodinium* 中，细胞壁呈金字塔形，具有单个纵向脊和双横向脊，其表面有许多小的突起（见图 3-65）。这两种细胞的细胞壁均覆盖整个细胞质。从透射电镜照片来看，细胞壁的主要成分是纤维素（Horiguchi and Sukigara,2005）。*Spiniferodinium* 由两个种组成，分别是 *S. galeiforme* 和 *S. palauense*（见图 3-77）。两者都有头盔状的细胞壁，称为"头盔外壳"（Horiguchi and Chihara,1987）。"头盔外壳"呈透明状，通过透射电镜看是纤维状，明显与前两个属的细胞壁不同。"头盔外壳"上有规律地分布着空心刺，*Spiniferodinium* 的两个种可通过刺的形状区分（Horiguchi et al,2011）。Higa 等（2004）报告的 3 个未描述的底栖类群也有圆顶状细胞壁，但他们没有详细研究其形态。这 3 种之一被称为"贝里琉岛株系"，已证明属于狭义的前沟藻属（*Amphidinium* sensu stricto），其细胞壁似乎是由凝胶基质构成的（Higa et al,2004）。

在淡水和海洋环境中会发现带有独特柄的不动甲藻。淡水中的代表有 *Tetradinium* spp.（见图 4-1D）和 *Stylodinium* spp.。具甲海洋沙栖物种 *Stylodinium littorale*（见图 3-78）和 *Halostylodinium arenarium*（见图 3-45）也有独特的柄用于附着。二者均为不动细胞，被甲板覆盖（Horiguchi and Chihara,1983b；Horiguchi et al,2000）。柄是由游动细胞的顶孔产生的。这两个物种的柄在形态上完全不同，*S. littorale* 的柄是胶质的（Horiguchi and Yoshizawa-Ebata,1998），而 *H. arenarium* 的柄是由细长的甲板（顶孔板）组成的，只有固着部分是胶质（Horiguchi et al,2000）。*Stylodinium* 的另一个海洋种 *S. gastrophilum* Cachon（Cachon et al,1965）寄生于管水母上，柄的形态未知。

只有两个海洋种被归在 *Gloeodinium* 属中，一个是 *G. marinum*（Bouquaheux,

1971；Taylor，1976)，另一个是 G. viscum (Banaszak et al,1993)。前者是浮游的，细胞群体聚集在胶质基质中，一对细胞形成胶质团，周围有共同的细胞外基质，每个细胞本身由一层细胞壁覆盖。后者被描述为海洋珊瑚 Millepora dichotoma 的共生体。G. viscum 在培养过程中也会经历类似于 G. marinum 不定形群体的阶段(Banaszak et al,1993)。

目前知道的自由生活的丝状(多细胞)甲藻只有两种，即 Dinothrix paradoxa 和 Dinoclonium conradii (Pascher,1927)。在德国黑尔戈兰的小型海水养殖场中发现了 Dinothrix paradoxa，该群体由有限的球形或筒形细胞组成(最多 10 个)。它是自养种类，含有许多盘状的黄褐色叶绿体。群体中的任何细胞都能产生游动细胞，并且有明显的眼点。Horiguchi(1983)在日本的潮汐池中再次发现了该种，这种甲藻属于"dinotom"，含有硅藻内共生体(Imanian et al,2010)，游动细胞有壳板。Dinoclonium 仅包含 D. conradii 一个种，是在比利时半咸水中其他藻类的附生植物上发现的(Pascher,1927)。该种是由小细胞构成的单列分支丝状体，包含小的盘状叶绿体。通过产生裸甲藻类游动细胞进行增殖(Pascher,1927)。该种只发现过一次，其亲缘关系未知。

4.10.4　生活史和个体发育

大多数海洋"植甲藻"甲藻具有相似的生活史，即不动细胞分裂形成细胞壁包裹的游动细胞，游动细胞从不动细胞里释放，留下亲代细胞壁。游动期的时间比不动期短得多。游动后细胞静止，再次转入不动阶段。与海洋类群的不动期和游动期的简单交替相反，一些代表性的淡水甲藻具有非常复杂的生活史过程。Pfiester 及其团队证明，淡水种 Stylodinium globosum (同种异名 S. sphaera) 和 Cystodinedria inermis 的生活史有变形虫摄食阶段(Vampyrella 期)、柄状不动期(Stylodinium 期)或卵圆/椭圆状期(Cystodinedria 期)以及裸甲藻类 gymnodinioid 游动期(详情见 Popovský and Pfiester,1990)。

Horiguchi 和 Yoshizawa-Ebata(1998)、Horiguchi 等(2002)详细研究了 Stylodinium littorale 和 Halostylodinium arenicola 柄的形成过程。因为柄是在游动细胞转化为不动阶段形成的，很明显游动细胞中必须有"生成柄的原料"。在 Stylodinium littorale 中，柄的主要部分是胶质的，生成柄的物质储存在顶孔板和外膜之间。顶孔板十分大，向下凹陷，但中心部位几乎垂直向上凸出，高于细胞表面。柄生成后，那些"原料"基本都会被倒置的顶孔板排出。Halostylodinium arenicola 的柄比 S. littorale 的柄复杂得多。它是由圆盘状的胶状固着物和一个柄组成的，柄又可以分成两个部分(上粗下细)。其柄部不是胶质的，由甲板(细长的顶孔板)组成。H. arenicola 生成柄的材料称为管状顶部柄复合体，在游动细胞中清晰可见(Horiguchi et al,2000)。管状组织的外部成为柄的上部，内部成为柄的下部。附着在内管部分的圆形基质成为柄的固着物。如 Horiguchi 等(2000)的讨论所揭示的那样,进化的趋势是从简单的顶部柄复合体(*Bysmatrum arenicolum*)到复杂的复合体(*H. arenicola*),两者之间有一个中间型(*S. littorale*)。但分子系统发育分析无法证明这3个种之间有亲缘关系,所以顶部柄复合体可能是独立进化的。

Horiguchi 和 Sukigara(2005)描述了 *Pyramidodinium* 中金字塔状细胞壁的个体发育。裸甲藻类游动细胞直接转化为不动细胞。在这个过程中,游动细胞会先在容器底部旋转,接着失去活动性。静止的细胞变圆,两条鞭毛都脱落下来。在 1min 内,圆形细胞向各个方向扩展,表面观细胞近乎呈方形,其间无细胞壁形成。大约 1min 后,横向双脊和纵脊逐渐清晰,就像不动的细胞。接着不动细胞会生成细胞壁,2~3h 后细胞壁明显可见。该种在培养条件下的不动细胞期持续时间非常长,需要 5d 才能开始下一次细胞分裂。其他具有细胞壁的"phytodinialean"甲藻个体发育与 *Pyramidodinium* 相似,即游动细胞通过形成细胞壁直接转化成形态特别的不动细胞,虽然不动细胞阶段持续的时间是可变的。

另一个产生非纤维素壁或盔形外壳特征的是 *Spiniferodinium*。*S. galeiforme* 和 *S. palauense* 会生成透明的盔状细胞壁,上面有许多规则排列的刺。有趣的是,这种多刺的盔甲壳是裸甲藻类游动细胞转化为不动细胞时立即开始生长的,与 *Pyramidodinium* 不同。像 *Stylodinium* 一样,生成头盔外壳的原料在运动阶段就应具备。Horiguchi 和 Chihara(1987)描述了游动细胞体内包裹的部分复合结构。尽管文章中的照片来自部分结构,还需要更详细的研究,但 *S. galeiforme* 的游动细胞具有晶体结构,可能是细胞表面盔形外壳刺的原料。

如前文所述,大多数"植甲藻"甲藻的生命周期是不动阶段和游动阶段交替的。大多数这类甲藻的细胞分裂都发生在不动阶段,就像多数淡水甲藻 *Peridinium/Peridiniopsis* 一样。普通游动甲藻和"植甲藻"甲藻的区别在于不动期和运动期的相对长度。当然,后者通常在不动阶段有一种呈现出特征性的细胞形态。在这方面,一些潮汐池中的甲藻很特别,因为它们具有介于运动和非运动("植甲藻目")之间的形态。以 *Scrippiella hexapraecingula* 为例,白天低潮时池被隔离,它们在池中形成密集的水华;但在潮汐进入池中的前几个小时,甲藻会游到池底并附着在底层。有趣的是,当游动细胞转化为不动细胞时,顶孔会产生一个胶状的短柄用于附着。晚上不动细胞进行分裂,第二天早上通过母细胞壁释放出两个游动的子细胞(Horiguchi and Chihara,1983a)。虽然该种通常被认为归属于多甲藻目(Peridiniales),但不动细胞期比游动细胞期持续的时间长。如果该种产生一个更长的柄,并失去横沟和纵沟变成球形,就会被认定为 *Stylodinium*!

4.10.5 亲缘关系

"植甲藻"甲藻的分子数据十分有限。淡水种类在进化树的位置各不相同:

Cystodinium phaseolus/*Phytodinium* sp. 和海洋膝沟藻类（gonyaulacoid）相邻（Logares et al，2007）。前两种的序列几乎相同。*Gloeodinium montanum* 与其他甲藻没有任何亲缘关系（Logares et al，2007）。海洋不动甲藻 *Spiniferodinium galeiforme* 和 *S. palauense* 密切相关，包括在狭义裸甲藻（*Gymnodinium* s.s.）分支中（Horiguchi et al，2011）。初步的分子系统发育分析表明柄的结构有明显的进化趋势（见上文及图 4-2），但有柄的 *Halostylodinium* 和 *S. littorale* 在系统发育上没有密切的亲缘关系。如前所述，*Dinothrix paradoxa* 被划分在仅由"dinotoms"组成的分支中（*Durinskia baltica*、*D. capensis*、*Kryptoperidium foliaceum*、*Galeidinium rugatum*、*Peridinium quinquecorne* 和 *Peridiniopsis* spp.）。最近又发现了另一种 *Gymnodinium quadrilobatum*，它也在这个 dinotom 分支中（Horiguchi，未发表）。这些数据表明，在甲藻进化中，不动细胞占优势的类群已经独立进化了很多次。在每个谱系中，除了获得一个较长的不动细胞阶段外，还形成了特殊的细胞形态以适应环境。然而在"植甲藻"甲藻上特殊的附属物（如新月形或刺）并不明显，它们可能是用于防御藻类摄食者的。

4.10.6 总结

显然，"植甲藻"是多系群，而且在不同的谱系中独立进化了很多次。如前所述，"植甲藻目"是人为定义的，每个"植甲藻"类群的系统发育位置必须根据详细的形态学观察和分子系统发育研究进行重新评估。建议不再使用"植甲藻目"分类，并从甲藻分类系统中删除此目。

第 5 章 生物地理学

描述一个物种的(全球)分布需要对物种概念以及种内变异性有清楚的认知(如：Lundholm and Moestrup,2006)。物种鉴定的可靠性是一个重要的问题,尤其是对于难以区分的非常相似的形态种。此外,世界上大多数国家未开展对底栖甲藻的采样以研究其分布及特征。海洋浮游甲藻的分布被称为"纬度适应性"(Taylor,1987;Taylor et al,2008),即相同的形态学物种会出现在南北半球相似的气候带内。Taylor(2004)提出了一个假设："环境越严酷,原生动物就越具有世界性。"我们认为底栖潮间带生境就属于严酷的环境。一些适应寒冷的浮游甲藻物种,如极地甲藻 *Polarella glacialis*,具有两极分布的特点;其他海洋浮游生物,如有孔虫(foraminiferans)以及棕囊藻属(*Phaeocystis*),也具有两极分布的特点(Montresor et al,2003)。

就海洋底栖甲藻而言,该物种不像浮游甲藻那样容易移动,并且可能存在一些扩散障碍(Penna et al,2010),因此可以设想存在一些特有现象以及历史的生物地理模式。很遗憾,迄今为止人们对于海洋底栖甲藻在大多数生境中的存在以及丰度的有效数据掌握得很少,因此目前很难验证这一假设。一个难点在于沉积物以及附生植物中的物种分布可能非常零散,并且底栖生境的物种可能具有季节性(Hoppenrath,2000b;Hoppenrath et al,2007a)。沉积物类型(粒度)、化学环境、光照、波能是影响物种丰度及其组成的因素。Murray(2003)首次对沙居甲藻进行了有限的生物地理学聚类分析,发现了两个主要群落：(1)冷温带群落；(2)亚热带/热带群落。图 5-1 所示的更为全面的分析确认了第三个群落(Murray,未发表)：(A)砂质沉积物的亚热带/热带样点；(B)砂质沉积物的温带样点；(C)较大粒径沉积物的珊瑚礁样点。使用统计软件包 Primer 4.0 运行 Primer-Cluster,这是一种基于 Bray-Curtis 相似性系数的分层分类技术,该相似性系数利用组平均排序的存在/不存在转换数据进行计算(参见 Lee and Patterson,1998)。目前,已对世界上更多(但仍然只是少部分)海洋底栖生境进行了密集的取样,这些结果足以构成一个数据集,预计对目前真实的物种多样性能够作出良好的估测。

- 德国叙尔特岛：67 种(Hoppenrath,2000b 以及未发表)。
- 加拿大温哥华地区：52 种(Hoppenrath,未发表)。
- 意大利厄尔巴岛：90 种(Hoppenrath,未发表)。

- 法国康卡诺地区：78 种（Hoppenrath et al,未发表）。
- 澳大利亚布鲁姆：50 种（Murray et al,未发表）。
- 澳大利亚植物学湾：36 种（Murray,2003）。
- 日本：32 种（Tamura,2005）。
- 马来西亚：24 种（Mohammad-Noor et al,2007b）。
- 科威特：55 种（Al-Yamani and Saburova,2010）。

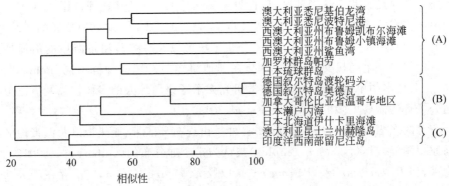

该树状图显示了全球 14 处底栖甲藻群落之间的 Bray—Curtis 相似性（%），主要为沙栖。分类信息是种类名录。可识别出 3 个主要的群落：(A)亚热带/热带地区砂质沉积物；(B)温带地区砂质沉积物；(C)珊瑚礁沉积物，粒径较大。用于分析的样本来自澳大利亚斯基伯龙湾与波特尼港（Murray,2003）、澳大利亚布鲁姆凯布尔海滩与布鲁姆小镇海滩（Murray et al,未发表）、澳大利亚昆士兰州赫隆岛（Murray,未发表）、西澳大利亚州鲨鱼湾（Al-Qassab et al,2002）、加罗林群岛帕劳（Horiguchi,未发表）、日本琉球群岛（日本热带）与伊什卡里海滩（北海道）（Horiguchi,未发表）、日本濑户内海（Ono et al,1999）、德国叙尔特岛（Hoppenrath,2000b）和印度洋西南部留尼汪岛（Turquet et al,1998）。

图 5-1 Primer 聚类分析（统计学软件包 Primer 4.0）

由于大多数样点的采样量仍然不足,对这些地点重新进行调查后物种数量将会增加。研究表明,为了使物种发现率达到饱和,全年需要在同一底栖沉积物生境中进行至少 30 次采样（Murray,2003）。随着研究的继续,将有可能确定物种分布的大范围生物地理模式,并调查本地种和与水团有关的特定物种等问题。

砂质沉积物中常见的一个物种是 *Ankistrodinium semilunatum*,它最有可能出现在世界各地的热带到温带之间的地区（Hoppenrath et al,2012a）。"*Katodinium*" *asymmetricum* 以及"*K.*" *glandulum* 也可能如此。关于物种记录的知识,在第 3 章中给出了所有物种的分布参考。有些物种仅从其原始描述中得知（如 *Amphidiniopsis galericulata*、*A. konovalovae*、*A. korewalensis*、*Amphidinium cupulatisquama*、*Bysmatrum arenicola*、*Cabra aremorica*、*Galeidinum rugatum*、*Prorocentrum bimaculatum*、*P. caribaeum*、*P. hoffmannianum*、*P. sipadanense*、*Pyramidodinium atrofuscum*）。这可以解释为特有分布,但更可能反映了以下 5 个问题：(1)最近的描

述;(2)与近似种相似,导致鉴定困难;(3)全球各生境采样不足;(4)偶尔出现,细胞数量非常少;(5)只有少数专家研究了特殊的生活史。

  Parsons 等(2012)总结了蛎甲藻属(*Ostreopsis*)以及冈比亚藻属(*Gambierdiscus*)的生物地理分布,现有数据或许能更好地帮助了解这两个属的生物地理分布,特别是这些属的物种鉴定仍然是一个主要问题。目前正在摸索自然样本中蛎甲藻属鉴定的方法,如使用属和种特异引物的基于 PCR 的分析(Battocchi et al,2010)。这两个属的种主要出现在热带和亚热带地区,但也见于温带水域,而且其地理范围仍在扩大,可能是由于研究的增加以及物种的扩散(Parsons et al,2012)。对蛎甲藻属的系统地理学研究发现 *Ostreopsis* cf. *ovata* 广泛分布于热带以及一些暖温带海域的沿海地区,并且可能代表一个随机交配群体,这与在其他海洋中发现的种群不同(Penna et al,2010)。对日本蛎甲藻属的系统地理学研究揭示了该属惊人的多样性以及广泛分布,但充分了解还需要更多的数据(Sato et al,2011)。

  有害的底栖原甲藻(*Prorocentrum*)种类出现在环热带、亚热带以及温带地区,但利马原甲藻复合体(*P. lima* complex)被认为是全球分布的(Glibert et al,2012)。一些物种,如 *P. belizeanum*,*P. concavum* 以及 *P. emarginatum*,广泛存在于大西洋、加勒比、印度洋以及太平洋(Glibert et al,2012,及其参考文献),但物种鉴定问题必须考虑(物种界定的不确定性)(Hoppenrath et al,2013a)。

  与通过显微镜观察或细胞分离、培养和分子技术或两者结合的方法描述底栖甲藻多样性的研究不同,Kohli 等(2013)通过传统条形码以及一种新的 cob 基因高通量测序方法对表层底栖甲藻进行了研究。所有在光学显微镜下观察到的属均被 cTEFP(cob 标签编码 FLX 454-焦磷酸测序)检测到。高的遗传多样性表明底栖生境中可能存在隐存种(Kohli et al,2013),类似结果在其他地方的研究中也发现了(Stern,2010)。在两个形态相似的前沟藻(*Amphidinium*)——*A. carterae* 与 *A. massartii* 中也发现了高的隐存多样性(Murray et al,2012)。尽管对高度相似的微生境进行了取样,但不同地点之间存在很大的多样性差异(Kohli et al,2013),支持中度的本地种模型(Foissner,2008)。这种环境 DNA 方法的发展将有助于今后对底栖甲藻的生物地理学认识。

第6章 生 态 学

底栖甲藻栖息于海洋沉积物的间隙(沙居),附生于大型藻类以及海草表面(phycophilic)、潮池以及浮游碎屑与珊瑚上。大多数底栖物种为沙栖,而非附生(只有约40种),这与Fraga等(2012)的结果不同。底栖甲藻的栖息地可以很广泛,如 *Bymatrum subsalsum* 是一种适应底栖(沙)、附生(大型藻类)以及浮游(潟湖红树林水域)的物种(Faust,1996),但大多数只记录于间隙或附生。人们对底栖甲藻的生态学知识掌握得非常有限,部分原因是难以对其进行计数。对大堡礁南部珊瑚礁沉积物中包括甲藻在内的底栖微藻的调查表明,它们分布广泛、数量丰富、生产力高,是珊瑚礁生态系统的重要组成部分(Heil et al,2004)。其现有生态生理学信息(如:生长速率、营养吸收与毒素产生)较少。Glibert 等(2012)对底栖原甲藻(*Prorocentrum*)进行了述评,Parsons 等(2012)对冈比亚藻属(*Gambierdiscus*)以及蛎甲藻属(*Ostreopsis*)进行了记录。寄生虫对宿主死亡率的作用尚不明确。仅对一种原甲藻 *P. fukuyoi* 进行了寄生虫感染的描述(Leander and Hoppenrath,2008)。

目前已知的189个底栖甲藻物种中有120种会进行光合作用。光合作用物种有可能适应低光照条件,因为间隙空间的光照可能比浮游栖息地更弱。另外,浅层热带珊瑚礁地点的附生物种可能会适应高光照(Fraga et al,2012)。许多物种可能是兼性营养型,因为在一些含有叶绿体的物种中观察到了食物泡。底栖甲藻包括具有硅藻内共生体的分类群,见4.8节。一些底栖甲藻具有来源隐藻的临时叶绿体,如 "*Amphidinium*" *poecilochroum*、"*A.*" *latum* 以及"*Gymnodinium*" *myriopyrenoides*。目前对异养与兼养物种的摄食模式知之甚少。经观察,光合的 *Bymatrum arenicola*(Horiguchi and Pienaar,1988a)以及 *Amphidinium poecilochroum*(Larsen,1988)具有柄。对已被整体摄食的硅藻的观察表明,*Ankistrodinium semilunatum*、"*Katodinium*" *glandulum* 以及环沟藻(*Gyrodinium* spec)有吞噬功能。

大多数底栖甲藻体积较小,而且有扁平的细胞(有时很明显)。它们可以背腹扁平(如一些前沟藻物种)、左右侧扁(如 *Planodinium*)、左右侧倾斜(如 *Sinophysis*)或前后扁平(如:一些冈比亚藻物种),有助于它们在间隙栖息地中的移动,也使它们更容易附着在表面上。另外,平坦的表面可以在寡营养的情况下增加营养物质的吸收,因为其表面积-体积比高于球形细胞(Fraga et al,2012)。这些细胞无边翅、刺或角等明显延伸组织。*Sinophysis*(属于 dinophysoid 甲藻,其细胞延伸结构非常复杂,如纵沟边翅与横沟边翅)只有纵沟边翅紧贴在细胞上。这些"光滑的"、通常扁平的细胞轮廓可以反映出其在间隙生境中的生存状况。如上文所述(见 4.1 节),几个底栖物种有覆盖(保护?)其顶孔的结构,这一特征在浮游类群中并不明显,这一形态特征的生态学意义尚不明确。

6.1 附着

一些底栖属/种具有附着在沉积物/底物表面的占优势的不动细胞生活史阶段(营养孢囊),见 4.10 节关于"Phytodiniales"的综述。这些属/种大多数情况下为分裂孢囊。其他类群可以通过柄附着。例如,当受到干扰时,前沟藻属的一些种能够非常有效地在毫秒级时间内用其后鞭毛附着到表面上(未发表)。已知一些类群可产生大量黏液,如一些原甲藻(如:慢原甲藻)、蛎甲藻属或 *Coolia* 的物种。Fraga 等(2012)讨论了 *O. lenticularis* 产生黏液的问题。细胞团可以生活在连续的不同形状的黏液囊内。这很可能是对底栖生境的保护性适应,如防止被波浪带走或在低潮时干涸。

6.2 生活史

关于大多数底栖甲藻物种生活史的信息很少,除了上文提到的"植甲藻目"、*Amphidinium* "*klebsii*"(Barlow and Triemer,1988; *A. steinii* 的其他名称)、消瘦伏尔甘藻(*Vulcanodinium rugosum*)(Zeng et al,2012)以及 *Ostreopsis* cf. *ovata*(Bravo et al, 2012)。消瘦伏尔甘藻有包括不动细胞在内的两种无性繁殖模式(Zeng et al, 2012),其生态学意义尚不明确。只有 *Amphidinium* "*klebsii*"(Barlow and Triemer,1988)、*Coolia monotis*(Faust,1992)以及 *Ostreopsis* cf. *ovata*(Bravo et al, 2012)存在有性生殖。作为有性生殖一部分的孢囊(浮游类群称为休眠孢囊)在底栖甲藻中尚不明确。Zinssmeister(个人通信)对 *Bysmatrum subsalsum* 培养物中的休眠孢囊进行了初步观察。施克里普藻(*Scrippsiella*)产生钙质休眠孢囊,但 *S. hexapraecingula* 并不产生。利马原甲藻(*Procentrum lima*)和 *P. foraminosum* 有休眠孢囊(Faust,1990b; Faust et al,1999),但这些发现有待验证(Hoppenrath et al,2013a)。*Ostreopsis* cf. *ovata* 的孢囊被认为是越冬阶段的形态(Bravo et al, 2012),在功能上相当于休眠孢囊。

6.3 潮池

底栖甲藻还生活在一个特殊的生境——潮池中。已知,有几个物种仅生活在潮池中: *Alexandrium hiranoi*、*Biecheleria natalensis*、*Bysmatrum gregarium*、*Dinothrix paradoxa*、*Durinskia capensis*、*Gymnodinium pyrenoidosum* 以及 *Scrippsiella hexapraecingula*。一些物种可以形成密集的水华,使水体变色。在潮池中,物种呈现出一个昼夜周期(垂直迁移),有底栖不动阶段(高潮时潮水入池前数小时下沉至底面)以及低潮时在水中游动的阶段。晚上它们附着在潮池底部时,细胞进行分裂;早晨游动细胞释放到水体(如 Horiguchi and Chihara,1988)。只出现在沙底潮池中的 *Bysmatrum arenicola* 表现出略微不同的行为,见 6.4 节。

6.4 垂直迁移

不仅潮池中的物种存在垂直迁移,"*Peridinium*" *quinquecorne* 和 *Bysmatrum subsalsum* 也存在该现象。浮游生物和沉积物样本中都发现了"*Peridinium*" *quinquecorne* (如 Horiguchi and Soto,1994;Murray,2003;Okolodkov and Gárate-Lizárraga,2006;Saburova et al,2009),在富营养化浅水水域形成水华(Horstmann,1980;Madariaga et al,1989;Trigueros et al,2000)。在强烈太阳辐射的潮汐到来时,它们会移到水体的上表层,并通过附着在底栖颗粒上而从水体中消失(Horstmann,1980)。该物种对潮汐变化以及辐射有反应(具有光反应的潮汐"时钟"),并有极高的游动速度(Horstmann,1980)。Faust (1996)记录了水体中密集的水华以及 *Bysmatrun subsalsum* 每天向海底垂直迁移的情况。

在沉积物中也发现了甲藻的垂直迁移。*Amphidinium herdmanii* 在潮滩中表现出强烈的潮汐迁移(Herdman,1921,1922)。此外,*Gymnodinium venator* (又称 *Amphidinium pellucidum*)在潮间带沙中迁移(Ganapati et al,1959)。在潮汐池的砂质沉积物发现了 *Bysmarum arenicola* 的垂直迁移,但从未出现在水体中(Horiguchi and Pienaar,1988a)。细胞在低潮时迁移到沙的表面;涨潮时,它们从沙面消失,向更深的沙里移动。这些垂直迁移在潮间带的,底栖原生生物(如硅藻)中也存在,其节奏似乎具有潮汐和昼夜性(如 Palmer and Round,1967)。Coelho 等(2011)评估了昼夜节律与环境控制可形成生物膜的底栖原生生物(未提及甲藻)行为的相对作用。

6.5 水华

潮池物种可以形成密集的水华,使水体变色(见图 6-1C,D)。根据 Faust(1996)的记录,*Bysmatrum subsalsum* 可以在浅海/潮水的浮游生物(水体)中形成密集的水华。Herdman(1921,1922,1924a,b)与 Dragesco(1965)调查了发生变色的沙地上的甲藻,描述了这些细胞聚集的节律性出现和消失以及物种在潮滩的空间分布。Faust(1995)调查了伯利兹变色砂中的种类。

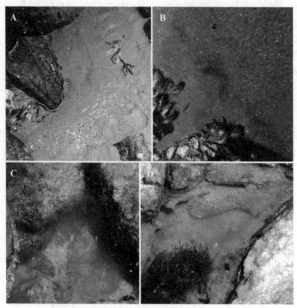

A—*Thecadinium kofoidii* 在潮湿的沙滩沉积物上的水华;B—*Bysmatrum arenicola*,潮池中沙子表面的变色情况;C—*Bysmatrum* sp. 水华,展示了典型的云状团;D—浓密的 *Bysmatrum gregarium* 水华,云状团变得模糊不清;典型潮池甲藻水华。

图6-1　底栖甲藻水华,可见于沉积物或水体变色的情况(见彩图45)

Fraga 等(2012)综述了影响形成水华的附生甲藻种群动态的主要因素,特别是蛎甲藻属以及冈比亚藻属。这些水华很特别,因为它们会产生有害毒素。影响底栖有害藻类水华(BHABs)的因素与影响浮游藻类水华的因素很不相同(Fraga et al,2012)。由于风和波浪强度、方向的每日变化,在开阔的海岸上,*Ostreopsis siamensis* 水华变化极大,持续时间很短(Shears and Ross,2009)。这些水华在没有波浪的地方最密集,海况平静导致水体分层以及表层水强烈的升温(Shears and Ross,2009)。Granéli 等(2011)证明,*Ostreopsis ovata* 在较高温度下生长更快,而在较低温度下记录的毒性最高。因此,在较高纬度、较低温度下引发的水华可能会产生较高的毒素水平,并对环境产生影响(Granéli et al,2011)。毒性增强的环境条件因种类而异,不能一概而论。Armi 等(2010)发现水温、盐度、特定营养浓度以及水动力状态与平静条件的交互作用可以解释 *Coolia monotis* 的水华。

风暴和气旋对珊瑚礁的干扰、沿海开发以及与水温升高有关的珊瑚白化(Hallegraeff,2010;Hoegh-Guldberg,1999)似乎增加了冈比亚藻的数量,因为一些研究发现白化的珊瑚与大型藻类比活珊瑚更适合冈比亚藻。由于冈比亚藻的生长与海水温度升高之间的正向关系(Tester et al,2010),政府间气候变化专门委员会(The Intergovernmental Panal on Climate Change)等预测,CFP中毒将变得更加普遍。如在基里巴斯,气温上升预计将使CFP中毒的发生率从1990年的35~70人/千人增加到2050年的160~430人/千人(Mimura et al,2007)。厄尔尼诺事件期间,太平洋岛屿表面温度升高,CFP中毒病例似乎有所增加(Hales et al,2001)。在底栖生境中造成有害藻华的物种主要附生在大型藻类上(Fraga et al,2012)。有害毒素的产生可能与这些物种的嗜藻生境有某种联系,但从未有过这类调查。底栖甲藻会产生大量不同的毒素以及生物活性化合物(见第7章)。

6.6 空间分布

Grzebyk等(1994)研究了冈比亚藻属、蛎甲藻属与原甲藻属在珊瑚礁中的空间分布。他们在死珊瑚上发现了所有物种的最高丰度。记录的某些红藻上有较高的细胞丰度,这表明物种间存在相互刺激作用。藻类分泌物可能具有特定的强烈影响,因此可能影响大型藻类的甲藻物种组成(Grzebyk et al,1994)。甲藻分类群和特定大型藻类物种的存在与丰度之间的相关性已被反复报道(如:Carlson and Tindall,1985;Heil et al,1998;Parsons and Preskitt,2007;Kim et al,2011)。相比之下,Okolodkov等(2007)未能展示底栖甲藻种类对大型植物基质的偏好,而且在韦拉克鲁斯礁区的死珊瑚碎片上也少有甲藻。Parsons和Preskitt(2007)报道了附生的形态偏好,如多为丝状藻泥或片状大叶片。Vandersea等(2012)首次证明同一生境中多种冈比亚藻共存,并出现在同一大型植物上。*Gambierdiscus toxicus*受到陆地径流的不利影响,倾向于避风平静的区域(Grzebyk et al,1994)。Herdman(1921,1922)首次描述了伊林港潮汐与海滩上沙栖物种的空间分布情况。Hoppenrath(2000b)调查了潮滩上温带沙栖物种的空间分布情况,并调查了海滩剖面中*Sabulodinium undulatum*的空间分布情况(Hoppenrath et al,2007a)。

6.7 时间分布

目前尚不清楚底栖甲藻的时间分布。一些研究涉及了附生类群的季节动态(如:Bagnis et al,1985a;Carlson and Tindall,1985;Turquet et al,1998;Vila et al,2001)。Okolodkov等(2007)记录了清晰的季节性种群动态。关于附生和沙栖类群,Larsen(1985)与Hoppenrath(2000b)记录了温带潮间带生境中发现的所有已查明的沙栖物种的季节性。Hoppenrath等(2007a)记录了*Sabulodinium undulatum*在不同地点的季节性。在温暖季节,德国潮间带微型底栖甲藻的细胞密度增加(Scholz and Liebezeit,2012)。

6.8 定量数据

目前已经获得了一些附生物种的定量数据(如:Carlson and Tindall,1985;Vila et al,2001;Aligizaki and Nikolaidis,2006;Okolodkov et al,2007;Parsons and Preskitt,2007;Shears and Ross,2009)。Mangialajo 等(2008)计算出 *Ostreopsis ovata* 在新鲜大型植物上的丰度为 2541×10^3 cells/g,Shears 和 Ross(2009)计算出 *Ostreopsis siamensis* 在新鲜大型植物上的丰度为 1400×10^3 cells/g,Carlson 和 Tindall(1985)计算出 *Coolia monotis* 在新鲜大型植物上的丰度为 1200×10^3 cells/g。大型植物上附生物种的细胞密度与周围水体中的细胞密度之间存在良好的相关性(Vila et al,2001;Aligizaki and Nikolaidis,2006;Mangialajo et al,2008)。对于底栖物种的定量非常困难,尤其是沙栖类群,因为不同的方法可能导致不同的结果,而且精确度和恢复率尚未得到充分调查。Faust(1995)发现沙中 *Bysmatrum subsalsum* 细胞数量为 $(1.8 \sim 2.6) \times 10^5$ cells/g。在德国北部瓦登海的砂质潮滩,Hoppenrath(2000b)记录到最多 1.5×10^7 cells/m^2 的甲藻细胞(调查深度为 5cm),平均细胞数量为 $(5 \sim 9) \times 10^6$ cells/m^2。

大多数底栖物种缺乏定量的、季节性的和空间分布的数据,阻碍了人们对其大范围生态习性的了解。可以预期,潮间带的沙栖物种能耐受较大的温度和盐度范围(广温性和广盐性),因为实地调查发现它们存在于这样的区域,然而,在实验室条件下尚未对此进行验证。与海洋浮游种类所处的地点相比,浅水潮间带生境的盐度和温度变化很快。特别是潮汐池,由于其相对暴露,因此发生蒸发,使环境因素发生了很大的变化。在德国北部瓦登海取样期间,沉积物温度为 $-1.6 \sim 22.5$℃(Hoppenrath,2000b),所有样品都有甲藻细胞。科威特的潮滩中暴露的沉积物表面温度可达 50℃[Saburova and Polikarpov(KISR),个人通信]。已发现许多海洋沙栖物种对高盐度具有耐受性,在盐度高达 67 的样品中都能发现这些物种(Al-Qassab et al,2002)。

到目前为止,还没有像浮游生物计数那样标准化的定量方法。用来估计附生物种以及沙栖物种细胞丰度的方法彼此差别很大,仍在发展中(见 2.6 节)。每种方法提取细胞的效率可能因物种和生境而异,目前尚不清楚。需要付出更多的努力以优化这些方法。不同研究中采用稍微不同或非常不同的方法获得的计数结果目前无法比较。

第 7 章 底栖甲藻毒素与底栖有害水华

7.1 简介

底栖甲藻产生大量不同的毒素以及生物活性化合物,其中一些种类导致底栖有害藻类水华(BHABs),包括很多属的至少30种,特别是膝沟藻类的冈比亚藻属、蛎甲藻属、*Coolia* 与亚历山大藻属、无甲类(如前沟藻属)以及原甲藻属与伏尔甘藻属。

全球报告最多的海产品非细菌性疾病为雪卡毒素中毒(CFP),每年有 50 000~500 000 例(Fleming et al,1998)。这是由冈比亚藻属种类产生的毒素积累造成的,冈比亚藻属种类在全球的热带以及温暖的亚热带底栖生境中普遍存在(范围现已扩大到温带的新南威尔士州)。长期接触 CFP 的人群症状可能很严重。这一综合征对太平洋、印度洋以及加勒比海的一些小岛屿国家和发展中国家造成了极大的影响,这些国家的居民可能把珊瑚礁鱼作为其饮食的主要部分。例如,新喀里多尼亚的研究估测了 35%~70%人口的 CFP 中毒终生发病率(Baumann et al,2010;Laurent et al,1992)。除了对这些国家的公共卫生造成影响外,CFP 中毒还可能阻碍渔业出口,而该产业往往对小岛屿国家具有重要的经济意义(Skinner et al,2011)。

CFP 中毒也可见于发达地区,如北美、澳大利亚和日本,最近也见于欧洲。1965—2010 年,澳大利亚已知病例超过 1400 例,其中包括两例死亡病例(Gillespie et al,1986;Hamilton et al,2010;Stewart et al,2010)。在过去 10 年中,有报道称,在马德拉和加那利群岛捕获的鱼类中可能首次出现了 CFP(Gouveia et al,2009;Perez-Arellano et al,2005;Kaufmann et al,2013),并在地中海发现了冈比亚藻属的物种(Aligizaki and Nikolaidis,2008;Holland et al,2013)。有人提出,冈比亚藻属可能正在亚热带水域扩大其活动范围(Aligizaki et al,2008a)。在美国,CFP 中毒是佛罗里达、夏威夷、波多黎各、关岛以及美属维尔京群岛等州和地区的地方病,发病率差异很大(Dickey and Plakas,2010)。在日本,已知在九州南部以及冲绳发生了多次 CFP 中毒事件,包括 2008 年在鹿儿岛发生的事件(Oshiro et al,2009,2011)。冈比亚藻种类分布广泛(Kuno et al,2010;Nishimura et al,2013)。在过去 10 年中,全球多个地区 BHABs 记录变得频繁。蛎甲藻属的物种被认为是广泛的 BHABs 产生水螅毒素(palytoxins,PTX)的原因,PTXs 是目前已知最强的毒素之一。PTXs 作为毒素气溶胶吸入后会引起呼吸道和其他健康问题,并对一些地中海国家的旅游业产生影响,最显著的是意大利和法国。与浮游物种产生的其他生物毒素类似,PTXs 也可在鱼类和贝类中积累。

虽然与 BHAB 事件的关联较少,其他几个属的底栖甲藻也会产生毒素,偶尔会导致鱼类死亡,损害正在生长的贝类,或在海产品中积累。其中许多物种,如产生冈田酸(OA)的原甲藻属,通常与亚热带或热带生境有关,而不是与温带生境有关。然而,一些产生冈田酸的种类,如利马原甲藻(*Prorocentrum lima*),是世界性的,常见于温带至热带生境。随着气候变化的影响在世界许多地区日益显现,这些物种的范围扩大和赤潮事件增多将是一个需要解决的重要问题(Hallegraeff,2010)。

最近,已经开发了新的方法监测导致 BHAB 的物种,包括基于定量实时 PCR 检测的方法。这些方法的优点是:对于使用光学显微镜很难识别的属,例如蛎甲藻属和冈比亚藻属,可以在分支水平上进行检测。包括针对 *Gambierdiscus belizeanus*、*G. caribaeus*、*G. carpenteri*、*G. carolinianus* 和 *G. ruetzleri* 核糖体序列的分析(Vandersea et al,2012)。此外,还开发了对 *Ostreopsis* cf. *ovata* 进行定量检测的方法(Perini et al,2011)。

7.2 冈比亚藻属

冈比亚藻属的物种产生强效神经毒素——雪卡毒素(Ciguatoxins,CTX)和刺尾鱼毒素(Maitotoxins,MTX)及其类似物(Yasumoto et al,1977;Yasumoto,2005)。在鱼和无脊椎动物体内累积的过程中,毒素可被修饰成毒性差异很大的同系物(Lehane and Lewis,2000),已知有 50 多种不同的 CTX 同系物(Yasumoto,2001)。CTX 类似物可以通过食物链累积,从在珊瑚礁上吃藻的小鱼到较大的捕食者(Yasumoto et al,1977),并导致食用这种鱼的人发生 CFP 中毒。MTX 是迄今为止发现的最大的非蛋白质、非多糖化合物。MTX 是否能在鱼类中蓄积还不清楚。有迹象表明,当鱼类暴露在足够数量的冈比亚藻属环境中时,这种毒素可能会累积(Kohli et al,2012)。MTX 在 CFP 中的作用尚不确定(Holmes and Lewis,1994),需要重新调查。

据报告,CFP 中毒患者表现出广泛且复杂的胃肠、心血管和神经症状(Friedman et al,2008,综述)。在对 3000 例 CFP 中毒病例(Bagnis et al,1985b,超过 87% 的病例)进行的一次述评中发现,神经症状包括四肢和口腔周围的感觉异常("发麻和针刺感")以及冷性异常痛(由于刺激而产生疼痛,通常没有疼痛),这些是最常见的症状。

此研究中发现关节痛以及肌痛也很常见(＞80％)，腹泻是最常见的胃肠症状(70％)(Bagnis et al,1979)。在极端病例中，一些病人可能死于呼吸衰竭(如 Hamilton et al,2010)。这些症状可持续数周、数月或在某些情况下持续数年(Baumann et al,2010；Stewart et al,2010)。如新喀里多尼亚的一项研究发现,34％的病例的症状持续时间超过一年(Baumann et al,2010)。随着时间的推移反复发生 CFP 中毒可能会导致更严重的症状以及更长时间的疾病(Bagnis et al,1979；Baumann et al,2010；Glaziou and Martin,1993；Glaziou and Legrand,1994；Lewis,1984)。

全球普遍存在 CFP 中毒的漏报和误诊。估计可能有 2％～10％的病例未向卫生当局报告(Friedman et al,2008；Skinner et al,2011)。

CFP 事件、特定鱼种与冈比亚藻的丰度和分布之间的关系十分复杂(Tester et al,2010)。在食草和食肉鱼类中都发现了毒素,据报告有 400 多种鱼类可能含有 CTXs/MTXs(Halstead,1978)。虽然人们认为较大的肉食性鱼类可能比较小的草食性鱼类更可能含有毒素(Oshiro et al,2011),但事实并非总是如此(Darius et al,2007),因此很难概括哪些鱼类可能有毒。此外,同一地点冈比亚藻的丰度与共存的鱼类中 CTX 毒性的存在以及时间之间的关系可能很复杂(Tester et al,2010)。

监测、预测和检测 CFP 中毒的一个主要障碍是单个的冈比亚藻与产生的特定毒素之间的联系仍不清楚。模式种有毒冈比亚藻(*Gambierdiscus toxicus*)最早于 1979 年被描述(Adachi et al,1979),直到 14 年前,仅知道 3 种。最近,人们认识到有毒冈比亚藻的模式描述可能包含了几个种,并且基于一个选模标本对有毒冈比亚藻进行了更狭义的重新描述(Litaker et al,2009)。目前,已重新鉴定了 11 种冈比亚藻(见第 3 章中 *Gambierdiscus* 属的内容)：*G. australes*、*G. belizeanus*、*G. caribaeus*、*G. carolinianus*、*G. carpenteri*、*G. pacificus*、*G. polynesiensis*、*G. ruetzleri*、*G. toxicus*、*G. yasumotoi* 和 *G. excentricus* (Chinain et al,1999；Faust,1995；Fraga et al,2011；Holmes,1998；Litaker et al,2010)。在基于分子序列的研究中也发现了几个未命名的"分支",并且还存在一些种内遗传多样性(Litaker et al,2009；Richlen et al,2008)。

由于对物种鉴定存在混淆,很难解释早期研究的结果,这些研究分析了冈比亚藻属培养物产生的毒素。发现在当时被确定为有毒冈比亚藻的培养物中产生的 CTXs 的数量比之前高 100 倍(Bomber et al,1989；Holmes et al,1990,1991；Sperr et al,1996)。然而,根据目前对冈比亚藻属的鉴定,这些藻株很可能代表了几个种。最近对基于冈比亚藻属最新分类确定的培养物进行了毒性研究,包括核糖体的遗传测序以及扫描电镜观察,这些研究列于表 7-1。几种冈比亚藻的毒性尚未评估。

表 7-1　通过遗传学或扫描电镜鉴定的与冈比亚藻属物种相关的已知毒素

毒素名称	冈比亚藻属物种和株系	产　　地	化合物类型	毒性研究	参　考　文　献
雪卡毒素（CTXs），刺尾鱼毒素（MTXs）	G. polynesiensis	法属波利尼西亚	CTXs, CTX-3C,-3B,-4A,-4B 及 M-seco-CTX-3C	CTXs 中 LC-MS 阳性，HPLC，MBA 阳性	Chinain et al,2010
	G. toxicus	法属波利尼西亚,越南,兰吉罗亚环礁	CTXs?, P-CTX-3C	CTXs 中 MBA 阴性；CTXs 中 RBA 阳性；CTXs 中 LC-MS 阳性；CTXs 中 LC-MS 阳性	Chinain et al,1999 Chinain et al,2010 Roeder et al,2010 Yogi et al,2011
	G. australes	法属波利尼西亚,库克岛,夏威夷	MTXs, CTXs?, 2,3-dihydroxy P-CTX-3C	CTXs 中 MBA 阳性；CTXs 中 LC-MS 阴性；MTXs 阳性；CTXs 中 LC-MS 阳性	Chinain et al,2010 Rhodes et al,2010a Kohli et al,2012 Nishimura et al,2013
	G. belizeanus	法属波利尼西亚	MTXs?, 2,3-dihydroxy P-CTX-3C	RBA 阳性；MTXs 中 HELA 阳性；CTXs 中 LC-MS 阳性	Chinain et al,2010 Holland et al,2013 Roeder et al,2010
	G. caribaeus	加勒比海地区	MTXs?	MTXs 中 HELA 阳性	Holland et al,2013
	G. carolinianus	北卡罗来纳州,佛罗里达州,波多黎各	MTXs?	MTXs 中 HELA 阳性	Holland et al,2013
	G. carpenteri	关岛,伯利兹,夏威夷	MTXs?	MTXs 中 HELA 阳性	Holland et al,2013
	G. ribotype 2	圣托马斯马提尼克岛	MTXs?	MTXs 中 HELA 阳性	Holland et al,2013
	G. ruetzleri	伯利兹,北卡罗来纳州	MTXs?	MTXs 中 HELA 阳性	Holland et al,2013
	G. excentricus	加那利群岛	CTXs, MTXs	CTXs 中与 MTXs 中 NCBA 阳性	Fraga et al,2011

注：LC-MS—液相色谱-质谱联用法，MBA—小鼠生物测定，RBA—受体结合测定，HELA—人红细胞裂解测定，NCBA—Neuro-2a 细胞结合测定。

7.3 蛎甲藻属

至少有 4 种蛎甲藻报道产生了水螅毒素类的强效毒素（PTXs，见表 7-2），包括 *O. siamensis*、*O. mascarenensis*、*O. ovata* 以及 *O. lenticularis*。然而，与冈比亚藻属一样，蛎甲藻属的物种鉴定也是困难的，而且物种概念随着时间的推移也发生了变化。因此，关于产毒素藻株的鉴定存在相当大的不确定性，根据核糖体序列已识别出几个未命名的分支（如：Sato et al, 2011; Penna et al, 2005）。Rhodes（2011）综述了蛎甲藻属物种在全球的分布。

表 7-2 通过遗传学或扫描电镜鉴定的与蛎甲藻属相关的已知毒素

毒素名称	蛎甲藻属物种和株系	产地	化合物类型	毒性研究	参考文献
水螅毒素（PTX）与其类似物蛎灰菌素 Ostreocin D, B	*O. siamensis* SOA1 株系	日本阿嘉岛，冲绳岛	复合多羟基化合物	细胞毒性和溶血性，LDso（ip），0.50 和 0.75 pg/kg-1；ICsO 对 P388 细胞, 0.2 和 2.5 pM, LC-MS	Usami et al, 1995 Ukena et al, 2001 Ciminiello et al, 2013
	O. cf. siamensis	地中海、阿尔梅里亚、西班牙和意大利表层底栖和水样	复合多羟基化合物	溶血活性分析法, LC-MS	Penna et al, 2005 Ciminiello et al, 2013
	O. siamensis	新西兰	复合多羟基化合物	小鼠毒性生物测定法	Rhodes et al, 2000, 2002
	O. lenticularis	维尔京群岛	复合多羟基化合物		Tindall et al, 1990
	O. cf. ovata	地中海、亚得里亚海、西班牙、意大利、马德拉和巴西表层底栖和水样	复合多羟基化合物	溶血活性分析法, LC-MS	Penna et al, 2005 Riobó et al, 2006 Honsell et al, 2013 Guerrini et al, 2010
	Ostreopsis sp.	日本九州岛	复合多羟基化合物		Sagara, 2008

续表

毒素名称	蛎甲藻属物种和株系	产地	化合物类型	毒性研究	参考文献
Ovatoxins-a, b, d/e, c, f	O. cf. ovata	意大利利古里亚,来自海水和大型藻类样本	PTX类似物	LC-MS	Ciminiello et al,2008 Honsell et al,2013 Honsell et al,2011 Guerrini et al,2010 Ciminiello et al,2010 Ciminiello et al,2012a Ciminiello et al,2012b
Mascareno-毒素	O. mascarenensis	印度洋西南部毛里求斯的海底生物	PTX类似物		Lenoir et al,2004
	O. cf. ovata	那不勒斯	PTX类似物		Rossi et al,2010

最近20余年在地中海暖温带海岸出现了蛎甲藻属物种的密集水华(Ciminello et al,2006;Gallitelli et al,2005;Tognetto et al,1995),这些都与人类吸入有毒气溶胶中毒事件有关(Ciminiello et al,2006)。2005年,在意大利西北部的一个地区,大约有200人曾在海滩上或附近的海滩上因出现鼻漏(流鼻涕)、咳嗽、发烧、支气管收缩、轻度呼吸困难和喘息等症状需要接受治疗。水样中的PTXs含量很高,水体和大型藻类上的蛎甲藻的浓度也很高,而其他生物毒素(或化学毒素)则不存在。该种产生PTXs已由水华地点分离的培养物证实(Ciminiello et al,2008)。意大利其他3个地区和地中海其他地区也报告了类似的小规模事件(Aligizaki et al,2008b;Ciminiello et al,2006;Gallitelli et al,2005;Majlesi et al,2008;Pfannkuchen et al,2012;Vila et al,2001,2012)。

此外,PTXs可能导致人类摄入鱼类和螃蟹而中毒(Aligizaki et al,2011;Onuma et al,1999;Sagara,2008;Taniyama et al,2003;Tubaru et al,2011)。实验研究表明,PTXs可在商业养殖的贝类中累积(Aligizaki et al,2008b;Rhodes et al,2002)。在野生的贝类中极少发现PTXs(Aligizaki et al,2008b),但是常规生物毒素筛查测试中并不涵盖这些化合物,因此,它们的出现可能被低估了。PTXs还通过接触皮肤伤口导致中毒,通常与家庭水族馆中的六放虫群体(zoanthid colonies)有关(Hoffmann et al,2008;Nordt et al,2011)。

蛎甲藻属还会导致缺氧或毒素传递,引起软体动物、腔肠动物和棘皮动物等其他海洋底栖生物的死亡(Shears et al,2009)。

考虑到它们的负面影响,正在研发监测蛎甲藻属物种的新方法,包括基于实时qPCR的方法(Perini et al,2011)。

7.4 库里亚藻属

库里亚藻属(*Coolia*)的毒性由 Nakajima 等(1981)首次报道。毒素 cooliatoxin 最初被认为是一种类似于虾夷扇贝毒素(yessotoxin,YTX)的物质,但在澳大利亚的一株藻中发现了这种毒素,该藻株最初定为 *Coolia monotis*(Holmes et al,1995)。然而最近有人质疑该种实际为热带库里亚藻(*Coolia tropicalis*),因为第七沟前板的长宽比可能符合热带库里亚藻的特征(见第 3 章 *Coolia tropicalis* 条目),和该种的描述接近(Laza-Martinez et al,2011;Mohammad-Noor et al,2013)。另外,Holmes 等(1995)分离的分子没有虾夷扇贝毒素的特征片段,因此很可能是未知的毒素。

Rhodes 等(2000)使用小鼠生物测定法报道新西兰一种库里亚藻属的有毒和无毒藻株。最初该种被鉴定为 *C. monotis*,然而,进一步的遗传研究确定产毒的新西兰藻株更接近 *C. malayensis*(Rhodes,私人通信)。在此,认为 *C. monotis* 和 *C. malayensis* 为同一个种。通过 LC-MS 分析,在西班牙、欧洲其他地区或地中海的 *C. monotis* 藻株中未检测到类似的虾夷扇贝毒素(Riobó et al,2003)。通过 LC-MS 和小鼠生物法对 *Coolia canariensis* 进行了毒素检测,发现其不产生毒素(Fraga et al,2008)。与库里亚藻属相关的已知毒素见表 7-3。

表 7-3 与库里亚藻属相关的已知毒素

毒素名称	库里亚藻属物种和株系	产地	化合物类型	毒性研究	参考文献
cooliatoxin	*C. tropicalis*	澳大利亚	单硫酸聚醚毒素	LC-MS	Holmes et al,1995 Mohammad-Noor et al,2013
未知	*C.cf.monotis*	日本		溶血活性分析法	Nakajima et al,1981
未知	*C. malayensis*	新西兰		小鼠毒性生物测定法	Rhodes et al,2000

7.5 原甲藻属

至少有 9 种原甲藻能产生冈田酸(OA)及其类似物鳍藻毒素(Dinophysis Toxins,DTXs),以及 borbotoxins 毒素、prorocentrolides 毒素和其他未鉴定的毒素(见表 7-4)。利马原甲藻(*Prorocentrum lima*)广泛分布于热带和温带地区。现已发现利马原甲藻的 3 个遗传分支,来自每一分支的藻株都能产生毒素(Nagahama et al,2011)。迄今测试的利马原甲藻的每种培养物都能产生不同数量的 OA 及其类似物(Bouaïcha et al,2001;Bravo et al,2001;Jackson et al,1993;Lee et al,1989;Morton and Tindall,1995;Murakami et al,1982;Rhodes and Syhre,1995)。长期接

触冈田酸可诱发肿瘤生长(Suganuma et al,1988)。

表 7-4　与原甲藻属相关的已知毒素

毒素名称	原甲藻属物种和株系	产　地	化合物类型	毒性研究	参考文献
冈田酸(OA)和类似物鳍藻毒素 Dinophysis Toxins（DTXs）1-6,二醇 OAs,甲基 OA,乙基 OA,7-脱氧 OA	*P. lima*	日本,印度洋西南部,新西兰,澳大利亚,加拿大	聚醚化合物	高效液相色谱(HPLC)	Murakami et al,1982 Lee et al,1989 Jackson et al,1993 Bravo et al,2001 Bouaïcha et al,2001 Rhodes and Syhre,1995 Morton and Tindall,1995 Hu et al,1992 Hu et al,1995a Suarez-Gomez et al,2001 Nascimento et al,2005 Fernandez et al,2003 Holmes et al,2001
	P. hoffmannianum				Aikman et al,1993
	"*P. maculosum*"				Zhou and Fritz,1994 Hu et al,1995b
	P. concavum	加勒比			Dickey et al,1990 Hu et al,1992
	P. belizeanum	伯利兹珊瑚上的附生植物			Morton et al,1998 Cruz et al,2006
	"*P. arenarium*"=*P. lima*	欧罗巴岛珊瑚礁生态系统（印度洋西南部）		细胞毒性,磷酸酶抑制试验阳性	Ten-Hage et al,2000b
	P. faustiae	澳大利亚苍鹭岛			Morton,1998
	P. rhathymum	马来西亚		细胞毒性,磷酸酶抑制试验阳性	Caillaud et al,2010
	P. rhathymum	美国佛罗里达湾			An et al,2010
	P. leve	伯利兹珊瑚礁漂浮碎石			Faust et al,2008

续表

毒素名称	原甲藻属物种和株系	产　地	化合物类型	毒性研究	参考文献
borbotoxins	*P. borbonicum*	印度洋西南部	极性速效毒素	MBA 毒性。不同症状对DSP 毒素的影响	Ten-Hage et al,2000b,2002
prorocentrolide	*P. lima*	日本			Torigoe et al,1988
	"*P.maculosum*"				Hu et al,1996
belizeanolide	"*P. belizeanum*"		大环内酯	细胞毒性	Napolitano et al,2009
belizeanic acid	"*P. belizeanum*"		OA 骨架简化形式		Cruz et al,2008
hoffimanniolide	*P. hoffmannianum*				Hu et al,1999
prorocentrin	*P. lima*				Lu et al,2005
未知毒素	*P. rhathymum*	澳大利亚塔斯马尼亚	没有进一步描述	牡蛎苗生长的组织病理学研究	Pearce et al,2005

原甲藻属的种仅与少数腹泻性贝毒中毒（Diarrhetic Shellfish Poisoning,DSP）事件有关（Foden et al,2005；Lawrence et al,2000；Levasseur et al,2003），DSP 与 OA 的量有关，而与之相比，浮游的 *Dinophysis* 的物种也会产生 OA。这在意料之外，因为实验表明原甲藻很容易被贝类摄入，导致 OA 在其体内积累（Bauder et al,2001）。此外，原甲藻属的种比较容易生长，可能是底栖生境中最丰富的种之一。由于该属的种主要为附生及底栖生境，这可能导致它们很少接触生长在水体中的贝类（MacKenzie et al,2011），也可能是 DSP 事件后对附生生境采样不足。在一次检查环境中毒素水平的研究中，MacKenzie 等（2011）在底栖生物中发现广泛存在的 OA，但在生长于同一栖息地的水体中的牡蛎（*Crassostrea gigas*）中没有观察到 OA 或 OA 酯（OA-esters）。在同一项研究中，在底栖无脊椎动物中发现了 OA，如海兔 *Bursatella leachii*（MacKenzie et al,2011）。

Prorocentrolide A 和 B 是有毒的大环内酯，含有一个环亚胺单元，分别从利马原甲藻和 *P. maculosum* 中分离得到（Hu et al,1996；Torigoe et al,1988）。小鼠生物测定发现这两种化合物都具有毒性，但其作用机制尚不清楚。此外，还从未知的原甲藻（*Prorocentrum* sp.）中分离到一种名为 Spiroprorocentrimine 的化合物（Lu et al,2001）。

7.6 前沟藻属

偶尔有报道称前沟藻属的种与 BHABs 相关(Lee et al,2003b)。然而,前沟藻属的种和藻株产生大量不同类型的生物活性化合物,其中一些有望发展成治疗剂(见表 7-5)。Lee 等(2003b)报道了可能因前沟藻而导致鱼类死亡的案例。由强壮前沟藻(*Amhidinium carterae*)基因型 2 株系产生的化合物 amphidinol 及其类似物(Murray et al,2012)在结构上与卡罗藻毒素(karlotoxin)相似,可能作为一种鱼毒素发挥作用(Place et al,2012)。

表 7-5　从前沟藻属的种和藻株中分离的生物活性化合物

毒素名称	从中分离化合物的前沟藻属株系	前沟藻属附生/产地	聚酮化合物类型	毒性研究	参考文献
卡比内酯 caribenolide I	*A. gibbosum* (S1-36-5)	自由游动细胞,美国维尔京群岛	大环内酯	人结肠癌细胞株 HCT 116 的强细胞毒作用	Bauer et al,1995a
iriomoteolides (1a-1c,3a,4a)	*Amphidinium* sp. HYA024	日本,底栖	大环内酯	人结肠癌细胞株 HCT 116 的强细胞毒作用	Tsuda et al,2007a Kobayashi,2008 Oguchi et al,2008a Oguchi et al,2008b Tsuda et al,2007b
两性霉素 amphidinols (1-17)	*A. carterae*	巴哈马	长链聚酮	抗真菌和溶血活性	Meng et al,2010
	A. carterae CAWD 57	新西兰,底栖			Echigoya et al,2005
	A. klebsii NIES 613	日本海藻表面			Morsy et al.,2005 Morsy et al,2006 Paul et al,1995 Paul et al,1997 Satake et al,1991
	Amphidinium sp.	中国		强细胞毒性	Huang et al,2004a,2004b
carteraol E	*A.carterae* AC021117009	中国台湾,海藻表面	长链聚酮	对黑曲霉有较强的鱼类毒性和抗真菌活性,但对癌细胞无细胞毒性	Huang et al,2009

续表

毒素名称	从中分离化合物的前沟藻属株系	前沟藻属附生/产地	聚酮化合物类型	毒性研究	参考文献
amphidino-ketides	*A. gibbosum* (S1-36-5)	自由游动细胞,美国维尔京群岛	长链聚酮	人结肠癌细胞株 HCT 116 的细胞毒作用	Bauer et al,1995b
未知	*A. carterae* CAWD 152	库克群岛,海藻(*Halimeda* sp.)表面	未知	粗提物对小鼠的毒性 i.p.注射	Rhodes et al,2010a

改编自 Murray 等(2012)。

7.7 亚历山大藻属

亚历山大藻属仅有一个种常见于底栖生境,作为其主要生活史阶段。在日本的潮池中发现了 *Alexandrium hiranoi*。它产生 Goniodomin A,一种具有抗真菌活性的大环内酯(Murakami et al,1988)(见表 7-6)。

表 7-6 与亚历山大藻属底栖物种相关的已知毒素

毒素名称	亚历山大藻属物种与株系	产地	化合物类型	毒性研究	参考文献
Goniodomin A	*A. hiranoi*	日本潮池	大环内酯	抗真菌活性	Murakami et al,1988 Murakami et al,1998.

7.8 伏尔甘藻属

在澳大利亚、新西兰、法国和挪威的贝类中很多年前就发现了江瑶毒素(Pinnatoxins,PnTx,见表 7-7),但含量较低(Rhodes et al,2010b;Hess et al,2013)。最近产生这些毒素的甲藻被发现(Rhodes et al,2010b),并被命名为伏尔甘藻属(Nézan and Chomérat,2011)。该属目前只有一个种——消瘦伏尔甘藻,它分布广泛,连同 PnTx 一起在日本和中国发现(Smith et al,2011;Zeng et al,2012)。

表 7-7 与伏尔甘藻属相关的已知毒素

毒素名称	伏尔甘藻属物种和株系	产地	化合物类型	毒性研究	参考文献
Pinnatoxins (PnTx)-E,-F	*V.cf. rugosum*	新西兰北岸			Rhodes et al,2010b Rhodes et al,2011

续表

毒素名称	伏尔甘藻属物种和株系	产地	化合物类型	毒性研究	参考文献
PnTx-E,-F,-G	*V. rugosum*	林肯港,澳大利亚,日本,中国,法国			Rhodes et al,2010b Smith et al,2011 Zeng et al,2012 Hess et al,2013

尽管该种数量丰富,但贝类 PnTx 水平相对较低。这很可能是因为该种不易与水体中的贝类接触,因为它的生活史以底栖不动细胞为主(MacKenzie et al,2011)。一项使用 SPATT 袋(MacKenzie et al,2004)直接观察红树林和海草生境中的毒素水平的研究发现,PnTx 类似物 PnTx-E 和 PnTx-F 含量丰富且持续存在,还检测到微量的其他聚醚化合物(Dinophysistoxin、pectenotoxin、spirolides)。然而长牡蛎(*C. gigas*)中的 PnTx 含量较低,仅为海底海兔(*Bursatella*)中含量的 8% 左右(分别为 200μg/kg 和 2580μg/kg,MacKenzie et al,2011),因此,人类摄入的风险相对较低(MacKenzie et al,2011)。

参 考 文 献

Abé T H. 1927. Report of the biological survey of Mutsu Bay. 3. Notes on the protozoan fauna of Mutsu Bay. I. Peridiniales. Science Reports of the Tohoku Imperial University, series 4, 2(4): 383-438.

Abé T H. 1981. Studies on the family Peridiniidae. An unfinished monograph of armoured Dinoflagellata. Publications Seto Marine Biological Laboratory Special Publication, series 6: 1-413.

Adachi R, Fukuyo Y. 1979. The thecal structure of a marine toxic dinoflagellate *Gambierdiscus toxicus* new-genus new-species collected in a ciguatera endemic area. Bulletin of the Japanese Society of Scientific Fisheries, 45: 67-71.

Aikman K E, Tindall D R, Morton S L. 1993. Physiology and potency of the dinoflagellate *Prorocentrum hoffmannianum* during one complete growth cycle. In: Smayda T, Shimizu Y. (Eds), Toxic Phytoplankton Blooms in the Sea. Amsterdam: Elsevier: 463-468.

Aligizaki K, Nikolaidis G. 2006. The presence of the potentially toxic genera *Ostreopsis* and *Coolia* (Dinophyceae) in the north Aegean Sea, Greece. Harmful Algae, 5: 717-730.

Aligizaki K, Nikolaidis G. 2008. Morphological identification of two tropical dinoflagellates of the genera *Gambierdiscus* and *Sinophysis* in the Mediterranean Sea. Journal of Biological Research-Thessaloniki, 9: 75-82.

Aligizaki K, Nikolaidis G, Fraga S. 2008a. Is *Gambierdiscus* expanding to new areas? Harmful Algae News, 36: 6-7.

Aligizaki K, Katikou P, Nikolaidis G, et al. 2008b. First episode of shellfish contamination by palytoxin-like compounds from *Ostreopsis* species (Aegean Sea, Greece). Toxicon, 51: 418-427.

Aligizaki K, Katikou P, Milandri A, et al. 2011. Occurrence of palytoxin-group toxins in seafood and future strategies to complement the present state of the art. Toxicon, 57: 390-399.

Aligizaki K, Nikolaidis G, Katikou P, et al. 2009. Potentially toxic epiphytic *Prorocentrum* (Dinophyceae) species in Greek coastal waters. Harmful Algae, 8: 299-311.

Al-Qassab S, Lee W J, Murray S, et al. 2002. Flagellates from stromatolites and surrounding sediments in Shark Bay, Western Australia. Acta Protozoologica, 41: 91-144.

Al-Yamani F Y, Saburova M A. 2010. Illustrated Guide on the Flagellates of Kuwait's intertidal Soft Sediments. Kuwait Institute for Scientific Research, Safat, Kuwait,1-197.

An T, Winshell J, Scorzetti G, et al. 2010. Identification of okadaic acid production in the marine dinoflagellate *Prorocentrum rhathymum* from Florida Bay. Toxicon, 55: 653-657.

Anderson D M, Alpermann T J, Cembella A D, et al. 2012. The globally distributed genus *Alexandrium*: Multifaceted roles in marine ecosystems and impacts on human health. Harmful Algae, 14: 10-35.

Anissimowa N W. 1926. Neue Peridineen aus den Salzgewässer von Staraja Russa (Gouv. Nowgorod). Russkii Gidrobiologicheskii Zhurnal, 5: 188-193.

Armi Z, Turki S, Trabelsi E, et al. 2010. First recorded proliferation of *Coolia monotis* (Meunier, 1919) in the North Lake of Tunis (Tunisia) correlation with environmental factors. Environmental Monitoring and Assessment, 164: 423-433.

Bagnis B, Bennett J, Prieur C, et al. 1985a. The dynamics of three toxic benthic dinoflagellates and the toxicity of ciguateric surgeonfish in French Polynesia. In: Anderson D M, White A W, Baden D G.(Eds). Toxic dinoflagellates. New York: Elsevier Science: 177-182.

Bagnis B, Bennett J, Prieur C, et al. 1985b. Clinical observations on 3009 cases of ciguatera (fish poisoning) in the South Pacific. The American Journal of Tropical Medicine and Hygiene, 28: 1067-1073.

Baillie K D. 1971. A taxonomic and ecological study of intertidal sand-dwelling dinoflagellates of the north eastern Pacific Ocean. MS thesis, University of British Columbia, Vancouver, 1-110.

Balech E. 1956. Étude des dinoflagellés du sable de Roscoff. Revue Algologique, 2: 29-52.

Balech E. 1959. Two new genera of dinoflagellates from California. The Biological Bulletin, 116: 195-203.

Balech E. 1980. On thecal morphology of dinoflagellates with special emphasis on circular and sulcal plates. Anales del Centro de Ciencias del Mar y Limnolologia. Universidad Nacional. Autónoma de Mexico, 7: 57-68.

Balech E. 1995. The genus *Alexandrium* Halim (Dinoflagellata). Sherkin Island Marine station, Sherkin Island, Co. Cork, Irland, 1-151.

Banaszak A T, Iglesias-Prieto R, Trench R K. 1993. *Scrippsiella velellae* sp. nov. (Peridiniales) and *Gloeodinium viscum* sp. nov. (Phytodiniales), dinoflagellate symbionts of two hydrozoans (Cnidaria). Journal of Phycology, 29: 517-528.

Barlow S B, Triemer R E. 1988. Alternate life history stages in *Amphidinium klebsii* (Dinophyceae, Pyrrhophyta). Phycologia, 27: 413-420.

Battocchi C, Totti C, Vila M, et al. 2010. Monitoring toxic microalgae *Ostreopsis* (dinoflagellate) species in coastal waters of the Mediterranean Sea using molecular PCR-based assay combined with light microscopy. Marine Pollution Bulletin, 60: 1074-1084.

Bauder A G, Cembella A D, Bricelj V M, et al. 2001. Uptake and fate of diarrhetic shellfish poisoning toxins from the dinoflagellate *Prorocentrum lima* in the bay scallop *Argopecten irradians*. Marine Ecology Progress Series, 213: 39-52.

Bauer I, Maranda L, Young K A, et al. 1995a. Isolation and structure of caribenolide-I, a highly potent antitumor macrolide from a cultured free-swimming Caribbean dinoflagellate, *Amphidinium* sp. S1-36-5. Journal of Organic Chemistry, 60: 1084-1086.

Bauer I, Maranda L, Young K A, et al. 1995b. The isolation and structures of unusual 1,4-polyketides from the dinoflagellate, *Amphidinium* sp. Tetrahedron Letters, 36: 991-994.

Baumann F, Bourrat M-B, Pauillac S. 2010. Prevalence, symptoms and chronicity of ciguatera in New Caledonia: results from an adult population survey conducted in Noumea during 2005. Toxicon, 56: 662-667.

Besada E G, Loeblich L A, Loeblich A R. III. 1982. Observations on Tropical, Benthic Dinoflagellates from Ciguatera-Endemic Areas: *Coolia*, *Gambierdiscus* and *Ostreopsis*. Bulletin of Marine Science, 32: 723-735.

Biecheler B. 1952. Recherches sur les Péridiniens. Bulletin Biologique de la France et de la Belgique, 36 (Suppl.): 1-149.

Blanco A V, Chapman G B. 1987. Ultrastructural features of the marine dinoflagellate *Amphidinium klebsi* (Dinophyceae). Transactions of the American Microscopical Society, 106: 201-213.

Bolch C J S, Campbell C N. 2004. Morphology and phylogenetic affinities of *Thecadinium foveolatum* sp. nov. (Dinophyceae: Thecadiniaceae), a new marine benthic dinoflagellate from the West of Scotland. European Journal of Phycology, 39: 351-362.

Bomber J W, Rubio M G, Norris D R. 1989. Epiphytism of dinoflagellates associated with the disease ciguatera: substrate specificity and nutrition. Phycologia, 28: 360-368.

Bouaïcha N, Chézeau A, Turquet J, et al. 2001. Morphological and toxicological variability of *Prorocentrum lima* clones isolated from four locations in the south-west Indian Ocean. Toxicon, 39: 1195-1202.

Bouquaheux F. 1971. *Gloeodinium marinum* nov. sp. Peridinien Dinocapsale. Archiv für Protistenkunde, 113: 314-321.

Bourrelly P. 1970. Les algues d'eau douce. Initiation à la systématique. Tome III: Les Algues bleues et rouges. Les Eugléniens, Péridiniens et Cryptomonadines. Boubée & Cie, Paris. 1-512, 5 figs, 138 plates.

Bravo I, Fernandez M L, Ramilo I, et al. 2001. Toxin composition of the toxic dinoflagellate *Prorocentrum lima* isolated from different locations along the Galician coast (NW Spain). Toxicon, 39: 1537-1545.

Bravo I, Vila M, Casabianca S, et al. 2012. Life cycle stages of the benthic palytoxin-producing dinoflagellate *Ostreopsis* cf. *ovata* (Dinophyceae). Harmful Algae, 18: 24-34.

Büschi. 1873. Einiges über Infusorien. Archiv für mikroskopische Anatomie, 9: 657-678.

Bursa A. 1963. Phytoplankton in coastal waters of the Arctic Ocean at Point Barrow, Alaska. Arctic, 16 (4): 239-262.

Bursa A S. 1970. *Dinamoebidium coloradense* spec. nov, *Katodinium auratum* spec. nov. in Como Creek, Boulder County, Colorado. Arctic and Alpine Research, 2: 145-151.

Cachon J, Cachon M, Bouquaheux F. 1965. *Stylodinium gastrophilum* Cachon, Péridinien Dinococcide parasite de Siphonophores. Bulletin de l'Institut oceanographique de Monaco, 1359: 1-8.

Caillaud A, Iglesia P de la, Campas M, et al. 2010. Evidence of okadaic acid production in a cultured strain of the marine dinoflagellate *Prorocentrum rhathymum* from Malaysia. Toxicon, 55: 633-637.

Calado A J. 2011. On the identity of the freshwater dinoflagellate *Glenodinium edax*, with a discussion on the genera *Tyrannodinium* and *Katodinium*, and the description of *Opisthoaulax* gen. nov. Phycologia, 50 (6): 641-649.

Calado A J, Moestrup Ø. 2005. On the freshwater dinoflagellates presently included in the genus *Amphidinium*, with a description of *Prosoaulax* gen. nov. Phycologia, 44: 112-119.

Calado A J, Craveiro S C, Daugbjerg N, et al. 2009. Description of *Tyrandinium* gen. nov., a freshwater dinoflagellate closely related to the marine *Pfiesteria*-like species. Journal of

Phycology, 45: 1195-1205.

Caljon A. 1983. New phytoflagellates from brackish water landlocked creeks in East Flanders (Belgium). Bulletin de la Socitété Royale de Botanique de Belgique, 116: 118-127.

Campbell P H. 1973. Studies on brackish water phytoplankton. Sea Grant Publication, UNC-SG-73-07, 1-403.

Carbonell-Moore M C. 2004. On the taxonomical position of *Lessardia* Saldarriaga et Taylor within the family Podolampadaceae Lindemann (Dinophyceae). Phycologial Research, 52: 340-345.

Carson R D. 1984. The distribution, periodicity, and culture of benthic/epiphytic dinoflagellates in a ciguatera endemic region of the Caribbean. PhD thesis, Southern Illinois University, Carbondale, 1-120.

Carlson R D, Tindall D R. 1985. Distribution and periodicity of toxic dinoflagellates in the Virgin Islands. In: Anderson D M, White A W, Baden D G.(Eds). Toxic dinoflagellates. New York: Elsevier: 171-176.

Carter N. 1937. New or interesting algae from brackish water. Archiv für Protistenkunde, 15: 1-68 and 8 plates.

Carty S, Cox E R. 1986. *Kansodinium* gen. nov, *Durinskia* gen. nov.: two genera of freshwater dinoflagellates (Pyrrhophyta). Phycologia, 25(2): 197-204.

Chang F H, Shimizu Y, Hay B, et al. 2000. Three recently recorded *Ostreopsis* spp. (Dinophyceae) in the New Zealand: temporal and regional distribution in the upper North Island from 1995 to 1997. New Zealand Journal of Marine and Freshwater Research, 34: 29-39.

Chesnick J M, Cox E R. 1985. Thecal plate tabulation and variation in *Peridinium balticum* (Pyrrhophyta: Peridiniales). Transactions American Microscopic Society, 104: 387-394.

Chinain M, Faust M A, Pauillac S. 1999. Morphology and molecular analyses of three toxic species of *Gambierdiscus* (Dinophyceae): *G. pacificus* sp. nov., *G. australes*, sp. nov, *G. polynesiensis*, sp. nov. Journal of Phycology, 35: 1282-1296.

Chinain M, Darius H T, Ung A, et al. 2010. Growth and toxin production in the ciguatera-causing dinoflagellate *Gambierdiscus polynesiensis* (Dinophyceae) in culture. Toxicon, 56: 739-750.

Chomérat N, Couté A. 2008. *Protoperidinium bolmonense* sp. nov. (Peridiniales, Dinophyceae), a small dinoflagellate from a brackish hypereutrophic lagoon (South of France). Phycologia, 47: 392-403.

Chomérat N, Nézan E. 2009. *Cabra reticulate* sp. nov. (Dinophyceae), a new sand-dwelling dinoflagellate from the Atlantic Ocean. European Journal of Phycology, 44: 415-423.

Chomérat N, Loir M, Nézan E. 2009. *Sinophysis verruculosa* sp. nov. (Dinophysiales, Dinophyceae), a new sand-dwelling dinoflagellate from South Brittany, northwestern France. Botanica Marina, 52: 69-79.

Chomérat N, Couté A, Nézan E. 2010a. Further investigations on the sand-dwelling genus *Cabra* (Dinophyceae, Peridiniales) in South Brittany (northwestern France), including the description of *C. aremorica* sp. nov. Marine Biodiversity, 40: 131-142.

Chomérat N, Sellos D Y, Zentz F, et al. 2010b. Morphology and molecular phylogeny of *Prorocentrum consutum* sp. nov. (Dinophyceae), a new benthic dinoflagellate from south

Brittany (northwestern France). Journal of Phycology, 46: 183-194.

Chomérat N, Saburova M, Bilien G, et al. 2012. *Prorocentrum bimaculatum* sp. nov. (Dinophyceae, Prorocentrales), a new benthic dinoflagellate species from Kuwait (Arabian Gulf). Journal of Phycology, 48: 211-221.

Chomérat N, Zentz F, Boulben S, et al. 2011. *Prorocentrum glenanicum* sp. nov, *Prorocentrum pseudopanamense* sp. nov. (Prorocentrales, Dinophyceae), two new benthic dinoflagellate species from South Brittany (northwestern France). Phycologia, 50(2): 202-214.

Cienkowski L. 1881. Otchet'o byelomorskoy ekskusii 1880 g. Sanktpeterburgskoe Obshchestvo Estestvoispytatelei, 12: 130-171.

Ciminiello P, Dell'Aversano C, Fattorusso E, et al. 2006. The Genoa 2005 outbreak. Determination of putative palytoxin in Mediterranean *Ostreopsis ovata* by a new liquid chromatography tandem mass spectrometry method. Analytical Chemistry, 78: 6153-6159.

Ciminiello P, Dell'Aversano C, Fattorusso E, et al. 2008. Putative palytoxin and its new analogue ovatoxin-a, in *Ostreopsis ovata* collected along the Ligurian coasts during the 2006 toxic outbreak. Journal of the American Society of Mass Spectrometry, 19: 111-120.

Ciminiello P, Dell'Aversano C, Dello lacovo E, et al. 2010. Complex palytoxin-like profile of *Ostreopsis ovata*. Identification of four new ovatoxins by high-resolution liquid chromatography/mass spectrometry. Rapid Communications in Mass Spectrometry, 24: 2735-2744.

Ciminiello P, Dell'Aversano C, Dello lacovo E, et al. 2012a. Isolation and structure elucidation of Ovatoxin-a, the major toxin produced by *Ostreopsis ovata*. Journal of the American Chemical Society, 134: 1869-1875.

Ciminiello P, Dell'Aversano C, Dello lacovo E, et al. 2012b. Unique toxin profile of a Mediterranean *Ostreopsis* cf. *ovata* strain. HR LC-MS^n characterization of ovatoxin-f, a new palytoxin congener. Chemical Research in Toxicology, 25: 1243-1252.

Ciminiello P, Dell'Aversano C, Dello lacovo E, et al. 2013. Investigation of toxin profile of Mediterranean and Atlantic strains of *Ostreopsis* cf. *siamensis* (Dinophyceae) by liquid chromatography-high resolution mass spectrometry. Harmful Algae, 23: 19-27.

Claparède E, Lachmann J. 1859. Études sur les Infusoires et les Rhizopodes. 2. Mémoires de l'Institut National Genevois, 6: 261-482.

Coelho H, Vieira S, Serodio J. 2011. Endogenous versus environmental control of vertical migration by intertidal benthic microalgae. European Journal of Phycology, 46: 271-281.

Conrad W. 1926. Recherches sur les flagellés de nos eaux saumâtres. l^e partie: Dinoflagellés. Archiv für Protistenkunde, 55: 63-100.

Conrad W, Kufferath H. 1954. Recherches sur les eaux saumâtres des environs de Lilloo. II. Mémoires de l'Institut Royal des Sciences Naturelles de Belgique, 127: 1-344.

Cortés-Altamirano R, Sierra-Beltrán A P. 2003. Morphology and taxonomy of *Prorocentrum mexicanum* and reinstatement of *Prorocentrum rhathymum* (Dinophyceae). Journal of Phycology, 39: 221-225.

Couté A. 2002. Biologie et microscopie électronique à balayage. Mémoires de la Société Entomologique de France, 6: 31-44.

Croome R L, Hallegraeff GM, Tyler P A. 1987. *Thecadiniopsis tasmanica* gen. et sp. nov. (Dinophyta: Thecadiniaceae) from Tasmanian freshwater. British phycological Journal, 22: 325-333.

Cruz P G, Fernandez J J, Norte M, et al. 2008. Belizeanic acid: A potent protein phosphatase 1 inhibitor belonging to the okadaic acid class, with an unusual skeleton. Chemistry a European Journal, 14: 6948-6956.

Cruz P G, Daranas A H, Fernandez J J, et al. 2006. DTX5c, a new OA sulphate ester derivative from cultures of *Prorocentrum belizeanum*. Toxicon, 47: 920-924.

Darius H T, Ponton D, Revel T, et al. 2007. Ciguatera risk assessment in two toxic sites of French Polynesia using the receptor-binding assay. Toxicon, 50: 612-626.

Daugbjerg N, Hansen G, Larsen J, et al. 2000. Phylogeny of some of the major genera of dinoflagelates based on ultrastructure and partial LSU rDNA sequence data, including the erection of three new genera of unarmoured dinoflagellates. Phycologia, 39: 302-317.

Dickey R W, Plakas S M. 2010. Ciguatera: a public health perspective. Toxicon, 56: 123-136.

Dickey R W, Bobzin S C, Faulkner D J, et al. 1990. Identification of okadaic acid from a Caribbean dinoflagellate *Prorocentrum concavum*. Toxicon, 28: 371-378.

Dodge J D. 1981. Three new generic names in the Dinophyceae: *Herdmania*, *Sclerodinium* and *Triadinium* to replace *Heteraulacus* and *Goniodoma*. British phycological Journal, 16: 273-280.

Dodge J D. 1982. Marine Dinoflagellates of the British Isles. London: Her Majesty's Stationary Office: 1-303.

Dodge J D. 1985. Atlas of dinoflagellates. London: Farrand Press: 1-119.

Dodge J D. 1989. Records of marine dinoflagellates from North Sutherland (Scotland). British phycological Journal, 24: 385-389.

Dodge J D, Crawford R M. 1969. The fine structure of *Gymnodinium fuscum*. New Phytologist, 68: 613-618.

Dodge J D, Lewis J. 1986. A further SEM study of armoured sand-dwelling marine dinoflagellates. Protistologica, 22: 221-230.

Dragesco J. 1965. Étude cytologique de quelques flagellés mésopsammiques. Cahiers de Biologie Marine, 6: 83-115.

Drebes G. 1974. Marines Phytoplankton-eine Auswahl der Helgoländer Planktonalgen (Diatomeen Peridineen). Georg Thieme Verlag Stuttgart, 1-186.

Echigoya R, Rhodes L, Oshima Y, et al. 2005. The structures of five new antifungal and hemolytic amphidinol analogs from *Amphidinium carterae* collected in New Zealand. Harmful Algae, 4: 383-389.

Ehrenberg C. 1834. Dritter Beitrag zur Erkenntniss grosser Organisation in der Richtung des kleinsten Raumes. Abhandlungen der Physikalisch-Mathematischen Klasse der Königlichen Akademie der Wissenschaften zu Berlin, 1833: 145-336.

Ehrenberg C. 1860. Über das Leuchten und über neue mikroskopische Leuchtthiere des Mittelmeeres. Königliche Preussische Akademie der Wissenschaften zu Berlin, Verhandlungen, Monatsberichte, 1859: 791-793.

Escalera L, Reguera B, Takishita K, et al. 2011. Cyanobacterial endosymbionts in the benthic dinoflagellate *Sinophysis canaliculata* (Dinophysiales, Dinophyceae). Protist, 162: 304-314.

Faust M A. 1990a. Morphologic details of six benthic species of *Prorocentrum* (Pyrrhophyta) from a mangrove island, Twin Cays, Belize, including two new species. Journal of Phycology, 26: 548-558.

Faust M A. 1990b. Cysts of *Prorocentrum marinum* (Dinophyceae) in floating detritus at Twin Cays, Belize mangrove habitats. In: Granéli et al.(Eds). Toxic marine phytoplankton. New York, Amsterdam, London: Elsevier: 138-143.

Faust M A. 1991. Morphology of ciguatera-causing *Prorocentrum lima* (Pyrrhophyta) from widely differing sites. Journal of Phycology, 27: 642-648.

Faust M A. 1992. Observations on the morphology and sexual reproduction of *Coolia monotis* (Dinophyceae). Journal of Phycology, 28: 94-104.

Faust M A. 1993a. Three new benthic species of *Prorocentrum* (Dinophyceae) from Twin Cays, Belize: *P. maculosum* sp. nov., *P. foraminosum* sp. nov, *P. formosum* sp. nov. Phycologia, 32: 410-418.

Faust M A. 1993b. *Prorocentrum belizeanum*, *Prorocentrum elegans*, and *Prorocentrum caribbaeum*, three new benthic species (Dinophyceae) from a mangrove island, Twin Cays, Belize. Journal of Phycology, 29: 100-107.

Faust M A. 1993c. Surface morphology of the marine dinoflagellate *Sinophysis microcephalus* (Dinophyceae) from a mangrove island, Twin Cays, Belize. Journal of Phycology, 29: 355-363.

Faust M A.1994. Three new benthic species of *Prorocentrum* (Dinophyceae) from Carrie Bow Cay, Belize: *P. sabulosum* sp. nov., *P. sculptile* sp. nov., and *P. arenarium* sp. nov. Journal of Phycology, 30: 755-763.

Faust M A. 1995. Observation of sand-dwelling toxic dinoflagellates (Dinophyceae) from widely differing sites, including two new species. Journal of Phycology, 31: 996-1003.

Faust M A. 1996. Morphology and ecology of the marine benthic dinoflagellate *Scrippsiella subsalsa* (Dinophyceae). Journal of Phycology, 32: 669-675.

Faust M A. 1997. Three new benthic species of *Prorocentrum* (Dinophyceae) from Belize: *P. norrisianum* sp. nov., *P. tropicalis* sp. nov., and *P. reticulatum* sp. nov. Journal of Phycology, 33: 851-858.

Faust M A. 1999. Three new *Ostreopsis* species (Dinophyceae): *O. marinus* sp. nov., *O. belizeanus* sp. nov., and *O. caribbeanus* sp. nov. Phycologia, 38: 92-99.

Faust M A. 2006. Creation of the subgenus *Testeria* Faust subgen. nov. *Protoperidinium* Bergh from the SW Atlantic Ocean: *Protoperidinium novella* sp. nov, *Protoperidinium concinna* sp. nov. Dinophyceae. Phycologia, 45: 1-9.

Faust M, Balech E. 1993. A further SEM study of marine benthic dinoflagellates from a mangrove island, Twin Cays, Belize, including *Plagiodinium belizeanum* gen. et sp. nov. Journal of Phycology, 29: 826-832.

Faust M A, Morton S L. 1995. Morphology and ecology of the marine dinoflagellate *Ostreopsis labens* sp. nov. (Dinophyceae). Journal of Phycology, 31: 456-463.

Faust M A, Steidinger K. 1995. Ecology of benthic dinoflagellates. In: Lassus P, Arzul G, Erard E, et al(Eds). Harmful Marine Algal Blooms. Paris: Lavoisier: 855-857.

Faust M A, Steidinger K. 1998. *Bysmatrum* gen. nov. (Dinophyceae) and three combinations for benthic scrippsielloid species. Phycologia, 37: 47-52.

Faust M A, Gulledge R A. 2002. Identifying harmful marine dinoflagellates. Smithsonian Institution, Contributions from the United States National Herbarium, 42: 1-144.

Faust M A, Morton S L, Quod J-P. 1996. Further SEM study of marine dinoflagellates: the genus *Ostreopsis* (Dinophyceae). Journal of Phycology, 32: 1053-1065.

Faust M A, Larsen J, Moestrup Ø. 1999. ICES identification leaflets for plankton. Leaflet no. 184. Potentially toxic phytoplankton. 3. Genus *Prorocentrum* (Dinophyceae). International Council for the exploitation of the sea, Copenhagen, Denmark, 1-24.

Faust M A, Vandersea M W, Kibler S R, et al. 2008. *Prorocentrum levis*, a new benthic species (Dinophyceae) from a mangrove island, Twin Cays, Belize. Journal of Phycology, 44: 232-240.

Fensome R A, Taylor F J R, Norris G, et al. 1993. A classification of living and fossil dinoflagellates. American Museum of Natural History, Micropaleontology Special Publication Number, 7: 1-351.

Fernandez J J, Suarez-Gomez B, Souto M L, et al. 2003. Identification of new okadaid acid derivatives from laboratory cultures of *Prorocentrum lima*. Journal of Natural Products, 66: 1294-1296.

Fleming L E, Baden D G, Bean J A, et al. 1998. Seafood toxin diseases: issues in epidemiology and community outreach. In: Reguera B, Blanco J, Fernandez M L, et al(Eds): Harmful Algae. Xuntade Galicia and Intergovernmental Oceanographic Commission of UNESCO, 245-248.

Flø Jørgensen M. 2002. A taxonomic study of species in the genus *Amphidinium* (Dinophyceae) MSc thesis, Department of Phycology, University of Copenhagen, 1-136.

Flø Jørgensen M, Murray S, Daugbjerg N. 2004a. *Amphidinium* revisited. I. Redefinition of *Amphidinium* (Dinophyceae) based on cladistic and molecular phylogenetic analyses. Journal of Phycology, 40: 351-365.

Flø Jørgensen M, Murray S, Daugbjerg N. 2004b. A new genus of athecate interstitial dinoflagellates, *Togula* gen. nov., previously encompassed within *Amphidinium* sensu lato: Inferred from light and electron microscopy and phylogenetic analyses of partial large subunit ribosomal DNA sequences. Phycologial Research, 52: 284-299.

Flø Jørgensen M, Murray S, Daugbjerg N. 2004c. Corrigendum to: *Amphidinium* revisited. I. Redefinition of *Amphidinium* (Dinophyceae) based on cladistic and molecular phylogenetic analyses. Journal of Phycology, 40: 1181.

Foden J, Purdie D A, Morris S, et al. 2005. Epiphytic abundance and toxicity of *Prorocentrum lima* populations in the Fleet Lagoon, UK. Harmful Algae, 4: 1063-1074.

Foissner W. 2008. Protist diversity and distribution: some basic considerations. Biodiversity and Conservation, 17: 235-242.

Fott B. 1957. Taxonomie drobnohledné flory nasich vod. Preslia, 29: 278-319.

Fraga S, Penna A, Bianconi I, et al. 2008. *Coolia canariensis* sp. nov. (Dinophyceae), a new nontoxic epiphytic benthic dinoflagellate from the Canary Islands. Journal of Phycology, 44: 1060-1070.

Fraga S, Rodríguez F, Bravo I, et al. 2012. Review of the main ecological features affecting benthic dinoflagellate blooms. Cryptogamie, Algologie, 33: 171-179.

Fraga S, Rodríguez F, Caillaud A, et al. 2011. *Gambierdiscus excentricus* sp. nov. (Dinophyceae), a benthic toxic dinoflagellate from the Canary Islands (NE Atlantic Ocean). Harmful Algae, 11: 10-22.

Friedman M A, Fleming L E, Fernandez M, et al. 2008. Ciguatera fish poisoning: treatment, prevention and management. Marine Drugs, 6: 456-479.

Fukuyo Y. 1981. Taxonomical study on benthic dinoflagellates collected in Coral Reefs. Bulletin of the Japanese Society for the Scientific Fisheries, 47: 967-978.

Gail G I. 1950. Manual for identification of the phytoplankton of the Sea of Japan. Transactions of the Pacific Research Institute for Fisheries and Oceanography, 33: 1-177. (In Russian)

Gallitelli M, Ungaro N, Addante L M, et al. 2005. Respiratory illness as a reaction to tropical algal blooms occurring in a temperate climate. Journal of the American Medical Association, 239 (21): 2599-2600.

Ganapati P N, Lakshmana Rao M V, Subba Rao D V. 1959. Tidal rhythms of some diatoms and dinoflagellates inhabiting the intertidal sands of the Visakhapatnam Beach. Current Science, 11: 450-451.

Gárate-Lizzáraga I, Martínez-López A. 1997. Primer registro de una marea roja de *Prorocentrum mexicanum* (Prorocentraceae) en el Golfo de California. Revista de Biologia Tropical, 45: 1263-1271.

Gillespie N C, Lewis R J, Pearn J H, et al. 1986. Ciguatera in Australia: Occurrence, clinical features, pathophysiology and management. Medical Journal of Australia, 145: 584-590.

Glaziou P, Martin P M V. 1993. Study of factors that influence the clinical response to ciguatera fish poisoning. Toxicon, 31: 1151-1154.

Glaziou P, Legrand A-M. 1994. The epidemiology of ciguatera fish poisoning. Toxicon, 32: 863-873.

Glibert P M, Burkholder J M, Kana T M. 2012. Recent insights about relationships between nutrient availability, forms, and stoichiometry, and the distribution, ecophysiology, and food web effects of pelagic and benthic *Prorocentrum* species. Harmful Algae, 14: 231-259.

Gómez F, Moreira D, López-Garcia P. 2009. Life cycle and molecular phylogeny of the dinoflagellates *Chytriodinium* and *Dissodinium*, ectoparasites of copepod eggs. European Journal of Protistology, 45: 260-270.

Gómez F, Moreira D, López-Garcia P. 2010. Molecular phylogeny of the dinoflagellates *Podolampas* and *Blepharocysta* (Peridiniales, Dinophyceae). Phycologia, 49: 212-220.

Gottschling M, Soehner S, Zinssmeister C, et al. 2012. Delimitation of the Thoracosphaeraceae (Dinophyceae). Including the calcareous dinoflagellates, based on large amounts of ribosomal RNA sequence data. Protist, 163: 15-24.

Gouveia N, Delgado J, Gouveia N, et al. 2009. Primeiro registo da ocorrência de episódios do tipo ciguatérico no arquipélago da Madeira. In: Abstract book of the X Reuniao Ibérica,

Fitoplancton Toxico e Biotoxinas, IPIMAR Lisbon, Portugal, 41.

Granéli E, Vidyarathna N K, Funari E, et al. 2011. Can increases in temperature stimulate blooms of the toxic benthic dinoflagellate *Ostreopsis ovata*? Harmful Algae, 10: 165-172.

Grell K G, Wohlfarth-Bottermann K E. 1957. Licht-und elektronenmikroskopische Untersuchungen an dem Dinoflagellaten *Amphidinium elegans* n. sp. Zeitschrift für Zellforschung, 47: 7-17.

Grzebyk D, Sako Y, Berland B. 1998. Phylogenetic analysis of nine species of *Prorocentrum* (Dinophyceae) inferred from 18S ribosomal DNA sequences, morphological comparisons, and description of *Prorocentrum panamensis*, sp. nov. Journal of Phycology, 34: 1055-1068.

Grzebyk D, Berland B, Thomassin B A, et al. 1994. Ecology of ciguateric dinoflagellates in the coral reef complex of Mayotte Island (S.W. Indian Ocean). Journal of Experimental Marine Biology and Ecology, 178: 51-66.

Guerrini F, Pezzolesi L, Feller A, et al. 2010. Comparative growth and toxin profile of cultured *Ostreopsis ovata* from the Tyrrhenian and Adriatic Seas. Toxicon, 55: 211-220.

Hales S, Weinstein P, Woodward A. 2001. Ciguatera (Fish poisoning), EI Niño and Pacific sea surface temperatures. Ecosystem Health, 5: 20-25.

Halim Y. 1960. *Alexandrium minutum* nov. g. nov. sp. dinoflagellé provocant des "eaux rouges". Vie et Milieu, 11: 102-105.

Hallegraeff G M. 2010. Ocean climate change, phytoplankton community responses, and harmful algal blooms: a formidable predictive challenge. Journal of Phycology, 46: 220-235.

Halstead B W. 1978. Poisonous and Venomous Marine Animals of the World. Princeton NJ: The Darwin Press: 1-1043.

Hamilton B, Whittle N, Shaw G, et al. 2010. Human fatality associated with ciguatoxin contaminated fish. Toxicon, 56: 668-673.

Hansen G, Larsen J. 1992. Dinoflagellater i danske farvande. In: Thomsen H.(Ed.) Plankton i de indre dankse farvande. Miljøstyrelsen, 11: 45-155.

Hansen G, Daugbjerg N. 2004. Ultrastructure of *Gyrodinium spirale*, the type species of *Gyrodinium* (Dinophyceae), including a phylogeny of *G. dominans*, *G. rubrum* and *G. spirale* deduced from partial LSU rDNA sequences. Protist, 155: 271-294.

Hansen G, Flaim G. 2007. Dinoflagellates of the Trentino Province, Italy. Journal of Limnology, 66: 107-141.

Hansen G, Daugbjerg N. 2011. *Moestrupia oblonga* gen. & comb. nov. (syn.: *Gyrodinium oblongum*), a new marine dinoflagellate genus characterized by light and electron microscopy, photosynthetic pigments and LSU rDNA sequence. Phycologia, 50: 583-599.

Hansen G, Moestrup Ø, Roberts K R. 2000. Light and electron microscopical observations on the type species of *Gymnodinium*, *G. fuscum* (Dinophyceae). Phycologia, 39: 365-376.

Hansen G, Turquet J, Quod J P, et al. 2001. Potentially harmful microalgae of the western Indian Ocean-a guide based on a preliminary survey. IOC Manuals and Guides, 41: 1-105.

Hara Y, Horiguchi T. 1982. A floristic study of the marine microalgae along the coast of the lzu Peninsula. Memoirs of the National Science Museum, 15: 100-110.(In Japanese with English abstract)

Heil C A, Bird P, Dennison W C. 1998. Macroalgal habitat preference of ciguatera dinoflagellates at Heron Island, a coral cay in the southeastern Great Barrier Reef, Australia. In: Reguera B,

Blanco J, Fernández M L, et al (Eds). Harmful Algae. Intergovernmental Oceanographic Commission of UNESCO, Xunta de Galicia, Vigo, 52-53.

Heil C A, Chaston K, Jones A, et al. 2004. Benthic microalgae in coral reef sediments of the southern Great Barrier Reef, Australia. Coral Reefs, 23: 336-343.

Herdman E C. 1921. Notes on dinoflagellates and other organisms causing discolouration of the sand at Port Erin. Proceedings and Transactions of the Liverpool Biological Society, 35: 59-63.

Herdman E C. 1922. Notes on dinoflagellates and other organisms causing discolouration of the sand at Port Erin. II. Proceedings and Transactions of the Liverpool Biological Society, 36: 15-30.

Herdman E C. 1924a. Notes on dinoflagellates and other organisms causing discolouration of the sand at Port Erin. III. Proceedings and Transactions of the Liverpool Biological Society, 38: 58-63.

Herdman E C. 1924b. Notes on dinoflagellates and other organisms causing discolouration of the sand at Port Erin. IV. Proceedings and Transactions of the Liverpool Biological Society, 38: 75-84.

Herdman W. 1911. On the occurrence of *Amphidinium operculatum* Clap. &. Lach. in vast quantities at Port Erin (Isle of Man). Journal of the Linnean Society Zoology, 32: 71-77.

Herdman W. 1912. The microscopic life of the beach. Proceedings and Transactions of the Liverpool Biological Society, 26: 46-57.

Herdman W. 1913. The minute life of the sea beach. Proceedings and Transactions of the Liverpool Biological Society, 27: 60-68.

Hernandez-Becerril D U. 1988. Observaciones de algunos dinoflagelados (Dinophyceae) del Pacifico mexicano con microscopios fotonico y electronico de barrido. Investigaciónes Pesqueras, 52 (4): 517-531.

Hernandez-Becerril D U, Almazán-Becerril A. 2004. Species of the genus *Gambierdiscus* (Dinophyceae) in the Mexican Caribbean Sea. Revista de Biología tropical, 52 (Suppl 1): 77-87.

Hess P, Abadie E, Hervé F, et al. 2013. Pinnatoxin G is responsible for atypical toxicity in mussels (*Mytilus galloprovincialis*) and clams (*Venerupis decussata*) from Ingril, a French Mediterranean lagoon. Toxicon, 75: 16-26.

Higa A, Kudo H, Iwataki M, et al. 2004. Ultrastructure and phylogeny of benthic dinoflagellates releasing *Amphidinium*-like swarmers. Japanese Journal of Phycology, 52 (Suppl): 201-207.

Hirose M, Reimer J D, Hidaka M, et al. 2008. Phylogenetic analyses of potentially free-living *Symbiodinium* spp. isolated from coral reef sand in Okinawa, Japan. Marine Biology, 155: 105-112.

Hoegh-Guldberg Ø. 1999. Climate change, coral bleaching and the future of the world's coral reefs. Journal of Marine and Freshwater Research, 50: 839-866.

Hoffmann K, Hermanns-Clausen M, Buhl C, et al. 2008. A case of palytoxin poisoning due to contact with zoanthid corals through skin injury. Toxicon, 51: 1535-1537.

Holland W C, Litaker R W, Tomas C R, et al. 2013. Differences in the toxicity of six *Gambierdiscus* (Dinophyceae) species measured using an in vitro human erythrocyte lysis assay. Toxicon, 65: 15-33.

Holmes M J. 1998. *Gambierdiscus yasumotoi* sp. nov. (Dinophyceae), a toxic benthic dinoflagellate from southeastern Asia. Journal of Phycology, 34: 661-668.

Holmes M J, Lewis R J. 1994. Purification and characterization of large and small maitotoxins from cultured *Gambierdiscus toxicus*. Natural Toxins, 2: 64-72.

Holmes M J, Lewis R J, Gillespie N C. 1990. Toxicity of Australian and French Polynesian strains of *Gambierdiscus toxicus* (Dinophyceae) grown in culture: characterization of a new type of maitotoxin. Toxicon, 28: 1159-1172.

Holmes M J, Lewis R J, Poli M A, et al. 1991. Strain dependent production of ciguatoxin precursors (gambiertoxins) by *Gambierdiscus toxicus* (Dinophyceae) in culture. Toxicon, 29: 761-775.

Holmes M J, Lewis R J, Sellin M, et al. 1994. The origin of ciguatera in Platypus Bay, Australia. Memoirs Queensland Museum Levine, D Z, 34: 505-512.

Holmes M J, Lewis R J, Jones A, et al. 1995. Cooliatoxin, the first toxin from *Coolia monotis* (Dinophyceae). Natural Toxins, 3: 355-362.

Holmes M J, Lee F C, Khoo H W, et al. 2001. Production of 7-deoxy-okadaic acid by a new caledonian strain of *Prorocentrum lima* (Dinophyceae). Journal of Phycology, 37: 280-288.

Honsell G, Bonifacio A, De Bortoli M, et al. 2013. New insights on cytological and metabolic features of *Ostreopsis* cf. *ovata* Fukuyo (Dinophyceae): a multidisciplinary approach. PLoS ONE, 8(2): e57291. DOI: 10.1371/journal.pone.0057291.

Honsell G, De Bortoli M, Boscolo S, et al. 2011. Harmful dinoflagellate *Ostreopsis* cf. *ovata* Fukuyo: detection of ovatoxins in field samples and cell immunolocalization using Antipalytoxin antibodies. Environmental Science and Technology, 45: 7051-7059.

Hoppenrath M. 2000a. A new marine sand-dwelling *Prorocentrum* species, *P. clipeus* sp. nov. (Dinophyceae, Prorocentrales) from Helgoland, German Bight, North Sea. European Journal of Protistology, 36: 29-33.

Hoppenrath M. 2000b. Taxonomische und ökologische Untersuchungen von Flagellaten mariner Sande. PhD thesis, University of Hamburg, 1-311.

Hoppenrath M. 2000c. An emended description of *Herdmania litoralis* Dodge (Dinophyceae) including the plate formula. Nova Hedwigia, 71: 481-489.

Hoppenrath M. 2000d. Morphology and taxonomy of *Sinophysis* (Dinophyceae, Dinophysiales) including two new marine sand-dwelling species from the North German Wadden Sea. European Journal of Phycology, 35: 153-162.

Hoppenrath M. 2000e. Morphology and taxonomy of the marine sand-dwelling genus *Thecadinium* (Dinophyceae), with the description of two new species from the North German Wadden Sea. Phycologia, 39: 96-108.

Hoppenrath M. 2000f. Morphology and taxonomy of six marine sand-dwelling *Amphidiniopsis* species (Dinophyceae), four of them new, from the German Bight, North Sea. Phycologia, 39: 482-497.

Hoppenrath M, Elbrächter M. 1998. *Roscoffia capitata* refound: notes on morphology and biology. Phycologia, 37: 450-457.

Hoppenrath M, Okolodkov Y B. 2000. *Amphidinium glabrum* sp. nov. (Dinophyceae) from the North German Wadden Sea and European Arctic sea ice: morphology, distribution and ecology. European Journal of Phycology, 35: 61-67.

Hoppenrath M, Selina M. 2006. *Pseudothecadinium campbellii* gen. et sp. nov. (Dinophyceae), a phototrophic, thecate, marine planktonic species found in the sea of Okhotsk, Russia. Phycologia, 45: 260-269.

Hoppenrath M, Leander B S. 2007a. Character evolution in polykrikoid dinoflagellates. Journal of Phycology, 43: 366-377.

Hoppenrath M, Leander B S. 2007b. Morphology and phylogeny of the pseudocolonial dinoflagellates *Polykrikos lebourae* and *Polykrikos herdmanae* n. sp. Protist, 158: 209-227.

Hoppenrath M, Leander B S. 2008. Morphology and molecular phylogeny of a new marine sand-dwelling *Prorocentrum* species, *P. tsawwassenense* (Dinophyceae, Prorocentrales), from British Columbia, Canada. Journal of Phycology, 44: 451-466.

Hoppenrath M, Leander B S. 2010. Dinoflagellates Phylogeny as Inferred from Heat Shock Protein 90 and Ribosomal Gene Sequences. PLoS ONE, 5, e13220. DOI: 10.1371/journal.pone.0013220.

Hoppenrath M, Schweikert M, Elbrächter M. 2003. Morphological reinvestigation and characterization of the marine, sand-dwelling dinoflagellate *Adenoides eludens* (Dinophyceae). European Journal of Phycology, 38: 385-394.

Hoppenrath M, Elbrächter M, Drebes G. 2009a. Marine phytoplankton-selected microphytoplankton species from the North Sea around Helgoland and Sylt. Kleine Senckenberg-Reihe 49, E. Schweizerbart'sche Verlagsbuchhandlung (Nägele & Obermiller) Stuttgart, 1-264.

Hoppenrath M, Koeman R P T, Leander B S. 2009b. Morphology and taxonomy of a new marine sand-dwelling *Amphidiniopsis* species (Dinophyceae, Peridiniales), *A. aculeata* sp. nov., from Cap Feret, France. Marine Biodiversity, 39: 1-7.

Hoppenrath M, Chomérat N, Leander B S. 2013b. Molecular phylogeny of *Sinophysis*: Evaluating the possible early evolutionary history of dinophysoid dinoflagellates. In: Lewis J M, Marret F, Bradley L (Eds). Biological and Geological Perspectives of Dinoflagellates. The Micropalaeontological Society, Special publications, Geological Society, London, 207-214.

Hoppenrath M, Yubuki N, Bachvaroff T R, et al. 2010. Re-classification of *Pheoploykrikos hartmannii* as *Polykrikos* (Dinophyceae) based partly on the ultrastructure of complex extrusomes. European Journal of Protistology, 46: 29-37.

Hoppenrath M, Murray S, Sparmann S F, et al. 2012a. Morphology and molecular phylogeny of *Ankistrodinium* gen. nov. (Dinophyceae), a new genus of marine sand-dwelling dinoflagellates formerly classified within *Amphidinium*. Journal of Phycology, 48: 1143-1152.

Hoppenrath M, Selina M, Yamaguchi A, et al. 2012b. Morphology and molecular phylogeny of *Amphidiniopsis rotundata* sp. nov. (Peridiniales, Dinophyceae), a benthic marine dinoflagellate. Phycologia, 51: 157-167.

Hoppenrath M, Saldarriaga J F, Schweikert M, et al. 2004. Description of *Thecadinium mucosum* sp. nov. (Dinophyceae), a new sand-dwelling marine dinoflagellate, and an emended description of *Thecadinium inclinatum* Balech. Journal of Phycology, 40: 946-961.

Hoppenrath M, Horiguchi T, Miyoshi Y, et al. 2007a. Taxonomy, phylogeny, biogeography and ecology of *Sabulodinium undulatum* (Dinophyceae), including an emended description of the species. Phycologial Research, 55: 159-175.

Hoppenrath M, Chomérat N, Horiguchi T, et al. 2013a. Taxonomy and phylogeny of the potentially toxic, benthic *Prorocentrum* species (Dinophyceae)-a proposal and review. Harmful Algae, 27: 1-28.

Hoppenrath M, Elbrächter M, Halliger H, et al. 2007b. First records of the benthic, bloom-forming, non-toxic dinoflagellate *Thecadinium yashimaense* (Dinophyceae) in Europe-with special emphasis on the invasion in the North Sea. Helgoland Marine Research, 61: 157-165.

Hoppenrath M, Bolch C J S, Yoshimatsu S, et al. 2005. Nomenclatural note on a *Thecadinium* species (Dinophyceae, Gonyaulacales), which was described as new independently three times within two months. Journal of Phycology, 41: 1284-1286.

Horiguchi T. 1983. Life history and taxonomy of benthic dinoflagellates (Pyrrhophyta). PhD thesis, University of Tsukuba, 1-142.

Horiguchi T. 1995. *Amphidiniella sedentaria* gen. et sp. nov. (Dinophyceae), a new sand-dwelling dinoflagellate from Japan. Phycologial Research, 43: 93-99.

Horiguchi T, Chihara M. 1983a. *Scrippsiella hexapraecingula* sp. nov. (Dinophyceae), a tide pool dinoflagellate from the Northwest Pacific. The Botanical Magazine Tokyo, 96: 351-358.

Horiguchi T, Chihara M. 1983b. *Stylodinium littorale*, a new marine dinococcalean alga (Pyrrhophyta). Phycologia, 22: 23-28.

Horiguchi T, Chihara M. 1987. *Spiniferodinium galeiforme*, a new genus and species of benthic dinoflagellates (Phytodiniales, Pyrrhophyta) from Japan. Phycologia, 26: 478-487.

Horiguchi T, Chihara M. 1988. Life cycle, behavior and morphology of a new tide pool dinoflagellate, *Gymnodinium pyrenoidosum* sp. nov. (Gymnodiniales, Pyrrhophyta). The Botanical Magazine Tokyo, 101: 255-265.

Horiguchi T, Pienaar R N. 1988a. Ultrastructure of a new sand-dwelling dinoflagellate *Scrippsiella arenicola* sp. nov. Journal of Phycology, 24: 426-438.

Horiguchi T, Pienaar R N. 1988b. A redescription of the tidal pool dinoflagellate *Peridinium gregarium* based on re-examination of the type material. British phycological Journal, 23: 33-39.

Horiguchi T, Pienaar R N. 1991. Ultrastructure of a marine dinoflagellate, *Peridinium quinquecorne* Abé (Peridiniales) from South Africa with particular reference to its chrysophyte endosymbiont. Botanica Marina, 34: 123-131.

Horiguchi T, Pienaar R N. 1992. *Amphidinium latum* (Dinophyceae), a sand-dwelling dinoflagellate feeding on cryptomonads. Japanese Journal of Phycology, 40: 353-363.

Horiguchi T, Pienaar R N. 1994a. *Gymnodinium natalense* sp. nov. (Dinophyceae), a new tide pool dinoflagellate from South Africa. Japanese Journal of Phycology, 42: 21-28.

Horiguchi T, Pienaar R N. 1994b. Ultrastructure and ontogeny of a new type of eyespot in dinoflagellates. Protoplasma, 179: 142-150.

Horiguchi T, Pienaar R N. 1994c. Ultrastructure of a new marine sand-dwelling dinoflagellate, *Gymnodinium quadrilobatum* sp. nov. (Dinophyceae) with special reference to its endosymbiotic alga. European Journal of Phycology, 29: 237-245.

Horiguchi T, Soto F B. 1994. On the identity of a red-tide dinoflagellate in Maribago Bay. Philippines. Bulletin of the Plankton Society of Japan, 14: 166-169.

Horiguchi T, Kubo F. 1997. *Roscoffia minor* sp. nov. (Peridiniales, Dinophyceae): a new sand-dwelling, armored dinoflagellate from Hokkaido, Japan. Phycologial Research, 45: 65-69.

Horiguchi T, Yoshizawa-Ebata J. 1998. Ultrastructure of *Stylodinium littorale* (Dinophyceae) with special reference to the stalk and apical stalk complex. Phycologial Research, 46: 205-211.

Horiguchi T, Pienaar R N. 2000. Validation of *Bysmatrum arenicola* Horiguchi et Pienaar, sp. nov. (Dinophyceae). Journal of Phycology, 36: 237.

Horiguchi T, Sukigara C. 2005. *Pyramidodinium atrofuscum* gen. et sp. nov. (Dinophyceae), a new marine sand-dwelling coccoid dinoflagellate from tropical waters. Phycologial Research, 53: 247-254.

Horiguchi T, Takano Y. 2006. Serial replacement of a diatom endosymbiont in the marine dinoflagellate *Peridinium quinquecorne* (Peridiniales, Dinophyceae). Phycologial Research, 54: 193-200.

Horiguchi T, Yoshizawa-Ebata J, Nakayama T. 2000. *Halostylodinium arenarium*, gen. et sp. nov. (Dinophyceae) a coccoid sand-dwelling dinoflagellate from subtropical Japan. Journal of Phycology, 36: 960-971.

Horiguchi T, Hayashi Y, Kudo H, et al. 2011. A new benthic dinoflagellate. *Spiniferodinium palauense* sp. nov. (Dinophyceae) from Palau. Phycologia, 50: 616-623.

Horiguchi T, Tamura M, Katsumata K, et al. 2012. *Testudodinium* gen. nov. (Dinophyceae), a new genus of sand-dwelling dinoflagellates formerly classified in the genus *Amphidinium*. Phycologial Research, 60: 137-149.

Horstmann U. 1980. Observations on the peculiar diurnal migration of a red tide Dinophyceae intropical shallow waters. Journal of Phycology, 16: 481-485.

Houpt P, Hoppenrath M. 2006. First record of the marine, benthic dinoflagellate *Spiniferodinium galeiforme* (Dinophyceae) from a temperate region. Phycologia, 45: 10-12.

Hu T, Curtis J M, Walter J A, et al. 1995a. Identification of DTX-4, a new water-soluble phosphatase inhibitor from the toxic dinoflagellate *Prorocentrum lima*. Journal of the Chemical Society, Chemical Communications, 5: 597-599.

Hu T, Curtis J M, Walter J A, et al. 1999. Hoffmanniolide: a novel macrolide from *Prorocentrum hoffmannianum*. Tetrahedron Letters, 40: 3977-3980.

Hu T, Curtis J M, Walter J A, et al. 1995b. Two new water-soluble DSP toxin derivatives from the dinolagellate *Prorocentrum maculosum*: possible storage and excretion products. Tetrahedron Letters, 36: 9273-9276.

Hu T, de Freitas A S W, Curtis J M, et al. 1996. Isolation and structure of prorocentrolide B, a fastacting toxin from *Prorocentrum maculosum*. Journal of Natural Products, 59: 1010-1014.

Hu T, Marr J, De Freitas A S W, et al. 1992. New diolesters (of okadaic acid) isolated from cultures of the dinoflagellates *P. lima* and *P. concavum*. Journal of Natural Products, 55: 1631-1637.

Huang L F, Guo F, Montani S, et al. 2001. Study on planktonic characteristics of marine benthic dinoflagellates. Marine Sciences, 25: 8-12.

Huang S J, Kuo C M, Lin Y C, et al. 2009. Carteraol E, a potent polyhydroxyl ichthyotoxin from the dinoflagellate *Amphidinium carterae*. Tetrahedron Letters, 50: 2512-2515.

Huang X C, Zhao D, Guo Y W, et al. 2004b. Lingshuiols A and B, two new polyhydroxy compounds from the Chinese marine dinoflagellate *Amphidinium* sp. Tetrahedron Letters, 45: 5501-5504.

Huang X C, Zhao D, Guo Y W, et al. 2004a. Lingshuiol, a novel polyhydroxyl compound with strongly cytotoxic activity from the marine dinoflagellate *Amphidinium* sp. Bioorganic & Medicinal Chemistry Letters, 14: 3117-3120.

Hulburt E M. 1957. The taxonomy of unarmoured Dinophyceae of shallow embayments on Cape Cod, Massachusetts. Biological Bulletin Marine Biological Laboratory Woods Hole, 112: 196-219.

Hulburt E M, McLaughlin J J A, Zahl P A. 1960. *Katodinium dorsalisulcum*, a new species of unarmoured Dinophyceae. Journal of Protozoology, 7: 323-326.

Ignatiades L, Gotsis-Skretas O. 2010. A review on toxic and harmful algae in Greek coastal waters (E. Mediterranean Sea). Toxins, 2: 1019-1037.

Imanian R, Rombert J F, Keeling P J. 2010. The Complete Plastid Genomes of the Two "Dinotoms" *Durinskia baltica* and *Kryptoperidinium foliaceum*. PLoS ONE, 5 (5): e10711. DOI: 10.1371/journal.pone.0010711.

Inagaki Y, Dacks J B, Doolittle W F, et al. 2000. Evolutionary relationship between dinoflagellates bearing obligate diatom endosymbionts: insight into tertiary endosymbiosis. International Journal of Systematic and Evolutionary Microbiology, 50: 2075-2081.

Inouye I, Pienaar R N. 1983. Observations on the life cycle and microanatomy of *Thoracosphaera heimii* (Dinophyceae) with special reference to its systematic position. South African Journal of Botany, 2: 63-75.

Ishikawa A, Kurashima A. 2010. Occurrence of the toxic benthic dinoflagellate *Gambierdiscus toxicus* in Ago Bay, central part of Japan. Bulletin of the Japanese Society of Fisheries Oceanography, 74: 13-19.

Ismael A A, Halim Y, Khalil A G N. 1999. Optimum growth condition for *Amphidinm carterae* Hulburt from eutrophic waters in Alexandria and its toxicity to the brine shrimp *Artemia salina*. Grana, 38: 179-185.

Iwataki M. 2008. Taxonomy and identification of the armored dinoflagellate genus *Heterocapsa* (Peridiniales, Dinophyceae). Plankton Benthos Research, 3: 135-142.

Jackson A E, Marr J C, McLachlan J L. 1993. The production of diarrhetic shellfish toxins by an isolate of *Prorocentrum lima* from Nova Scotia, Canada. In: Smayda T J, Shimizu Y. (Eds). Toxic Phytoplankton Blooms in the Sea. Elsevier, Canada, 513-518.

Jeong H J, Lim A S, Jang S H, et al. 2012b. First report of the epiphytic dinoflagellate *Gambierdiscus caribaeus* in the temperate waters off Jeju Island, Korea: morphology and molecular characterization. Journal of Eukaryotic Microbiology, 59: 637-650.

Jeong H J, Jang S H, Kang N S, et al. 2012a. Molecular characterization and morphology of the photosynthetic dinoflagellate *Bysmatrum caponii* from two solar saltons in western Korea. Ocean Science Journal, 47: 1-18.

Kaufmann M, Boehm-Beck M. 2013. *Gambierdiscus* and related benthic dinoflagellates from Madeira archipelago (NE Atlantic). Harmful Algae News, 47: 18-19.

Kim H S, Yih W, Kim J H, et al. 2011. Abundance of epiphytic dinoflagellates from coastal waters off Jeju Island, Korea during autumn 2009. Ocean Science Journal, 46: 205-209.

Kita T, Fukuyo Y. 1988. Description of the gonyaulacoid dinoflagellate *Alexandrium hiranoi* sp. nov. inhabiting tidepools on Japanese Pacific coast. Bulletin of Plankton Society of Japan, 35: 1-7.

Kita T, Fukuyo Y, Tokuda H, et al. 1985. Life history and ecology of *Goniodoma pseudogonyaulax* (Pyrrhophyta) in a rockpool. Bulletin of Marine Science, 37: 643-651.

Kita T, Fukuyo Y, Tokuda H, et al. 1993. Sexual reproduction of *Alexandrium hiranoi* (Dinophyceae). Bulletin Plankton Society Japan, 39: 79-85.

Klebs G. 1884. Ein kleiner Beitrag zur Kenntnis der Peridineen. Botanische Zeitung, 42: 737-752 (plus plates).

Klebs G. 1912. Über Flagellaten und algenähnliche Peridineen. Verhandlungen des naturhistorisch-medizinischen Vereins zu Heidelberg, N.F., 11: 369-451.

Kobayashi J. 2008. Amphidinolides and its related macrolides from marine dinoflagellates. Journal of Antibiotics, 61: 271-284.

Kofoid C A. 1907. Dinoflagellata of the San Diego region, III. Descriptions of new species. University of California Publications in Zoology, 3(13): 299-340.

Kofoid C A, Swezy O. 1921. The free-living unarmored dinoflagellata. Memoirs of the University of California, Vol. 5, University of California Press, Berkeley, California, 1-538.

Kofoid C A, Skogsberg T. 1928. The Dinoflagellata: the Dinophysoidea. Memoirs of the Museum of Comparative Zoology at Harvard College, 51: 1-766.

Kohli G S, Neilan B A, Brown M V, et al. 2013. *Cob* gene pyrosequencing enables characterization of benthic dinoflagellate diversity and biogeography. Environmental Microbiology. DOI: 10.1111/1462-2920.12275.

Kohli G S, Rhodes L, Harwood T, et al. 2012. A feeding study to probe the uptake of maitotoxin by snapper (*Pagrus auratus*). 15th International Conference on Harmful Algae, Gyeongnam, Korea, 79 (abstract).

Konovalova G V. 1998. Dinoflagellatae (Dinophyta) of the Far Eastern Seas of Russia and adjacent waters of the Pacific Ocean. Russia Academy of Sciences, Far Eastern Branch, Dalnauka, Vladivostok, 1-297.

Konovalova G V, Selina M S. 2010. Dinophyta. In: Adrianov A V. (Ed.). Biota of the Russian waters of the Sea of Japan, 8, Dalnauka, Vladivostok, 1-351.

Koray T. 2001. Türkiye Denizleri Fitoplankton Türleri Kontrol Listesi. E.U. Journal of Fisheries and Aquatic Sciences, 18: 1-23.

Kuno S, Kamikawa R, Yoshimatsu S, et al. 2010. Genetic diversity of *Gambierdiscus* spp. (Gonyaulacales, Dinophyceae) in Japanese coastal areas. Phycologial Research, 58: 44-52.

LaJeunesse T C, Parkinson J E, Reimer J D. 2012. A genetics-based description of *Symbiodinium minutum* sp. nov, *S. psygmophilum* sp. nov. (Dinophyceae), two dinoflagellates symbiotic with cnidaria. Journal of Phycology, 48: 1380-1391.

Larsen J. 1985. Algal studies of the Danish Wadden Sea. II. A taxonomic study of psammobious dinoflagellates. Opera Botanica, 79: 14-37.

Larsen J. 1988. An ultrastructural study of *Amphidinium poecilochroum* (Dinophyceae), a phagotrophic dinoflagellate feeding on small species of cryptophytes. Phycologia, 27: 366-377.

Larsen J, Patterson D J. 1990. Some flagellates (Protista) from tropical marine sediments. Journal of Natural History, 24: 801-937.

Larsen J, Nguyen-Ngoc L. 2004. Potentially toxic microalgae of Vietnamese waters. Opera Botanica, 140: 5-133.

Laurent D, Joannot P, Amade P, et al. 1992. Knowledge on ciguatera in Noumea (New Caledonia). In: Fourth International Conference on Ciguatera Fish Poisoning, Tahiti, French Polynesia, Volume 85: 520.

Lawrence J E, Grant J, Quilliam M A, et al. 2000. Colonization and growth of the toxic dinoflagellate *Prorocentrum lima* and associated fouling macroalgae on mussels in suspended culture. Marine Ecology Progress Series, 201: 147-154.

Laza-Martínez A, Orive E, Irati M. 2011. Morphological and genetic characterization of benthic dinoflagellates of the genera *Coolia*, *Ostreopsis* and *Prorocentrum* from southeastern Bay of Biscay. European Journal of Phycology, 46: 45-65.

Leander B S, Hoppenrath M. 2008. Ultrastructure of a novel tube-forming, intracellular parasite of dinoflagellates: *Parvilucifera prorocentri* sp. nov. (Alveolata, Myzozoa). European Journal of Protistology, 44: 55-70.

Leaw C-P, Lim P-T, Cheng K-W, et al. 2010. Morphology and molecular characterization of a new species of thecate benthic dinoflagellate, *Coolia malayensis* sp. nov. (Dinophyceae). Journal of Phycology, 46: 162-171.

Leaw C-P, Lim P-T, Tan T-H, et al. 2011. First report of the benthic dinoflagellate, *Gambierdiscus belizeanus* (Gonyaulacales: Dinophyceae) for the east coast of Sabah, Malaysian Borneo. Phycologial Research, 59: 143-146.

Lebour M. 1925. The dinoflagellates of northern seas. Marine Biological Association of the UK, Plymouth, 1-235.

Lee J, Igarashi T, Fraga S, et al. 1989. Determination of diarrhetic shellfish toxins in various dinoflagellate species. Journal of Applied Phycology, 1: 147-152.

Lee J J, Olea R, Cevasco M, et al. 2003a. A marine dinoflagellate. *Amphidinm eilatiensis* n. sp., from the benthos of a mariculture sedimentation pond in Eilat, Israel. Journal of Eukaryotic Microbiology, 50(6): 439-448.

Lee J J, Shpigel M, Freeman S, et al. 2003b. Physiological ecology and possible control strategy of a toxic marine dinoflagellate, *Amphidinium* sp., from the benthos of a mariculture pond. Aquaculture, 217: 351-371.

Lee R E. 1977. Saprophytic and phagocytic isolates of the colourless heterotrophic dinoflagellate *Gyrodinium lebouriae* Herdman. Journal of Marine Biological Association of the United Kingdom, 57: 303-315.

Lee W J, Patterson D J. 1998. Diversity and geographic distribution of free-living heterotrophic flagellates-analysis by PRIMER. Protist, 149: 229-244.

Lee W J, Patterson D J. 2002a. Abundance and biomass of heterotrophic flagellates, and factors controlling their abundance and distribution in sediments of Botany Bay. Microbial Ecology, 43: 467-481.

Lee W J, Patterson D J. 2002b. Optimising the extraction of bacteria, heterotrophic protists and diatoms, and estimating their abundance and biomass from intertidal sandy sediments. Journal of the Korean Society of Oceanography, 37: 58-65.

Lehane L, Lewis R J. 2000. Ciguatera: recent advances but the risk remains. International Journal of Food Microbiology, 61: 91-125.

Lemmermann E. 1910. III. Klasse. Peridiniales. Kryptogamenflora der Mark Brandenburg und angrenzender Gebiete III Algen I. Gebrüder Bornträger, Leipzig, 563-712.

Lenoir S, Ten-Hage L, Turquet J, et al. 2004. First evidence of palytoxin analogues from an *Ostreopsis mascarenensis* (Dinophyceae) benthic bloom in southwestern Indian Ocean. Journal of Phycology, 40: 1042-1051.

Levander K M. 1894. Materialien zur Kenntnis der Wasserfauna in der Umgebung von Helsingfors, mit besonderer Berücksichtigung der Meeresfauna I. Protozoa. Acta Societatis pro Fauna et Flora Fennica, 12: 1-115.

Levasseur M, Couture J Y, Weise A M, et al. 2003. Pelagic and epiphytic summer distributions of *Prorocentrum lima* and *P. mexicanum* at two mussel farms in the Gulf of St. Lawrence, Canada. Aquatic Microbial Ecology, 30: 283-293.

Lewis N D. 1984. Ciguatera in the Pacific: Incidence and implications for marine resource development. In: Ragelis E P. (Ed.). Seafood Toxins. American Chemical Society. Washington, DC: ACS Symposium, 262: 289-305.

Litaker R W, Tester P A, Colorni A, et al. 1999. The phylogenetic relationship of *Pfiesteria piscicida*, cryptoperidiniopsid sp., *Amyloodinium ocellatum* and a *Pfesteria*-like dinoflagellate to other dinoflagellates and apicomplexans. Journal of Phycology, 35: 1379-1389.

Litaker R W, Vandersea M W, Faust M A, et al. 2009. Taxonomy of *Gambierdiscus* including four new species, *Gambierdiscus caribaeus*, *Gambierdiscus carolinianus*, *Gambierdiscus carpenteri* and *Gambierdiscus ruetzleri* (Gonyaulacales, Dinophyceae). Phycologia, 48: 344-390.

Litaker R W, Vandersea M W, Faust M A, et al. 2010. Global distribution of ciguatera causing dinoflagellates in the genus *Gambierdiscus*. Toxicon, 56: 711-730.

Loeblich III A R. 1965. Dinoflagellate nomenclature. Taxon, 14: 15-18.

Loeblich III A R, Sherley J L, Schmidt R J. 1979a. The correct position of flagellar insertion in *Prorocentrum* and description of *Prorocentrum rhathymum* sp. nov. (Pyrrhophyta). Journal of Plankton Research, 1: 113-120.

Loeblich III A R, Sherley J L, Schmidt R J. 1979b. Redescription of the thecal tabulation of *Scrippsiella gregaria* (Lombard and Capon) comb. nov. (Pyrrhophyta) with light and scanning electron microscopy. Proceedings Biological Society Washington, 92: 45-50.

Logares R, Shalchian-Tabrizi K, Boltovskoy A, et al. 2007. Extensive dinoflagellates phylogenies indicate infrequent marine-freshwater transitions. Molecuar Phylogenetics and Evolution, 45:

887-903.

Lombard E H, Capon B. 1971. *Peridinium gregarium*, a new species of dinoflagellate. Journal of Phycology, 7: 184-187.

Lu C-K, Lee G-H, Huang R, et al. 2001. Spiro-prorocentrimine, a novel macrocyclic lactone from a benthic *Prorocentrum* sp. of Taiwan. Tetrahedron Letters, 42: 1713-1716.

Lu C-K, Chou H-N, Lee C K, et al. 2005. Prorocentin, a new polyketide from the marine dinoflagellate *Prorocentrum lima*. Organic Letters, 7(18): 3893-3896.

Lundholm N, Moestrup Ø. 2006. The biogeography of harmful algae. In: Granelli E, Turner J T (Eds). Ecology of harmful algae. Ecological Studies, 189: 23-35.

MacKenzie L, Beuzenberg V, Holland P, et al. 2004. Solid phase adsorption toxin tracking (SPATT): a new monitoring tool that simulates the biotoxin contamination of filter feeding bivalves. Toxicon, 44: 901-918.

MacKenzie L A, Selwood A I, McNabb P, et al. 2011. Benthic dinoflagellate toxins in two warm-temperate estuaries: Rangaunu and Parengarenga Harbours, Northland, New Zealand. Harmful Algae, 10: 559-566.

Madariaga I de, Orive E, Boalch G T. 1989. Primary production in the Gernika estuary during a summer bloom of the dinoflagellate *Peridinium quinquecome* Abé. Botanica Marina, 32: 159-165.

Majlesi N, Su M K, Chan G M, et al. 2008. A case of inhalational exposure to palytoxin. Clinical Toxicology, 46(7): 637.

Mangialajo L, Bertolotto R, Cattaneo-Vietti R, et al. 2008. The toxic benthic dinoflagellate *Ostreopsis ovata*: quantification of proliferation along the coastline of Genoa, Italy. Marine Pollution Bulletin, 56: 1209-1214.

Maranda L, Shimizu Y. 1996. *Amphidinium operculatum* var. nov. *gibbosum* (Dinophyceae), a free-living marine species producing cytotoxic metabolites. Journal of Phycology, 32: 873-879.

Maranda L, Chan C, Martin C. 1999. *Prorocentrum lima* (Dinophyceae) in waters of the great south channel near Georges Bank. Journal of Phycology, 35: 1158-1161.

Margalef R. 1997. Red Tides and ciguatera as successful ways in the evolution and survival of an admirable old phylum. In: Reguera B, Blanco J, Fernández M L, et al. (Eds). Harmful Algae Proceedings of the VIII International Conference on Harmful Algae Vigo. Spain, 25-27 June 1997. Xunta de Galicia and Intergovernmental Oceanographic Commission of UNESCO, 1998, Santiago de Compostela, 3-7.

Marshall H G. 1980. Seasonal phytoplankton composition in the lower Chesapeake Bay and Old Plantation Creek, Cape Charles, Virginia. Estuaries, 3: 207-216.

Marr J C, Jackson A E, MeLachlan J L. 1992. Occurrence of *Prorocentrum lima*, a DSP toxin-producing species from the Atlantic coast of Canada. Joural of Applied Phycology, 4: 17-24.

Massart J. 1920. Recherches sur les organisms inférieurs VIII. Sur la motilité des flagellés. Bulletins de l'Académie Royale de Belgique Classe de Sciences Série 5, 6: 116-141.

McNally K, Govind N S, Thome P E, et al. 1994. Small-subunit ribosomal DNA sequence analyses and a reconstruction of the inferred phylogeny among symbiotic dinoflagellates (Pyrrhophyta). Journal of Phycology, 30: 316-329.

McNeill J, Barrie F R, Buck W R, et al. 2012. International Code of Nomenclature for algae, fungi, and plants (Melbourne Code). Regnum Vegetabile 154. Koeltz Scientific Books, Koenigstein, 1-208.

Meng Y H, Van Wagoner R M, Misner I, et al. 2010. Structure and biosynthesis of amphidinol 17, a hemolytic compound from *Amphidinium carterae*. Journal of Natural Products, 73: 409-415.

Mertens K N, Yamaguchi A, Kawami H, et al. 2012. *Archaeperidinium saanichi* sp. nov.: a new species based on morphological variation of cyst and theca within the *Archaeperidinium minutum* Jörgensen 1912 species complex. Marine Micropaleontology, 96-97: 48-62.

Meunier A. 1919. Microplankton de la mer Flamande. 3. Les Péridiniens. Mémoires du Musée Royal d'Histoire Naturelle de Belgique, Bruxelles, 8: 3-116.

Mimura N, Nurse L, McLean R F, et al. 2007. In: Parry M L, Canziani O F, Palutiko J P, et al (Eds). Contribution of working group II to the fourth assessment report of the intergovernmental panel on climate change. Cambridge: Cambridge University Press: 687-716.

Moestrup Ø, Daugbjerg N. 2007. On dinoflagellate phylogeny and classification. In: Brodie J, Lewis J. (Eds). Unravelling the Algae: the past, present, and future of algal systematics. Systematics Association Special Volumes. London: CRC Press, Taylor and Francis Group, 75: 215-230.

Moestrup Ø. Lindberg K, Daugbjerg N. 2009. Studies on woloszynskioid dinoflagellates IV: The genus *Biecheleria* gen. nov. Phycologial Research, 57: 203-220.

Mohammad-Noor N, Moestrup Ø, Daugbjerg N. 2007a. Light, electron microscopy and DNA sequences of the dinoflagellate *Prorocentrum concavum* (syn. *P. arabianum*) with special emphasis on the periflagellar area. Phycologia, 46: 549-564.

Mohammad-Noor N, Daugbjerg N, Moestrup Ø, et al. 2007b. Marine epibenthic dinoflagellates from Malaysia-a study of live cultures and preserved samples based on light and scanning electron microscopy. Nordic Journal of Botany, 24: 629-690.

Mohammad-Noor N, Moestrup Ø, Lundholm N, et al. 2013. Autecology and phylogeny of *Coolia tropicalis* and *Coolia malayensis* (Dinophyceae), with emphasis on taxonomy of *Coolia tropicalis* based on light microscopy, scanning electron microscopy and LSU rDNA. Journal of Phycology, 49: 536-545.

Momigliano P, Sparrow L, Blair D, et al. 2013. The Diversity of *Coolia* spp. (Dinophyceae Ostreopsidaceae) in the Central Great Barrier Reef Region. PLoS ONE, 8(10): e79278. DOI: 10.1371/journal.pone.0079278.

Montresor M, Lovejoy C, Orsini L, et al. 2003. Bipolar distribution of the cyst-forming dinoflagellate *Polarella glacialis*. Polar Biology, 26: 186-194.

Morsy N, Matsuoka S, Houdai T, et al. 2005. Isolation and structure elucidation of a new amphidinol with a truncated polyhydroxyl chain from *Amphidinium klebsii*. Tetrahedron, 61: 8606-8610.

Morsy N, Houdai T, Matsuoka S, et al. 2006. Structures of new amphidinols with truncated polyhydroxyl chain and their membrane-permeabilizing activities. Bioorganic & Medicinal Chemistry, 14: 6548-6554.

Morton S L. 1998. Morphology and toxicology of *Prorocentrum faustiae* sp. nov., a toxic species of non-planktonic dinoflagellates from Heron Island, Australia. Botanica Marina, 41: 565-569.

Morton S L, Bomber J W. 1994. Maximizing okadaic acid content from *Prorocentrum hoffmannianum* Faust. Journal of Applied Phycology, 6: 41-44.

Morton S L, Tindall D R. 1995. Morphological and biochemical variability of the toxic dinoflagellate *Prorocentrum lima* isolated from three locations at Heron Island, Australia. Journal of Phycology, 31: 914-921.

Morton S L, Moeller P D, Young K A, et al. 1998. Okadaic acid production from the marine dinoflagellate *Prorocentrum belizeanum* Faust isolated from the Belizean coral reef ecosystem. Toxicon, 36: 201-206.

Morton S L, Faust M A, Fairey E A, et al. 2002. Morphology and toxicology of *Prorocentrum arabianum* sp. nov., (Dinophyceae) a toxic planktonic dinoflagellate from the Gulf of Oman, Arabian Sea. Harmful Algae, 1: 393-400.

Munir S, Siddiqui P J A, Morton S L. 2011. The occurrence of the ciguatera fish poisoning producing dinoflagellate genus *Gambierdiscus* in Pakistan waters. Algae, 26: 317-325.

Murakami M, Makabe K, Yamaguchi K, et al. 1988. Goniodomin A, a novel polyether macrolide from the dinoflagellate *Goniodoma pseudogoniaulax*. Tetrahedron Letters, 29: 1149-1152.

Murakami M, Okita Y, Matsuda H, et al. 1998. From the dinoflagellate *Alexandrium hiranoi*. Phytochemistry, 48: 185-188.

Murakami Y, Oshima Y, Yasumoto Y. 1982. Identification of okadaic acid as a toxic component of a marine dinoflagellate *Prorocentrum lima*. Bulletin of the Japanese Society of Scientific Fisheries, 48: 69-72.

Murray S. 2003. Diversity and phylogenetics of sand-dwelling dinoflagellates from Southern Australia. PhD Thesis. University of Sydney, Sydney, Australia, 1-202.

Murray S, Patterson D J. 2002a. *Amphidiniopsis korewalensis* sp. nov., a new heterotrophic benthic dinoflagellate. Phycologia, 41: 382-388.

Murray S, Patterson D J. 2002b. The benthic dinoflagellate genus *Amphidinium* in south eastern Australian waters, including three new species. European Journal of Phycology, 37: 279-298.

Murray S, Patterson D J. 2004. *Cabra matta*, gen. nov., sp. nov., a new benthic, heterotrophic dinoflagellate. European Journal of Phycology, 39: 229-234.

Murray S, Nagahama Y, Fukuyo Y. 2007a. A phylogenetic study of benthic, spine bearing prorocentroids, including *Prorocentrum fukuyoi* sp. nov. Phycologial Research, 55: 91-102.

Murray S, Flø Jørgensen M, Daugbjerg N, et al. 2004. *Amphidinium* revisited. II. Resolving species boundaries in the *Amphidinium operculatum* species complex (Dinophyceae), including the description of *Amphidinium trulla* sp. nov, *Amphidinium gibbosum*. comb. nov. Journal of Phycology, 40: 366-382.

Murray S, Hoppenrath M, Larsen J, et al. 2006a. *Bysmatrum teres* sp. nov., a new sand-dwelling dinoflagellate from northwestern Australia. Phycologia, 45: 161-167.

Murray S, de Salas M, Luang-Van J, et al. 2007b. Phylogenetic study of *Gymnodinium dorsalisulcum* comb. nov. from tropical Australian coastal waters (Dinophyceae). Phycologial Research, 55: 176-184.

Murray S, Garby T, Hoppenrath M, et al. 2012. Genetic Diversity, Morphological Uniformity and

Polyketide Production in Dinoflagellates (*Amphidinium*, Dinoflagellata). PLoS ONE, 7(6): e38253. DOI: 10.1371/journal.pone.0038253.

Murray S, Flø Jørgensen M, Ho S Y, et al. 2005. Improving the analysis of dinoflagellate phylogeny based on rDNA. Protist, 156: 269-286.

Murray S, Ip C L-C, Moore R, et al. 2009. Are prorocentroid dinoflagellates monophyletic? A study of 25 species based on nuclear and mitochondrial genes. Protist, 160: 245-264.

Murray S, Hoppenrath M, Preisfeld A, et al. 2006b. Phylogenetics of *Rhinodinium broomeense* gen. et sp. nov., a peridinioid, sand-dwelling dinoflagellate (Dinophyceae). Journal of Phycology, 42: 934-942.

Nagahama Y, Fukuyo Y. 2005. Redescription of *Cryptomonas lima* collected from Sorrento, Italy, the basionym of *Prorocentrum lima*. Plankton Biology and Ecology, 52: 107-109.

Nagahama Y, Murray S, Tomaru A, et al. 2011. Species boundaries in the toxic dinoflagellate *Prorocentrum lima* (Dinophyceae, Prorocentrales), based on morphological and phylogenetic characters. Journal of Phycology, 47: 178-189.

Nakajima I, Oshima Y, Yasumoto T. 1981. Toxicity of benthic dinoflagellates in Okinawa. Bulletin of the Japanese Society of Scientific Fisheries, 47: 1029-1033.

Napolitano J G, Norte M, Padrón J, et al. 2009. Belizeanolide, a cytotoxic macrolide from the dinoflagellate *Prorocentrum belizeanum*. Angewandte Chemie International Edition, 48: 796-799.

Nascimento S M, Purdie D A, Morris S. 2005. Morphology, toxin composition and pigment content of *Prorocentrum lima* strains isolated from a coastal lagoon in southern UK. Toxicon, 45: 633-649.

Nascimento S, dos Santos Diniz B, Guioti de Alencar A, et al. 2012. First record of the ciguatera causing genus *Gambierdiscus*. Harmful Algae News, 45: 8-9.

Nézan E, Chomérat N. 2011. *Vulcanodinium rugosum* gen. et sp. nov. (Dinophyceae), un nouveau dinoflagellé marin de la côte méditerranéenne française. Cryptogamie, Algologie, 32: 3-18.

Nicholls K H. 1998. *Amphidiniopsis sibbaldii* sp. nov. (Thecadiniaceae, Dinophyceae), a new freshwater sand-dwelling dinoflagellate. Phycologia, 37: 334-339.

Nicholls K H. 1999. Validation of *Amphidiniopsis sibbaldii* Nicholls (Dinophyceae). Phycologia, 38: 74.

Nie D, Wang C-C. 1944. Dinoflagellata of the Hainan Region. VIII. On *Sinophysis microcephalus*, a new genus and species of Dinophysidae. Sinensia, 15: 145-151.

Nishimura T, Sato S, Tawong W, et al. 2013. Genetic Diversity and Distribution of the Ciguatera-Causing Dinoflagellate *Gambierdiscus* spp. (Dinophyceae) in Coastal Areas of Japan. PLoS ONE, 8(4): e60882. DOI: 10.1371/journal.pone.0060882.

Nordt S P, Wu J, Zahller S, et al. 2011. Palytoxin poisoning after dermal contact with zoanthid coral. The Journal of Emergency Medicine, 40: 397-399.

Norris D R, Bomber J W, Balech E. 1985. Benthic dinoflagellates associated with ciguatera from the Florida Keys. I. *Ostreopsis heptagona* sp. nov. In: Anderson D M, White A W, Baden D G (Eds). Toxic dinoflagellates. New York: Elsevier, 39-44.

Oguchi K, Fukushi E, Tsuda M. 2008a. Iriomoteolide-4a, a new 16-membered macrolide from dinoflagellate *Amphidinium* species. Planta Medica, 74: 1041-1041.

Oguchi K, Tsuda M, Iwamoto R, et al. 2008b. Iriomoteolide-3a, a cytotoxic 15-membered macrolide from a marine dinoflagellate *Amphidinium* species. Journal of Organic Chemistry, 73: 1567-1570.

Okolodkov Y B, Gárate-Lizárraga I. 2006. An annotated checklist of dinoflagellates (Dinophyceae) from the Mexican Pacific. Acta Botanica Mexicana, 74: 1-154.

Okolodkov Y B, Campos-Bautista G, Gárate-Lizárraga I, et al. 2007. Seasonal changes of benthic and epiphytic dinoflagellates in the Veracruz reef zone, Gulf of Mexico. Aquatic Microbial Ecology, 47: 223-237.

Ono H, Yoshimatu S-A, Toriumi S. 1999. A record from benthic dinoflagellates from Japan. Japanese Journal of Phycology (Sôrui), 47: 11-21.

Onuma R, Horiguchi T. 2013. Morphological transition in kleptochloroplasts after ingestion in the dinoflagellates *Amphidinium poecilochroum* and *Gymnodinium aeruginosum* (Dinophyceae). Protist, 164: 622-642.

Onuma Y, Satake M, Ukena T, et al. 1999. Identification of putative palytoxin as the cause of clupeotoxism. Toxicon, 37: 55-65.

Orr R J S, Murray S A, Stuken A, et al. 2012. When naked became armored: an eight-gene phylogeny reveals monophyletic origin of theca in dinoflagellates. PLoS ONE, 7(11): e50004. DOI: 10.1371/journal.pone.0050004.

Oshiro N, Matsuo T, Sakugawa S, et al. 2011. Ciguatera fish poisoning on Kakeroma Island, Kagoshima Prefecture, Japan. Tropical Medicine and Health, 39: 53-57.

Oshiro N, Yogi K, Asato S, et al. 2009. Ciguatera incidence and fish toxicity in Okinawa, Japan. Toxicon, 56: 656-661.

Osorio-Tafall B F. 1942. Notas sobre algunas Dinoflagelados planctónicos marinos de México, con descriptión de nuevas especies. Anales de la Escuela nacional de Ciencias Biologicas, 2: 435-447, pls 34-36.

Ostenfeld C H. 1908. The phytoplankton of the Aral Sea and its affluents, with an enumeration of the algae observed. Wissenschaftliche Resultate der Aralsee Expedition Lieferung, 8: 123-225.

Palmer J D, Round F E. 1967. Persistent, vertical-migration rhythms in benthic microflora. Ⅵ. The tidal and diurnal nature of the rhythm in the diatom *Hantzschia virgata*. Biological Bulletin, 132: 44-55.

Pankow H. 1990. Ostsee-Algenflora. Gustav Fischer Verlag Jena, 1-648.

Parrow M W, Burkholder J M. 2004. The sexual life cycles of *Pfiesteria piscicida* and cryptoperidiniopsoids (Dinophyceae). Journal of Phycology, 40: 664-673.

Parrow M W, Elbrächter M, Krause M K, et al. 2006. The taxonomy and growth of a *Crypthecodinium* species (Dinophyceae) isolated from a brackish-water fish aquarium. African Journal of Marine Science, 28: 185-191.

Parsons M L, Preskitt L B. 2007. A survey of epiphytic dinoflagellates from the coastal waters of the island of Hawaii. Harmful Algae, 6: 658-669.

Parsons M L, Aligizaki K, Dechraoui Bottein M-Y, et al. 2012. *Gambierdiscus* and *Ostreopsis*: Reassessment of the state of knowledge of their taxonomy, geography, ecophysiology, and toxicology. Harmful Algae, 14: 107-129.

Pascher A. 1914. Über Flagellaten und Algen. Berichte der Deutschen Botanischen Gesellschaft, 32: 136-160.

Pascher A. 1927. Die braune Algenreihe aus der Verwandtschaft der Dinoflagellaten (Dinophyceen). Archiv für Protistenkunde, 58: 1-54.

Paul G K, Matsumori N, Murata M, et al. 1995. Isolation and chemical-structure of amphidinol-2, a potent hemolytic compound from marine dinoflagellate *Amphidinium klebsii*. Tetrahedron Letters, 36: 6279-6282.

Paul G K, Matsumori N, Konoki K, et al. 1997. Chemical structures of amphidinols 5 and 6 isolated from marine dinoflagellate *Amphidinium klebsii* and their cholesterol-dependent membrane disruption. Journal of Marine Biotechnology, 5: 124-128.

Paulmier G. 1992. Catalogue illustré des microphytes planctoniques et benthiques des côtes Normandes. Rapports internes de la Direction des Ressources Vivantes de l'IFREMER, 1-108.

Pearce I, Handlinger J H, Hallegraeff G M. 2005. Histopathology in Pacific Oyster (*Crassostrea gigas*) spat caused by the dinoflagellate *Prorocentrum rhathymum*. Harmful Algae, 4: 61-74.

Penna A, Vila M, Fraga S, et al. 2005. Characterization of *Ostreopsis* and *Coolia* (Dinophyceae) isolates in the Western Mediterranean Sea based on morphology, toxicity and internal transcribed spacer 5.8S rDNA sequences. Journal of Phycology, 41: 212-225.

Penna A, Fraga S, Battocchi C, et al. 2010. A phylogeographical study of the toxic benthic dinoflagellate genus *Ostreopsis* Schmidt. Journal of Biogeography, 37: 830-841.

Perez-Arellano J-L, Luzardo O P, Cabrera M H, et al. 2005. Ciguatera fish poisoning, Canary Islands. Emerging Infectious Diseses, 11: 1981-1982.

Perini F, Casabianca A, Battocchi C, et al. 2011. New approach usingt he real-time PCR method for estimation of the toxic marine dinoflagellate *Ostreopsis* cf. *ovata* in marine environment. PLoS ONE, 6(3): e17699. DOI: 10.1371/journal.pone.0017699.

Pfannkuchen M, Godrijan J, Marić Pfannkuchen D, et al. 2012. Toxin producing *Ostreopsis* cf. *ovata* are likely to bloom undetected along coastal areas. Environmental Science and Technology, 46: 5574-5582.

Pienaar R N. 1980. The ultrastructure of *Peridinium balticum* (Dinophyceae) with particular reference to its endosymbiont. Proceedings Electron Microscopic Society South Africa, 10: 75-76.

Pienaar R N, Sakai H, Horiguchi T. 2007. Description of a new dinoflagellate with diatom. endosymbiont, *Durinskia Capensis* sp. nov. (Peridiniales, Dinophyceae) from South Africa. Journal of Plant Research, 120: 247-258.

Place A R, Bowers H A, Bachvaroff T R, et al. 2012. *Karlodinium veneficum*-the little dinoflagellate with a big bite. Harmful Algae, 14: 179-195.

Popovský J, Pfiester L A. 1990. Dinophyceae (Dinoflagellida). Süßwasser-Flora von Mitteleuropa Band 6, Gustav Fischer Verlag, Jena, 1-272.

Quod J-P. 1994. *Ostreopsis mascarenensis* sp. nov. (Dinophyceae), dinoflagellé toxique associé à la ciguatera dans l'océan Indien. Cryptogamie Algologie, 15: 243-251.

Quod J-P, Ten-Hage L, Turquet J, et al. 1999. *Sinophysis canaliculata* sp. nov. (Dinophyceae), a new benthic dinoflagellate from western Indian Ocean islands. Phycologia, 38: 87-91.

Reimer J D, Shah M M R, Sinninger F, et al. 2010. Preliminary analyses of cultured *Symbiodinium* isolated from sand in the oceanic Ogasawara Islands, Japan. Marine Biodiversity, 40: 237-247.

Rhodes L. 2011. World-wide occurrence of the toxic dinoflagellate genus *Ostreopsis* Schmidt. Toxicon, 57: 400-407.

Rhodes L, Syhre M. 1995. Okadaic acid production by a New Zealand *Prorocentrum lima* isolate. New Zealand Journal of Marine and Freshwater Research, 29: 367-370.

Rhodes L, Thomas A E. 1997. *Coolia monotis* (Dinophyceae): a toxic epiphytic microalgal species found in New Zealand (note). New Zealand Journal of Marine and Freshwater Research, 31: 139-141.

Rhodes L, Adamson J, Suzuki T, et al. 2000. Toxic marine epiphytic dinoflagellates, *Ostreopsis siamensis* and *Coolia monotis* (Dinophyceae), in New Zealand. New Zealand Journal of Marine and Freshwater Research, 34: 371-383.

Rhodes L, Towers N, Briggs L, et al. 2002. Uptake of palytoxin-like compounds by shellfish fed *Ostreopsis siamensis* (Dinophyceae). New Zealand Journal of Marine and Freshwater Research, 36: 631-636.

Rhodes L, Smith K F, Munday R, et al. 2010a. Toxic dinoflagellates (Dinophyceae) from Rarotonga, Cook Islands. Toxicon, 56: 751-758.

Rhodes L, Smith K, Selwood A, et al. 2010b. Production of pinnatoxins by a peridinoid dinoflagellate isolated from Northland, New Zealand. Harmful Algae, 9: 384-389.

Rhodes L, Smith K, Selwood A, et al. 2011. Dinoflagellate *Vulcanodinium rugosum* identified as the causative organism of pinnatoxins in Australia, New Zealand and Japan. Phycologia, 50: 624-628.

Richlen M L, Morton S L, Barber P H. 2008. Phylogeography, morphological variation and taxonomy of the toxic dinoflagellate *Gambierdiscus toxicus* (Dinophyceae). Harmful Algae, 7: 614-629.

Riobó P, Paz B, Franco J M. 2006. Analysis of palytoxin-like compounds in *Ostreopsis* cultures by liquid chromatography with precolumn derivatization and fluorescence detection. Analytica Chimica Acta, 566: 227-233.

Riobó P, Paz B, Fernández M L, et al. 2003. Lipophylic toxins of different strains of Ostreopsidaceae and Gonyaulacaceae. In: Steidinger K A, Landsberg J H, Thomas C R, et al (Eds). Harmful Algae 2002. Proceedings of the Xth International Conference on Harmful Algae. Florida, Florida Fish and Wildlife Conservation Commission and Intergovernmental Oceanographic Commission of UNESCO, 244.

Roeder K, Erler K, Kibler S, et al. 2010. Characteristic profiles of Ciguatera toxins in different strains of *Gambierdiscus* spp. Toxicon, 56: 731-738.

Rossi R, Castellano V, Scalco E, et al. 2010. New palytoxin-like molecules in Mediterranean *Ostreopsis* cf. *ovata* (dinoflagellates) and in *Palythoa tuberculosa* detected by liquid chromatography-electrospray ionization time-of-flight mass spectrometry. Toxicon, 56: 1381-1387.

Ruinen J. 1938. Notizen über Salzflagellaten II. Über die Verbreitung der Salzflagellaten. Archiv für Protistenkunde, 90: 210-258.

Saburova M, Al-Yamani F, Polikarpov I. 2009 Biodiversity of free-living flagellates in Kuwait's intertidal sediments. In: Krupp F, Musselman L J, Kotb M M A, et al. Environment, Biodiversity and Conservation in the Middle East. Proceedings of the First Middle Eastern Biodiversity Congress. Aqaba, Jordan, BioRisk, 3: 97-110.

Saburova M, Chomérat N, Hoppenrath M. 2012. Morphology and SSU rDNA phylogeny of *Durinskia agilis* (Kofoid &. Swezy) comb. nov. (Peridiniales, Dinophyceae), a thecate, marine, sand-dwelling dinoflagellate formerly classified within *Gymnodinium*. Phycologia, 51: 287-302.

Saburova M, Polikarpov I, Al-Yamani F. 2013a. *Gambierdiscus* in Kuwait. Harmful Algae News, 47: 22-23.

Saburova M, Polikarpov I, Al-Yamani F. 2013b. New records of the genus *Gambierdiscus* in marginal seas of the Indian Ocean. Marine Biodiversity Records, 6: e91.

Sagara T. 2008. Profiles of palytoxin-like compounds from the dinoflagellate *Ostreopsis* sp. isolated from the areas where poisonous fishes were collected. Nippon Suisan Gakkaishi, 74: 913-914.

Saldarriaga J F, Taylor F J R, Keeling P J, et al. 2001. Dinoflagellate nuclear SSU rRNA phylogeny suggests multiple plastid losses and replacements. Journal of Molecular Evolution, 53: 204-213.

Saldarriaga J F, Leander B S, Taylor F J R, et al. 2003. *Lessardia elongata* gen. et sp. Nov. (Dinoflagellata, Peridiniales, Podolampadaceae) and the taxonomic position of the genus *Roscoffia*. Journal of Phycology, 39: 1-12.

Saldarriaga J F, Taylor F J R, Cavalier-Smith T, et al. 2004. Molecular data and the evolutionary history of dinoflagellates. European Journal of Protistology, 40: 85-111.

Sampayo M. 1985. Encystment and excystment of a Portuguese isolate of *Amphidinium carterae* in culture. In: Anderson D, White A, Baden D (Eds). Toxic dinoflagellates. New York: Elsevier, 125-130.

Satake M, Murata M, Yasumoto T, et al. 1991. Amphidinol, a polyhydroxypolyene antifungal agent with an unprecedented structure, from a marine dinoflagellate, *Amphininium klebsii*. Journal of the American Chemical Society, 113: 9859-9861.

Sato S, Nishimura T, Uehara K, et al. 2011. Phylogeography of *Ostreopsis* along the West Pacific Coast, with special reference to a novel clade from Japan. PLoS ONE, 6(12) 327983.

Saunders R D, Dodge J D. 1984. An SEM study and taxonomic revision of some armoured sand-dwelling marine dinoflagellates. Protistologica, 20: 271-283.

Schiller J. 1931. Dinoflagellatae (Peridineae) in monographischer Behandlung. 1. Teil, Lieferung 1. In: Kolkwitz R (Ed.) Zehnter Band. Flagellatae. In: Dr. L. Rabenhorst's Kryptogamen-Flora von Deutschland, Österreich und der Schweiz. Leipzig, Akademische Verlagsgesellschaft, 1-256.

Schiller J. 1933. Dinoflagellatae (Peridineae) in monographischer Behandlung. 1. Teil, Lieferung 3. In: Kolkwitz R (Ed.) Zehnter Band. Flagellatae. Dritte Abteilung. In: Dr. L. Rabenhorst's Kryptogamen-Flora von Deutschland, Österreich und der Schweiz. Leipzig, Akademische Verlagsgesellschaft, 1-617.

Schiller J. 1937. Dinoflagellatae (Peridineae) in monographischer Behandlung. 2. Teil, Lieferung 4. In: Kolkwitz R (Ed.) Zehnter Band. Flagellatae. Dritte Abteilung. In: Dr. L. Rabenhorst's Kryptogamen-Flora von Deutschland, Österreich und der Schweiz. Leipzig, Akademische Verlagsgesellschaft, 1-590.

Schmidt J. 1901. Preliminary report of the botanical results of the Danish expedition to Siam (1899-1900). Part IV, Peridiniales. Botanisk Tidsskrift, 24: 212-221.

Schnepf E, Elbrächter M. 1988. Cryptophyceae-like double membrane-bound chloroplast in the dinoflagellate, *Dinophysis* Ehrenb.: evolutionary, phylogenetic and toxicological implications. Botanic Acta, 101: 196-203.

Schnepf E, Elbrächter M. 1992. Nutritional strategies in dinoflagellates. A review with emphasis on cell biological aspects. European Journal of Protistology, 28: 3-24.

Schnepf E, Elbrächter M. 1999. Dinophyte chloroplasts and phylogeny-a review. Grana 38: 81-97.

Schnepf E, Winter S, Mollenhauer D. 1989. *Gymnodinium aeruginosum* (Dinophyta): a blue-green dinoflagellate with a vestigial, anucleate cryptophyceae endosymbiont. Plant Systematics and Evolution, 164: 75-91.

Scholz B, Liebezeit G. 2012. Microphytobenthic dynamics in a Wadden Sea intertidal flat-Part II: Seasonal and spatial variability of non-diatom community components in relation to abiotic parameters. European Journal of Phycology, 47: 120-137.

Schröder B. 1911. Adriatisches Phytoplankton. Sitzungsberichte der Akademie der Wissenschaften Wien, Mathematisch-Naturwissenschaftliche KI. 120: 601-557.

Seaborn D W, Tengs T, Cerbin S, et al. 2006. A group of dinoflagellates similar to *Pfiesteria* as defined by morphology and genetic analyses. Harmful Algae, 5: 1-8.

Sekida, Horiguchi T, Okuda K. 2001. Development of the cell covering in the dinoflagellate *Scrippsiella hexapraecingula* (Peridiniales, Dinophyceae). Phycologial Research, 49: 163-176.

Sekida S, Horiguchi T, Okuda K. 2004. Development of thecal plates and pellicle in the dinoflagellate *Scrippsiella hexapraecingula* (Peridiniales, Dinophyceae) elucidated by changes in stainability of the associated membranes. European Journal of Phycology, 39: 105-114.

Selina M, Hoppenrath M. 2004. Morphology of *Sinophysis minima* sp. nov, three *Sinophysis* species (Dinophyceae, Dinophysiales) from the Sea of Japan. Phycologial Research, 52: 149-159.

Selina M, Hoppenrath M. 2008. An emended description of *Amphidiniopsis arenaria* Hoppenrath 2000, based on material from the Sea of Japan. European Journal of Protistology, 44: 71-79.

Selina M S, Orlova T Y. 2010. First occurrence of the genus *Ostreopsis* (Dinophyceae) in the Sea of Japan. Botanica Marina, 53: 243-249.

Selina M S, Levchenko E V. 2011. Species composition and morphology of dinoflagellates (Dinophyta) of epiphytic assemblages of Peter the Great Bay in the Sea of Japan. Journal of Marine Biology, 37: 23-32.

Selina M, Hoppenrath M. 2013. Morphology and taxonomy of seven marine sand-dwelling *Amphidiniopsis* species (Peridiniales, Dinophyceae), including two new species, *A. konovalovae* sp. nov, *A. striata* sp. nov., from the Sea of Japan, Russia. Marine Biodiversity,

43: 87-104.

Shah M D M R, Reimer J D, Horiguchi T, et al. 2010. Diversity of dinoflagellate blooms in reef flat tide pools at Okinawa, Japan. Galaxia, 12: 49.

Shalchian-Tabrizi K, Minge M A, Cavalier-Smith T, et al. 2006. Combined heat shock protein 90 and ribosomal RNA sequence phylogeny supports multiple replacements of dinoflagellate plastids. Journal of Eukaryotic Microbiology, 53: 217-224.

Shears N T, Ross P M. 2009. Blooms of benthic dinoflagellates of the genus *Ostreopsis*; an increasing and ecologically important phenomenon on temperate reefs in New Zealandand worldwide. Harmful Algae, 8: 916-925.

Sidabutar T, Praseno D P, Fukuyo Y. 2000. Harmful algal blooms in Indonesian waters. In: Hallegraeff G, Blackburn S L, Bolch C J, et al (Eds). Intergovernmental Oceanographic Commission of UNESCO, 124-159.

Silva E S. 1952. Estudos de plankton na Lagoa de Obidos. I. Diatomaceas e dinoflagelados. Revista da Faculdade de Ciencias de Lisboa, 2° Serie, C-Ciencias Naturais, 2: 1-44.

Silva E S. 1965. Note on some cytophysiological aspects in *Prorocentrum micans* Erh, *Goniodoma pseudogoniaulax*. Beich. Notas e Est. do I.B.M., 30: 5-30.

Skinner M P, Brewer T D, Johnstone R, et al. 2011. Ciguatera Fish Poisoning in the Pacific Islands (1998 to 2008). PLoS Neglected Tropical Diseases, 5(12): e1416. DOI: 10.1371/journal.pntd.0001416.

Skovgaard A, Massana R, Saiz E. 2007. Parasitic species of the genus *Blastodinium* (Blastodiniphyceae) are peridinioid dinoflagellates. Journal of Phycology, 43: 553-560.

Smith K F, Rhodes L, Sudab S, et al. 2011. A dinoflagellate producer of pinnatoxin G, isolated from sub-tropical Japanese waters. Harmful Algae, 10: 702-705.

Sparmann S F, Leander B S, Hoppenrath M. 2008. Comparative morphology and molecular phylogeny of *Apicoporus* n. gen.: a new genus of marine benthic dinoflagellates formerly classified within *Amphidinium*. Protist, 159: 383-399.

Spero H J. 1982. Phagotrophy in *Gymnodinium fungiforme* (Pyrrhophyta): the peduncle as an organelle of ingestion. Journal of Phycology, 18: 356-360.

Sperr A E, Doucette G J. 1996. Variation in growth rate and ciguatera toxin production among geographically distinct isolates of *Gambierdiscus toxicus*. In: Yasumoto T, Oshima Y, Fukuyo Y (Eds). Harmful and Toxic Algal Blooms. Intergovernmental Oceanographic Commission of UNESCO, 309-312.

Steidinger K A, Williams J. 1970. Dinoflagellates. In: Memoirs of the Hourglass cruises, vol. 2. Marine Research Laboratory, Florida Department of Natural Resources, St. Petersburg, Florida, 1-251.

Steidinger K A, Balech E. 1977. *Scrippsiella subsalsa* (Ostenfeld) comb. nov. (Dinophyceae) with a discussion on *Scrippsiella*. Phycologia, 16: 69-73.

Steidinger K A, Tangen K. 1997. Dinoflagellates. In: Tomas C R (Ed.). Identifying Marine Phytoplankton. London: Academic Press, 387-589.

Stein F R von. 1878. Der Organismus der Infusionsthiere nach eigenen Forschungen in systematischer Reihenfolge bearbeitet. Ⅲ. Abteilung, Ⅰ. Hälfte. Die Naturgeschichte der

Flagellaten oder Geisselinfusorien. Leipzig, Wilhelm Engelmann, 1-154, 24 pl.

Stein F R von. 1883. Der Organismus der Infusionsthiere nach eigenen Forschungen in systematischer Reihenfolge bearbeitet. III. Abteilung. II. Hälfte. Die Naturgeschichte der arthrodelen Flagellaten. Leipzig, Wilhelm Engelmann, 1-30, 25 pl.

Stern R F, Horak A, Rew R L, et al. 2010. Environmental Barcoding Reveals Massive Dinoflagellate Diversity in Marine Environments. PLoS ONE, 5(11): e13991. DOI: 10.1371/journal.pone.0013991.

Stewart I, Lewis R J, Eaglesham G K, et al. 2010. Emerging tropical diseases in Australia. Part 2. Ciguatera fish poisoning. Annals of Tropical Medicine and Parasitology, 104: 557-571.

Suarez-Gomez B, Souto M L, Norte M, et al. 2001. Isolation and structural determination of DTX-6, a new okadaic acid derivative. Journal of Natural Products, 64: 1363-1364.

Suganuma M, Fujiki H, Suguri H, et al. 1988. Okadaic acid: An additional non-phorbol-12-tetradecanoate-13-acetate-type tumor promoter. Proceedings of the National Academy of Sciences U.S.A., 85: 1768-1777.

Swift E, Remsen C C. 1970. The cell wall of *Pyrocystis* spp. (Dinococcales). Journal of Phycology, 6: 79-86.

Takano Y, Horiguchi T. 2006. Acquiring scanning electron microscopical, light microscopical and multiple gene sequence data from a single dinoflagellate cell. Journal of Phycology, 42: 251-256.

Takano Y, Horiguchi T. 2007. Phylogenetic position of gymnodiniaean dinoflagellates possessing kleptochloroplasts. European Journal of Phycology, 42 (Suppl. 1): 33.

Tamura M. 2005. A systematic study of benthic marine dinoflagellates. PhD thesis, Graduate School of Science, Division of Biological Sciences. Hokkaido University: 1-117.

Tamura M, Horiguchi T. 2005. *Pileidinium ceropse* gen. et sp. nov. (Dinophyceae), a sand-dwelling dinoflagellate from Palau. European Journal of Phycology, 40: 281-291.

Tamura M, Iwataki M, Horiguchi T. 2005b. *Heterocapsa psammophila* sp. nov. (Peridiniales, Dinophyceae), a new sand-dwelling marine dinoflagellate. Phycological Research, 53: 303-311.

Tamura M, Shimada S, Horiguchi T. 2005a. *Galeidinium rugatum* gen. et sp. nov. (Dinophyceae), a new coccoid dinoflagellate with a diatom endosymbiont. Journal of Phycology, 41: 658-671.

Tamura M, Takano Y, Horiguchi T. 2009. Discovery of a novel type of body scale in the marine dinoflagellate, *Amphidinium cupulatisquama* sp. nov. (Dinophyceae). Phycological Research, 57: 304-312.

Tangen K, Brand L E, Blackwelder P L, et al. 1982. *Thoracosphaera heimii* (Lohmann) Kamptner is a dinophyte: Observations on its morphology and life cycle. Marine Micropaleontology, 7: 193-212.

Taniyama S, Arakawa O, Terada M, et al. 2003. *Ostreopsis* sp. a possible origin of palytoxin (PTX) in parrotfish *Scarus ovifrons*. Toxicon, 42: 29-33.

Taylor D L. 1971a. On the symbiosis between *Amphidinium klebsii* (Dinophyceae) and *Amphiscolops langerhansi* (Turbellaria: Acoela). Journal of the Marine Biological Association UK, 51: 301-313.

Taylor D L. 1971b. Taxonomy of some common *Amphidinium* species. British Phycological Journal, 6: 129-133.

Taylor F J R. 1976. Dinoflagellates from the International Indian Ocean Expedition. Bibliotheca Botanica, 132: 1-234, pl. 1-46.

Taylor F J R. 1980. On dinoflagellate evolution. Biosystem, 13: 65-108.

Taylor F J R.(Ed.) 1987. The biology of dinoflagellates. Oxford: Blackwell Scientific Publications.

Taylor F J R. 2004. Illumination or confusion? Dinoflagellate molecular phylogenetic data viewed from a primarily morphological standpoint. Phycologial Research, 52: 308-324.

Taylor F J R, Hoppenrath M, Saldarriaga J F. 2008. Dinoflagellate diversity and distribution. Biodiversity and Conservation 17: 407-418.

Ten-Hage L, Turquet J, Quod J-P, et al. 2000a. *Coolia areolata* sp. nov. (Dinophyceae), a new sand-dwelling dinoflagellate from the southwestern Indian Ocean. Phycologia, 39: 377-383.

Ten-Hage L, Quod J-P, Turquet J, et al. 2001. *Bysmatrum granulosum* sp. nov., a new benthic dinoflagellate from the southwestern Indian Ocean. European Journal of Phycology, 36: 129-135.

Ten-Hage L, Turquet J, Quod JP, et al. 2000b. *Prorocentrum borbonicum* sp. nov. (Dinophyceae), a new toxic benthic dinoflagellate from the southwestern Indian Ocean. Phycologia, 39: 296-301.

Ten-Hage L, Robillot C, Turquet J, et al. 2002. Effects of toxic extracts and purified borbotoxins from *Prorocentrum borbonicum* (Dinophyceae) on vertebrate neuromuscular junctions. Toxicon, 40: 137-148.

Tester P A, Feldman R L, Nau A W, et al. 2010. Ciguatera fish poisoning and sea surface temperatures in the Caribbean Sea and the West Indies. Toxicon, 56: 698-710.

Throndsen J. 1969. Flagellates of Norwegian coastal waters. Nytt Magasin for Botanik 16: 161-216.

Tikhonenkov D V, Mazei Y A, Mylnikov A P. 2006. Species diversity of heterotrophic flagellates in White Sea littoral sites. European Journal of Protistology, 42: 191-200.

Tillmann U, Hoppenrath M. 2013. The life-cycle of the heterotrophic dinoflagellate *Polykrikos kofoidii*. Journal of Phycology, 49: 298-317.

Tillmann U, Salas R, Gottschling M, et al. 2012. *Amphidoma languida* sp. nov. (Dinophyceae) reveals a close relationship between *Amphidoma* and *Azadinium*. Protist, 163: 701-719.

Tindall D R, Miller D M, Tindall P M. 1990. Toxicity of *Ostreopsis lenticularis* from the British and United States Virgin Islands. In: Granéli E, Sundström B, Edler L, et al(Eds). Toxic Marine Phytoplankton. New York: Elsevier: 424-429.

Tognetto L, Bellato S, Moro I, et al. 1995. Occurrence of *Ostreopsis ovata* (Dinophyceae) in the Tyrrhenian Sea during summer 1994. Botanica Marina, 38: 291-295.

Tomas R N, Cox E R, Steidinger K A. 1973. *Peridinium balticum* (Levander) Lemmermann, an unusual dinoflagellate with a mesocaryotic and an eukaryotic nucleus. Journal of Phycology, 9: 91-98.

Torigoe K, Murata M, Yasumoto T, et al. 1988. Prorocentrolide, a toxic nitrogenous macrocycle from a marine dinoflagellate, *Prorocentrum lima*. Journal of the American Chemical Society, 110: 7876-7877.

Toriumi S, Yoshimatsu S, Dodge J D. 2002. *Amphidiniopsis uroensis* sp. nov, *Amphidiniopsis pectinaria sp. nov.* (Dinophyceae): two new benthic dinoflagellates from Japan. Phycologial Research, 50: 115-124.

Trigueros J M, Ansotegui A, Orive E. 2000. Remarks on morphology and ecology of recurrent dinoflagellate species in the estuary of Urdaibai (northern Spain). Botanica Marina, 43: 93-103.

Tsuda M, Oguchi K, Iwamoto R, et al. 2007b. Iriomoteolides-1b and -1c, 20-membered macrolides from a marine dinoflagellate *Amphidinium* species. Journal of Natural Products, 70: 1661-1663.

Tsuda M, Oguchi K, Iwamoto R, et al. 2007a. Iriomoteolide-1a, a potent cytotoxic 20-membered macrolide from a benthic dinoflagellate *Amphidinium* species. Journal of Organic Chemistry, 72: 4469-4474.

Tubaru A, Durando P, Del Favero G, et al. 2011. Case definitions for human poisonings postulated to palytoxins exposure. Toxicon, 57: 478-495.

Turquet J, Quod J P, Couté A, et al. 1998. Assemblage of benthic dinoflagellates and monitoring of harmful species in Reunion Island, SW Indian Ocean, 1993-1996. In: Reguera B, Blanco J, Fernández M L, et al.(Eds). Harmful Algae. Intergovernmental Oceanographic Commission of UNESCO, Xunta de Galicia, Vigo, 44-47.

Uhlig G. 1964. Eine einfache Methode zur Extraktion der vagilen, mesopsammalen Microfauna. Helgoländer wissenschaftliche Meeresuntersuchungen, 11: 178-185.

Ukena T, Satake M, Usami M, et al. 2001. Structure elucidation of Ostreocin D, a palytoxin analog isolated from the dinoflagellate *Ostreopsis siamensis*. Bioscience Biotechnology & Biochemistry, 65: 2585-2588.

Usami M, Satake M, Ishida S, et al. 1995. Palytoxin analogs from the dinoflagellate *Ostreopsis siamensis*. Journal of the American Chemical Society, 117: 5389-5390.

Vandersea M W, Kibler S R, Holland W C, et al. 2012. Development of semi-quantitative PCR assays for the detection and enumeration of *Gambierdiscus* species (Gonyaulacales, Dinophyceae). Journal of Phycology, 48: 902-915.

Vila M, Garcés E, Masó M. 2001. Potentially toxic epiphytic dinoflagellate assemblages on macroalgae in the NW Mediterranean. Aquatic Microbial Ecology, 26: 51-60.

Vila M, Riobó P, Bravo I, et al. 2012. A three-year time series of toxic *Ostreopsis* blooming in a NW Mediterranean coastal site: preliminary results. In: Pagou P, Hallegraeff G. (Eds). Proceedings of the 14th International Conference on Harmful Algae. International Society for the Study of Harmful Algae and Intergovernmental Oceanographic Commission of UNESCO, Hersonissos, Crete, Greece, 111-113.

Watanabe K, Miyoshi Y, Kubo F, et al. 2014. *Ankistrodinium armigerum* sp. nov. (Dinophyceae), a new species of heterotrophic marine sand-dwelling dinoflagellates from Japan and Australia. Phycologial Research, 62. in press.

Webb M G. 1956. An ecological study of brackish water ciliates. Journal of Animal Ecology, 25: 148-175.

Wilcox L W, Wedemayer G J. 1984. *Gymnodinium acidotum* Nygaard (Pyrrhophyta), a dinoflagellate with an endosymbiotic cryptomonad. Journal of Phycology, 20: 236-242.

Wołoszyńska J. 1928. Dinoflagellatae der polnischen Ostsee sowie der an Piasnica gelegenen Sümpfe. Archives d'Hydrobiologie et d'Ichtyologie, 3: 153-278.

Won Jung S, Min Joo H, Park J S, et al. 2010. Development of a rapid and effective method for preparing delicate dinoflagellates for scanning electron microscopy. Journal of Applied Phycology, 22: 313-317.

Wulff A. 1916. Über das Kleinplankton der Barentssee. Arbeiten der Deutschen wissenschaftlichen Kommision für die internationale Meeresforschung. A. Aus dem Laboratoriumfur internationale Meeresforschung in Kiel. Biologische Abteilung. No. 28: 95-125.

Wulff A. 1919. Über das Kleinplankton der Barentssee. Wissenschaftliche Meeresuntersuchungen Helgoland 13: 95-125.

Xia S, Zhang Q, Nhu H, et al. 2013. Systematics of Kleptoplastidal Dinoflagellate, *Gymnodinium eucyaneum* Hu (Dinophyceae), and its Cryptomonad Endosymbiont. PLoS ONE, 8: e53820. DOI: 10.1371/journal.pone.0053820.

Yamada N, Terada R, Tanaka A, et al. 2013. *Bispinodinium angelaceum* gen. et sp. nov. (Dinophyceae), a new sand-dwelling dinoflagellate from the seafloor off Mageshima Island, Japan. Journal of Phycology, 49: 555-569.

Yamaguchi A, Hoppenrath M, Pospelova V, et al. 2011a. Molecular phylogeny of the marine sand-dwelling dinoflagellate *Herdmania litoralis* and an emended description of the closely related planktonic genus *Archaeperidinium* Jörgensen. European Journal of Phycology, 46: 98-112.

Yamaguchi H, Nakayama T, Kai A, et al. 2011b. Taxonomy and phylogeny of a new kleptoplastidal dinoflagellate. *Gymnodinium myriopyrenoides* sp. nov. (Gymnodiniales, Dinophyceae), and its cryptophyte symbiont. Protist, 162: 650-667.

Yamashita H, Koike K. 2013. Genetic identity of free-living *Symbiodinium* obtained over a broad latitudinal range in the Japanese coast. Phycologial Research, 61: 68-80.

Yasumoto T. 2001. The chemistry and biological function of natural marine toxins. The Chemical Record, 1: 228-242.

Yasumoto T. 2005. Chemistry, etiology and food chain dynamics of marine toxins. Proceedings of the Japan Academy, 81(B)2: 43-51.

Yasumoto T, Nakajima I, Bagnis R, et al. 1977. Finding of a dinoflagellate as a likely culprit of ciguatera. Bulletin of the Japanese Society of Scientific Fisheries, 43: 1021-1026.

Yogi K, Oshiro N, Inafuku Y, et al. 2011. Detailed LC-MS/MS analysis of ciguatoxins revealing distinct regional and species characteristics in fish and causative alga from the Pacific. Analytical Chemistry, 83: 8886-8891.

Yoshimatsu S, Toriumi S, Dodge J D. 2000. Light and scanning microscopy of two benthic species of *Amphidiniopsis* (Dinophyceae), *Amphidiniopsis hexagona* sp. nov, *Amphidiniopsis swedmarkii* from Japan. Phycologial Research, 48: 107-113.

Yoshimatsu S, Toriumi S, Dodge J D. 2004. Morphology and taxonomy of five marine sand-dwelling *Thecadinium* species (Dinophyceae) from Japan, including four new species: *Thecadinium arenarium* sp. nov., *Thecadinium ovatum* sp. nov., *Thecadinium striatum* sp. nov, *Thecadinium yashimaense* sp. nov. Phycological Research, 52: 211-223.

Zardoya R, Costas E, López-Rodas V, et al. 1995. Revised dinoflagellate phylogeny inferred from molecular analysis of large-subunit ribosomal RNA gene sequences. Journal of Molecular Evolution, 41: 637-645.

Zeng N, Gu H, Smith K F, et al. 2012. The first report of *Vulcanodinium rugosum* (Dinophyceae) from the South China Sea with a focus on the life cycle. New Zealand Journal of Marine and Freshwater Research, 46: 511-521.

Zhang H, Bhattacharya D, Lin S. 2007. A three-gene dinoflagellate phylogeny suggests monophyly of Prorocentrales and a basal position of *Amphidinium* and *Heterocapsa*. Journal of Molecular Evolution, 65: 463-474.

Zhou J, Fritz L. 1993. Ultrastructure of two marine dinoflagellates, *Prorocentrum lima* and *Prorocentrum maculosum*. Phycologia, 32: 444-450.

Zhou J, Fritz L. 1994. Okadaic acid antibodylocalizes to chloroplasts in the DSP-toxin-producing dinoflagellates *Prorocentrum lima* and *Prorocentrum maculosum*. Phycologia, 33: 455-461.

学 名 索 引

黑色加粗的拉丁名是本书所提及物种的有效名称,星号"*"表示潜在有毒(产生毒素)物种。加粗的阿拉伯数字是该物种的有效名称的页码。

A

Adenoides 2,**10**,169,172

Adenoides eludens **10**,11,172

Alexandrium **12**,171

* *Alexandrium hiranoi* **12**,13,187,201

Alexandrium pseudogonyaulax 12

Amphidiniella 2,**13**,14,169,171

Amphidiniella sedentaria **13**,14

Amphidiniopsis **15**,169,170

Amphidiniopsis aculeata 15,19,20,**21**,24,25,27

Amphidiniopsis arenaria 15,**16**,17,18,20,22,24

Amphidiniopsis cristata 15,**16**,22,23,26,27

Amphidiniopsis dentata 15,16,**17**,20,22,24

Amphidiniopsis dragescoi 15,**17**,27,169,170

Amphidiniopsis galericulata 15,16,17,**18**,20,22,183

Amphidiniopsis hexagona 15,16,**18**,19,20,21,24,25,27

Amphidiniopsis hirsuta 15,16,**19**,20,21,24,25,27

Amphidiniopsis kofoidii 15,16,17,18,**19**,22,24

Amphidiniopsis konovalovae 15,16,19,**20**,21,24,25,27,183

Amphidiniopsis korewalensis 15,17,**21**,23,26,27,183

Amphidiniopsis pectinaria 15,17,**22**,26,27

Amphidiniopsis rotundata 15,**23**,28,170

Amphidiniopsis sibbaldii 15,**23**

Amphidiniopsis striata 15,16,19,20,**24**,25,27,28

Amphidiniopsis swedmarkii 15,16,19,20,**24**,26,27,28

Amphidiniopsis urnaeformis 25

Amphidiniopsis uroensis 15,17,22,23,**25**,27

Amphidiniopsis yoshimatsui **26**,27,28

Amphidinium 2,10,**28**,41,134,154,156,168,169,178,184

Amphidinium asymmetricum 163,165

Amphidinium asymmetricum var. *britannicum* 163

Amphidinium asymmetricum var. *compactum* 164

Amphidinium bipes **29**,32

Amphidinium boekhoutensis 31,32
Amphidinium boggayum 38,39
Amphidinium britannicum 164
* **Amphidinium carterae** 29,32,33,170,184,200,201
Amphidinium corpulentum 38,39,79,165
Amphidinium corrugatum 153
Amphidinium cupulatisquama 30,32,36,37,183
Amphidinium dentatum 42
Amphidinium eilatensis 29
Amphidinium elegans 34
Amphidinium eludens 10
Amphidinium flexum 42
* **Amphidinium gibbosum** 30,32,36,37,200,201
Amphidinium glabrum 45,46
Amphidinium globosum 42
Amphidinium herdmanii 31,32,187
Amphidinium hoefleri 32
Amphidinium incoloratum 31,37
* *Amphidinium klebsii* 30,35,42,200
Amphidinium kofoidiix var. *petasatum* 159
Amphidinium latum 39,40,41,48,78,79,173
Amphidinium mammillatum 40
Amphidinium manannini 42
Amphidinium massartii 29,**32**,33,170,184
Amphidinium mootonorum 34,37
Amphidinium operculatum 28,**34**,37,42,164,170
Amphidinium operculatum var. *gibbosum* 30
Amphidinium ovum 35,37
Amphidinium pellucidum 78,187
Amphidinium poecilochroum 40,41,78,173,185
Amphidinium psammophila 42
Amphidinium pseudogalbanum 40
Amphidinium psittacus 35,37
Amphidinium rostratum 36
Amphidinium salinum 35
Amphidinium scissum 41,42,45,46,85,86
Amphidinium semilunatum 43
Amphidinium sphenoides 42

Amphidinium steinii 30,**36**,37,186

Amphidinium subsalsum 78

Amphidinium sulcatum 43,159

Amphidinium testudo 154

Amphidinium trulla 30,**36**,37

Amphidinium truncatum 42

Amphidinium vitreum 42

Amphidinium wislouchi 36

Amphidinium yuroogurrum **37**

Amyloodinium 174

Ankistrodinium **42**,43,170

Ankistrodinium semilunatum **43**,44,183,185

Apicoporus **44**,46,169,170

Apicoporus glaber 44,**45**,46

Apicoporus parvidiaboli **45**,46

Archaeperidinium 170

Archaeperidinium minutum 170

Archaeperidinium saanichi 170

B

Biecheleria **46**

Biecheleria natalensis **47**,187

Biecheleria pseudopalustris 47

Bispinodinium **48**

Bispinodinium angelaceum **48**,49

Blastodinium 174

Bursatella 202

Bursatella leachii 199

Bysmatrum **49**,50,51,52,53

Bysmatrum arenicola **50**,51,52,53,180,183,185,187,188

Bysmatrum caponii 51

Bysmatrum granulosum **50**,53

Bysmatrum gregarium **51**,54,187,188

Bysmatrum subsalsum 49,**52**,54,185,186,187,190

Bysmatrum teres **52**,54,55

C

Cabra 2,**53**,135,169,171

Cabra aremorica **55**,56,57,58,169,183
Cabra matta 55,**56**,57,58
Cabra reticulata **56**,57,58
Cleistoperidinium 169
Coolia **58**,59,98,171,186,191,197
Coolia areolata **59**,60,61
Coolia canariensis 59,60,**61**,62,197
Coolia malayensis 59,61,62,197
* **Coolia monotis** 58,59,**61**,62,63,186,188,190,197
* **Coolia tropicalis** 59,62,**63**,197
Crassostrea gigas 199,202
Crypthecodinium 169
Cryptomonas lima 125
Cystodinedria 177,179
Cystodinedria inermis 177,179
Cystodinium cornifax 175,177
Cystodinium phaseolus 181

D

Dinoclonium 177,178,179
Dinoclonium conradii 177,179
Dinophysis 173,199
Dinopyxis 113
Dinopyxis laevis 125
Dinothrix **63**,173,177,178
Dinothrix paradoxa **63**,64,173,177,179,181,187
Discodinium 58
Dissodinium 174
Durinskia **64**,65,77,173
Durinskia agilis **64**,65,66,67,90,169
Durinskia baltica 64,**65**,66,67,80,181
Durinskia capensis 65,**66**,181,187

E

Ensiculifera 174
Exuviaella 113
Exuviaella hoffmannianum 124
Exuviaella lima 125

Exuviaella maculosum 126
Exuviaella marina 123,125

G

Galeidinium 66,173,177,178
Galeidinium rugatum 67,68,133,150,173,175,177,181,183
Gambierdiscus 9,**68**,69,71,72,171,184,185,193,248
* **Gambierdiscus australes** **69**,72,73,193,194
* **Gambierdiscus belizeanus** **69**,72,73,74,192,193,194
* **Gambierdiscus caribaeus** **70**,72,75,192,193,194
* **Gambierdiscus carolinianus** **70**,72,192,193,194
* **Gambierdiscus carpenteri** **70**,72,73,192,193,194
* **Gambierdiscus excentricus** **71**,72,193,194
Gambierdiscus pacificus **71**,72,73,193
* **Gambierdiscus polynesiensis** **71**,72,193,194
* **Gambierdiscus ruetzleri** 72,**73**,74,76,192,193,194
* **Gambierdiscus toxicus** 1,68,69,72,**74**,76,189,193,194
Gambierdiscus yasumotoi 72,74,**75**,193
Glenodinium 58,**76**
Glenodinium balticum 65
Glenodinium monense 76
Glenodinium monotis 61
Gloeodinium 177,178
Gloeodinium marinum 178,179
Gloeodinium montanum 177,181
Gloeodinium viscum 179
Goniodoma pseudogonyaulax 12
Gymnodinium 2,40,**77**,78,88,174,181
Gymnodinium acidotum 173
Gymnodinium aeruginosum 173
Gymnodinium agile 64,65,90
Gymnodinium arenicola 79,82
Gymnodinium asymmetricum 93
Gymnodinium danicans 65,**80**,82
Gymnodinium dorsalisulcum **77**,79
Gymnodinium eucyaneum 173
Gymnodinium fungiforme 94
Gymnodinium fuscum 77

Gymnodinium glandulum 95

***Gymnodinium hamulus* 80**,82

Gymnodinium incertum **81**

Gymnodinium myriopyrenoides 40,**78**,79,173,185

Gymnodinium natalense 47

Gymnodinium pellucidum 78

***Gymnodinium placidum* 81**,82

Gymnodinium pyrenoidosum 47,**81**,83,187

***Gymnodinium quadrilobatum* 82**,83,173,175,181

***Gymnodinium variabile* 81**,**83**

Gymnodinium venator **78**,79,187

Gyrodinium 2,41,81,**84**,85,86,87,163,170,185

Gyrodinium dominans 84

Gyrodinium estuariale 84,**86**

Gyrodinium lebouriae 84,**87**

Gyrodinium mundulum 84,**87**

Gyrodinium oblongum 96

***Gyrodinium pavillardii* 84**,**88**

Gyrodinium spirale 84

Gyrodinium viridescens 84,**85**,86

H

***Halostylodinium* 88**,177,178,181

Halostylodinium arenarium 88,**89**,152,177,178

Hemidinium 152,177

Herdmania 15,**90**,169,170

***Herdmania litoralis* 90**,91,170

***Heterocapsa* 91**,92

Heterocapsa illdefina 92

Heterocapsa niei 92

Heterocapsa psammophila 91,**92**

Heterocapsa pygmaea 92

Heterocapsa orientalis 92

Heterocapsa ovata 92

Heterocapsa triquetra 91,92

K

Karenia brevis 170

Karlodinium micrum 170
Katodinium 93,169
Katodinium asymmetricum 93,95,96,183
Katodinium auratum 94,95
Katodinium dorsalisulcum 77
Katodinium fungiforme 93,**94**,95,96
Katodinium glandulum 93,**95**,183,185
Katodinium nieuportensis 93
Kryptoperidinium foliaceum 64,173,181

L

Lessardia 171

M

Massartia 93
Massartia asymmetrica 93
Massartia glandula 95
Massartia nieuportensis 93
Millepora dichotoma 179
Moestrupia 96
Moestrupia oblonga **96**,97

N

Nannoceratopsis 172

O

Ostreopsis 9,58,59,**97**,98,100,171,184,185
Ostreopsis belizeana 98,100
Ostreopsis caribbeana **99**,100
Ostreopsis heptagona 98,**99**,100,103
Ostreopsis labens 100
* **Ostreopsis lenticularis** 100,**101**,105,106,186,195
Ostreopsis marina 100,**102**
* **Ostreopsis mascarenensis** 100,**102**,195,196
Ostreopsis monotis 61
* **Ostreopsis ovata** 98,99,100,**102**,103,104,184,186,188,190,192,195,196
* **Ostreopsis siamensis** 5,97,98,99,100,101,103,**105**,188,190,195

P

Parvilucifera prorocentri 123
Pentapharsodinium 174
Peridiniopsis 173,180,181
Peridinium 106,169,180
Peridinium balticum 65
Peridinium cinctum 106
Peridinium gregarium 51,141
Peridinium quinquecorne 106,107,173,181,187
Peridinium subsalsum 52
Pfiesteria 95
Phaeocystis 182
Phalacroma ebriola 144
Phalacroma kofoidii 138,139,159
Phytodinium 177,181
Pileidinium 107,169
Pileidinium ciceropse 107,108
Plagiodinium 108,169
Plagiodinium belizeanum 108,109
Planodinium 2,109,169,185
Planodinium striatum 109,110,138
Polarella glacialis 182
Polykrikos 111,112,168
Polykrikos hartmannii 111
Polykrikos herdmaniae 111,112,113
Polykrikos kofoidii 111
Polykrikos lebouriae 111,112
Polykrikos schwartzii 111
Postprorocentrum 113
Prorocentrum 113,115,116,168,172,184,185,199
Prorocentrum arabianum 117
Prorocentrum arenarium 125,198
* ***Prorocentrum belizeanum*** 113,116,124,126,128,129,130,184,198,199
Prorocentrum bimaculatum 114,116,118,183
* ***Prorocentrum borbonicum*** 114,116,119,199
Prorocentrum caribaeum 115,116,128,183
Prorocentrum clipeus 116,121,172
* ***Prorocentrum concavum*** 116,117,118,120,122,124,130,184,198

Prorocentrum consutum 116,**117**,118,125
Prorocentrum elegans 116,**118**,122
Prorocentrum emarginatum 116,**119**,123,130,184
* *Prorocentrum faustiae* 116,117,**120**,198
Prorocentrum foraminosum 116,**120**,186
Prorocentrum formosum 116,118,119,**122**,123
Prorocentrum fukuyoi 116,118,120,**123**,130,185
Prorocentrum glenanicum 116,118,121,**123**
* *Prorocentrum hoffmannianum* 114,116,122,**124**,126,128,129,130,183,198,199
* *Prorocentrum leve* 116,**124**,198
* *Prorocentrum lima* 116,118,122,124,**125**,126,170,184,186,192,197,198,199
* *Prorocentrum maculosum* 116,125,**126**,198,199
Prorocentrum marinum 120,123
Prorocentrum mexicanum 128
Prorocentrum micans 113,115
Prorocentrum minimum 170
Prorocentrum norrisianum 116,**126**
Prorocentrum panamense 115,118,121,**126**,127
Prorocentrum pseudopanamense 115,**127**
Prorocentrum reticulatum 115,**127**
* **Prorocentrum rhathymum** 5,115,118,**128**,198,199
Prorocentrum ruetzlerianum 115,**129**
Prorocentrum sabulosum 114,115,124,128,**129**,130
Prorocentrum sculptile 115,120,123,**129**
Prorocentrum sipadanense 115,**130**,183
Prorocentrum tropicale 114,115,124,128,129,**130**
Prorocentrum tsawwassenense 115,**131**
Prosoaulax 170
Protoperidinium 169
Pseudothecadinium **131**,169
Pseudothecadinium campbellii **131**,132,159
Pyramidodinium **132**,177,178,180
Pyramidodinium atrofuscum 68,**133**,150,176,177,183
Pyrocystis 174,175

R

Rhinodinium 2,**134**,169,171
Rhinodinium broomeense **134**,135,171

Roscoffia **135**,136,171
Roscoffia capitata 135,**136**,137,138,171
Roscoffia minor 136,**137**,169,171

S

Sabulodinium 2,**138**,169,171,172
Sabulodinium inclinatum 158
Sabulodinium undulatum 111,**138**,139,189
Sabulodinium undulatum var. *undulatum* **139**
Sabulodinium undulatum var. *glabromarginatum* 139,**140**
Sabulodinium undulatum var. *monospinum* **140**
Scrippsiella **140**,174,186
Scrippsiella arenicola 50
Scrippsiella caponii 51
Scrippsiella gregaria 51,141
Scrippsiella hexapraecingula 51,**141**,142,180,186,187
Scrippsiella subsalsa 52
Scrippsiella sweeneyae 140
Sinophysis **142**,143,144,145,147,148,149,168,169,172,185,186
Sinophysis canaliculata **143**,144,145,147
Sinophysis ebriola 143,**144**,146,147,148,149
Sinophysis grandis 143,144,145,**146**,148
Sinophysis microcephala 142,143,144,145,**147**
Sinophysis minima 143,145,**147**,148
Sinophysis stenosoma 143,144,145,146,147,**148**
Sinophysis verruculosa 143,144,145,147,**148**
Spiniferodinium 5,80,**149**,151,178,180
Spiniferodinium galeiforme 68,133,**149**,150,151,178,180,181
Spiniferodinium palauense 68,133,**150**,151,178,180,181
Stylodinium 89,**151**,152,177,178,179,180
Stylodinium gastrophilum 178
Stylodinium globosum 151,178,179
Stylodinium littorale 89,**151**,152,178,179,180,181
Stylodinium sphaera 179
Symbiodinium **153**

T

Testeria 169

Testudodinium **153**,155,170
Testudodinium corrugatum 153,154,155
Testudodinium maedaense 154,155
Testudodinium testudo 153,**154**
Tetradinium 178
Tetradinium intermedium 175,177
Thecadiniopsis 169
Thecadiniopsis tasmanica 132
Thecadinium 57,**156**,169,171
Thecadinium acanthium 156,157,160,161,162
Thecadinium arenarium 156,158,162
Thecadinium aureum 131
Thecadinium dragescoi 17,18
Thecadinium ebriolum 144
Thecadinium foveolatum 162
Thecadinium hirsutum 19
Thecadinium inclinatum 158
Thecadinium kofoidii 132,138,140,156,158,**159**,160,169,188
Thecadinium mucosum 162
Thecadinium neopetasatum 158,159,**160**
Thecadinium ornatum 156,157,**160**,161,162
Thecadinium ovatum 156,157,**160**,161,162
Thecadinium petasatum 110,159
Thecadinium semilunatum 43
Thecadinium striatum 156,157,160,**161**
Thecadinium swedmarkii 24
Thecadinium yashimaense 157,158,**162**
Thoracosphaera 174
Thoracosphaera heimii 174,175
Togula 163,164,165,170
Togula britannica 163,164,165
Togula compacta 163,**164**,165
Togula jolla 163,**164**,165

V

Vampyrella 179
Vulcanodinium 166
* **Vulcanodinium rugosum** 166,186,201,202

相 关 网 页

生命大百科,微藻(In EOL micro * scope)—海洋沙地中的甲藻(Dinoflagellates of marine sands):
http://pinkava. asu. edu/starcentral/microscope/portal. php? pagetitle = collectiondetails&collecti
onID=94&themeid=1

澳大利亚植物学湾的甲藻(Dinoflagellates of Botany Bay,Australia):
http://pinkava. asu. edu/starcentral/microscope/portal. php? pagetitle = collectiondetails&collecti
onID=141&themeid=0

澳大利亚西北部海洋底栖甲藻(Marine benthic dinoflagellates-NW Australia):
http://pinkava. asu. edu/starcentral/microscope/portal. php? pagetitle = collectiondetails&collecti
onID=180&themeid=0

加拿大温哥华底栖甲藻(Benthic dinoflagellates of Greater Vancouver,Canada):
http://pinkava. asu. edu/starcentral/microscope/portal. php? pagetitle = collectiondetails&collecti
onID=544&themeid=1

冈比亚藻维基百科(*Gambierdiscus* Wiki):
http://gambierdiscuswiki.wikispaces.com/Home

甲藻分类学卓越中心 CEDiT(Centre of Excellence for Dinophyte Taxonomy):
http://www.dinophyta.org/

国际藻类、真菌和植物命名法规(墨尔本法规),2012[Internation Code of Nomenclature of algae,fungi,and plants(Melbourne Code),2012]:
http://www.iapt-taxon.org/nomen/main.php? page=title

生命之树网站(Tobweb):

http://tolweb.org/Dinoflagellates/2445

教科文组织海委会的有害微藻名录(IOC-UNESCO)(Taxonomic reference list of harmful microalgae):
http://www.marinespecies.org/hab/dinoflag.php

WHOI有害藻类(WHOI Harmful Algae):
http://www.whoi.edu/redtide/

国际有害藻类研究协会(ISSHA):
http://www.issha.org/

图 片 来 源

除以下列出的图片以外,其余所有图片均来自本书 4 位作者的原件。

图 2-1 D:米里亚姆·韦伯(M. Weber),德国 HYDRA 海洋科学研究所(HYDRA Institut für Meereswissenschaften,Germany)。

图 2-1 E:玉林阮(N. L. Nguyen),越南海洋研究所(Institute of Oceanography,Viet Nam)。

图 2-1 F:荷文(T. V. Ho),越南海洋研究所。

图 2-1 H,I:皮埃特·霍普特(P. Houpt),荷兰弗利辛恩(Vlissingen,The Netherlands)。

图 2-2 C:米里亚姆·韦伯(M. Weber),德国 HYDRA 海洋科学研究所。

图 3-5 A:纳丁·博赫哈特(N. Borchhardt),德国奥尔登堡大学(University of Oldenburg,Germany)。

图 3-11 C:田村美子(M. Tamura),日本北海道大学(Hokkaido University,Japan)。

图 3-12 B:莎拉·斯帕曼(S. Sparmann),加拿大英属哥伦比亚大学(University of British Columbia,Canada)。

图 3-13 D,E:莎拉·斯帕曼(S. Sparmann),加拿大英属哥伦比亚大学。

图 3-20 A~D:阿兰·库特(A. Couté),法国国家自然历史博物馆(Muséum National d'Histoire Naturelie,France);洛伊克·滕黑格(L. Ten-Hage),法国图卢兹大学(University Paul Sabatier,France)。

图 3-28 A~F:阿兰·库特(A. Couté),法国国家自然历史博物馆。

图 3-31 A,B:玛丽亚·萨布鲁娃(M. Saburova),科威特科学研究所(Kuwait Institute for Scientific Research,Kuwait)。

图 3-37 A~F:阿兰·库特(A. Couté),法国国家自然历史博物馆。

图 3-38 A~C:阿兰·库特(A. Couté),法国国家自然历史博物馆。

图 3-39 A,C:玛丽亚·浮士德(M. Faust),美国国立自然历史博物馆史密森学会(National Museum Natural History,Smithsonian Institution,USA)。

图 3-39 B:阿兰·库特(A. Couté),法国国家自然历史博物馆。

图 3-51 A~F:伊丽莎白·尼赞(E. Nézan),法国海洋开发研究院(IFREMER,France)。

图 3-54 A~C:田村美子(M. Tamura),日本北海道大学。

图 3-56 C:莎拉·斯帕曼(S. Sparmann),加拿大英属哥伦比亚大学。

图 3-60 A,B,D~H:玛丽亚·萨布鲁娃(M. Saburova),科威特科学研究所。

图 3-75 A,B:阿兰·库特(A. Couté),法国国家自然历史博物馆。

图 4-1 C~E:高野义仁(Y. Takano),日本北海道大学。

作者信息

作者(从左至右):莫娜·霍彭拉思,肖纳·默里,尼古拉斯·乔米拉特,和口武夫,2011 年在威廉郡的德国森肯伯格海洋学院。照片由德国森肯伯格海洋学院维奥拉·西格勒提供。

莫娜·霍彭拉思博士(Dr. Mona Hoppenrath)

莫娜·霍彭拉思博士是生物学家/植物学家,1995 年在哥廷根大学获得学士学位,2000 年在汉堡大学获得博士学位。莫娜·霍彭拉思的论文与海洋间隙鞭毛虫的分类学和生态学相关,重点是甲藻分类学与生态学(瓦登海洋站,Wadden Sea Station Sylt)。2000—2004 年在黑尔戈兰生物研究所(Biologische Anstalt Helgoland,AWI)做博士后研究工作期间,重新对黑尔戈兰岛周围的北海浮游植物进行了分类研究,并于 2009 年出版了一部专著(Kleine Senckenberg-Reihe 49)。2004—2006 年年底,莫娜·霍彭拉思担任加拿大英属哥伦比亚大学(University of British Columbia,UBC)的研究员,从事甲藻的分子系统发育学、形态学和分类学研究。2007 年,莫娜·霍彭拉思作为美国马里兰大学(University of Maryland)的研究员继续在 UBC 工作,并参与了 AToL 项目,该项目研究甲藻系统发育的集成研究方法。自 2008 年起,莫娜·霍彭拉思担任德国海洋生物多样性研究中心(German Centre of Marine Biodiversity Research)、位于威廉港的森肯伯格研究所(Research Institute Senckenberg)的研究员,负责海洋植物和甲藻分类卓越中心(the Centre of Excellence for Dinophyte Taxonomy,CEDiT,http://www.dinophyta.org/),其中甲藻是一个研究重点。2009 年,莫娜·霍彭拉思被邀请到法国海洋研究所(IFREMER)做访问学者,与乔米(N. Chomérat)合作研究南布列塔尼底栖甲藻的分子分类学和系统发育。2012 年,莫娜·霍彭拉思在奥登堡大学(Carl von Ossietzky University Oldenburg)接受培训并获得资格后,成为讲师。自从莫娜·霍彭拉思攻读博士学位以来,主要研究对象一直都是海洋底栖甲藻。莫娜·霍彭拉思是 Protist and Phycologial Research 的副主编,也是 Botanica Marina 和 Journal of Eukaryotic Microbiology 的编辑委员会成员。

森肯伯格研究所(Senckenberg Research Institute)
德国海洋生物多样性研究中心(German Centre for Marine Biodiversity Research)
德国威廉港南滩 44 号,26382(Südstrand 44,26382 Wilhelmshaven Germany)
电子邮件：Mona.Hoppenrath@senckenberg.de

SENCKENBERG
world of biodiversity

肖纳·默里博士(Dr. Shauna A. Murray)

肖纳·默里博士是一位生物学家,曾在澳大利亚新南威尔士大学(University of New South Wales)和悉尼大学(University of Sydney)学习(2003 年获得博士学位)。肖纳·默里攻读博士学位时的研究重点是澳大利亚南部海洋底栖甲藻的分子进化和系统发育学,包括潜在有毒物种和前沟藻属的系统发育。在获得澳大利亚生物资源研究(Australian Biological Resources Study)的资助后,肖纳·默里继续在澳大利亚热带地区从事海洋底栖甲藻的研究工作(2003—2005 年)。在 2004 年获得日本科学促进协会(Japan Society for the Promotion of Science)的研究资金资助后,肖纳·默里前往东京大学(University of Tokyo)从事产毒底栖原甲藻的研究工作。肖纳·默里曾短期内在悉尼大学从事过脊椎动物分子进化和生态学方面的工作(2006—2007 年)。2008—2012 年,她因为对能产生麻痹性贝类毒素的浮游甲藻亚历山大藻的进化、遗传和毒性的研究而荣获校长(Vice-Chancellor's)奖和澳大利亚研究理事会(Australian Research Council,ARC)奖。肖纳·默里目前是悉尼科技大学(University of Technology,Sydney)的副教授和澳大利亚研究理事会研究员,研究方向是甲藻的分子进化学、分子生态学和毒理学。

悉尼科技大学(University of Technology,Sydney)
植物功能生物学与气候变化(Plant Functional Biology and Climate Change Cluster)
澳大利亚悉尼海洋科学研究所(Sydney Institute of Marine Science)
澳大利亚悉尼(CB04.05.50C,PO Box 123,Sydney Australia)
电子邮件：Shauna.Murray@uts.edu.au

尼古拉斯·乔米拉特博士(Dr. Nicolas Chomérat)

尼古拉斯·乔米拉特博士是生物学家/植物学家,曾在法国圣埃蒂安大学(University of Saint-Etienne)和马赛大学(University of Marseilles)学习(2001 年获得学士学位,2005年获得博士学位)。他的论文是关于法国地中海超富营养化潟湖的微咸水浮游植物生态学,重点是潜在携带毒素的蓝藻(*Planktothrix agardhii*)和甲藻。在获得博士学位后,尼古拉斯·乔米拉特在法国国家自然历史博物馆(National Muséum of Natural History,Paris)与阿兰·库特(A.Couté)合作,对西南印度洋,特别是格洛里奥索群岛的底栖甲藻进行扫描电镜研究,而且专门研究与雪卡毒素中毒有关的附生和底栖甲藻的分类。自2006年以来,他一直是法国海洋开发研究院(French Research Institute for the Exploitation of the Sea)的研究员,该研究所位于康卡诺海洋生物站(Marine Biological Station of Concarneau),并与伊丽莎白·尼赞(Elisabeth Nézan)合作。他的研究重点是微藻,特别是海洋甲藻的分类学和分子系统发育学。在南布列塔尼,尼古拉斯·乔米拉特调查了底栖甲藻的多样性,并描述了几种新的沙居分类群。尼古拉斯·乔米拉特与霍彭拉思(森肯伯格研究所,Research Institute Senckenberg)和玛丽亚·萨布鲁娃(M. Saburova)(塞瓦斯托波尔南部海洋生物研究所,Institute of Biology of the Southern Seas,Sevastopol)开展国际合作,对底栖甲藻进行了深入研究。尼古拉斯·乔米拉特曾担任法国藻类学学会秘书长(2006—2013年)和 Phycologia 副主编(2009—2011年)。

法国海洋开发研究院(IFREMER)
环境与资源实验室(Laboratoire Environnement et Ressources)
西布列塔尼大学 40537(Bretagne Occidentale BP 40537)
29185 康卡诺——赛德斯(29185 Concarneau-Cedex)
法国(France)
电子邮件:Nicolas.Chomerat@ifremer.fr

和口武夫博士(Dr. Takeo Horiguchi)

和口武夫博士是植物学家。曾就读于日本筑波大学(University of Tsukuba,Japan)(1979年获得学士学位,1984年获得博士学位)。自和口武夫加入奇哈拉(M. Chihara)教授的生理实验室后,开始对微藻进行研究。和口武夫的论文题目为《底栖甲藻(甲藻门)的生活史和分类学》。此后,尽管和口武夫也研究包括针胞藻纲(Raphidophyceae)在内的其他藻类,但主要研究底栖甲藻的生物多样性和进化史,1985—1987年,和口武夫在南非纳塔尔大学(University of Natal at Pietermaritzburg,South Africa)做博士后研究工作,在南非威特沃特斯兰德大学(University of the Witwatersrand,South Africa)(1987—1988年)做博士后研究工作,在此期间他与理查德·N.皮纳尔(Richard N. Pienaar)教授一起合作研究了夸祖鲁-纳塔尔沿岸底栖海洋甲藻的物种多样性。后来和口武夫开始对含有硅藻内共生体的甲藻和含有临时叶绿体的甲藻进行研究。1988年,和口武夫在日本信州大学(Shinshu University,Japan)担任助教(后来担任副教授),开始从事淡水甲藻的研究。1991年,和口武夫转到北海道大学(Hokkaido University,Japan)担任副教授(后来担任教授),继续研究各类群甲藻。和口武夫曾任日本海藻学会(Japanese Society of Phycology)会长(2009—2012年)以及 Phycologia、Phycologial Research 和 Plankton and Benthos Research 副主编。

北海道大学(Hokkaido University)
自然科学部(Department of Natural History Sciences)
北10,西8,札幌060-0810,日本(North 10, West 8, Sapporo 060-0810, Japan)
电子邮件:horig@mail.sci.hokudai.ac.jp

致 谢

　　本书是莫娜·霍彭拉思所进行的一个"项目",但所有的合著者都必须一起工作,因此,感谢同事们和学生们坚持完成了繁重的写作任务。

　　莫娜·霍彭拉思获得了德意志研究联合会(Deutsche Forschungsgemeinschaft,DFG)的研究奖学金,并获得了美国自然科学基金(National Science Foundation,NSF)、加拿大自然科学与工程研究委员会(National Science and Engineering Research Council of Canada,NSERC)和加拿大高等研究所(Canadian Institute for Advanced Research,CIfAR)的资助。肖纳·默里感谢澳大利亚研究理事会(Australian Research Council,ARC)对其的资助,以及澳大利亚生物资源研究(Australian Biological Resources Study,ABRS)两次资助她到布鲁姆进行实地考察。和口武夫对日本文部科学省(Ministry of Education,Culture,Sports,Science and Technology,MEXT)和日本科学技术振兴机构(Japan Science and Technology Agency,JST)为底栖甲藻项目提供的资金表示感谢。

　　感谢我们的同事玛丽亚·萨布鲁娃博士(Dr. Maria Saburova)(科威特科学研究所,Kuwait Institute for Scientific Research,Kuwait)、玛丽亚·浮士德博士(Dr. Maria Faust)(美国国立自然历史博物馆史密森学会,National Museum Natural History,Smithsonian Institution,USA)、伊丽莎白·尼赞博士(Dr. Elisabeth Nézan)(法国海洋开发研究院,IFREMER,France)、米里亚姆·韦伯博士(Dr. Miriam Weber)(德国HYDRA海洋科学研究所,HYDRA Institut für Meereswissenschaften,Germany)、阿兰·库特博士(Dr. Alain Couté)(法国国家自然历史博物馆,Muséum National d'Histoire Naturelle,France)、洛伊克·滕黑格博士(Dr. Loïc Ten-Hage)(法国图卢兹大学,University Paul Sabatier,France)、皮埃特·霍普特博士(Dr. Piet Houpt)(荷兰弗利辛恩,Vlissingen,The Netherlands)、荷文博士(Dr. The Ho Van)(越南海洋研究所,Institute of Oceanography,Viet Nam)、玉林阮博士(Dr. Ngoc Lam Nguyen)(越南海洋研究所,Institute of Oceanography,Viet Nam)以及我们以前的学生莎拉·斯帕曼(Sarah Sparmann)(加拿大英属哥伦比亚大学,University of British Columbia,Canada)、纳丁·博赫哈特(Nadine Borchhardt)(德国奥登堡大学,University of Oldenbury,Germany)、田村美子博士(Dr. Maiko Tamura)和高野义仁博士(Dr. Yoshihito Takano)(日本北海道大学,

Hokkaido University,Japan)等提供的图片。莫娜·霍彭拉思感谢玛丽娜·塞琳娜博士(Dr. Marina Selina)(俄罗斯远东联邦大学,Far Eastern Federal University, Russia)、布莱恩·利安德博士(Dr. Brian Leander)(加拿大英属哥伦比亚大学)和尤里·奥科洛德科夫博士(Dr. Yuri Okolodkov)(墨西哥韦拉克鲁斯大学,Universidad Veracruzana,Mexico)在底栖甲藻方面的长期合作。莫娜·霍彭拉思和尼古拉斯·乔米拉特感谢玛利亚·萨布鲁娃博士(Dr. Maria Saburova)对底栖甲藻发现/样品的分享与合作。尼古拉斯·乔米拉特感谢莫里斯卢瓦尔博士(Dr. Maurice Loir)(法国古埃斯纳克,Gouesnach,France)提供样品和长期以来的合作,感谢让·帕斯卡·库德博士(Dr. Jean-Pascal Quod)和让·特奎特博士(Dr. Jean Turquet)(法国海洋研究与开发局,Agence pour la Recherche et la Valorisation Marines,France)从印度洋采集样品。肖纳·默里和莫娜·霍彭拉思对大卫·J.帕特森博士(Dr. David J. Patterson)(澳大利亚悉尼大学,The University of Sydney,Australia)的支持表示感谢,肖纳·默里感谢他向自己介绍系统分类学并进行指导。麦尔塔·爱布瑞特博士(Dr. Malte Elbrächter)(德国森肯伯格,Senckenberg,Germany)启发莫娜·霍彭拉思对底栖原生生物展开研究,并鼓励她对分类学保持热情,非常感谢他的指导。和口武夫感谢千原光雄博士(Dr. Mitsuo Chihara)(日本筑波大学,Tsukuba University,Japan)和理查德·N.皮纳尔博士(Dr. Richard N. Pienaar)(南非金山大学,University of the Witwatersrand,South Africa)长期以来的合作。感谢卡门·森斯麦斯特博士(Dr. Carmen Zinßmeister)(德国森肯伯格海洋学院,Senckenberg am Meer,Germany)提供的 *Bysmatrum* 孢囊的相关信息,感谢约翰·麦克尼尔博士(Dr. John McNeill)(英国苏格兰皇家植物园,Royal Botanic Garden,Scotland,U.K.)在术语方面提供的建议和帮助,并根据国际藻类、真菌和植物命名法规(ICN)完成了校对工作。

感谢所有的审稿人:卡特琳娜·阿利基扎奇博士(Dr. Katerina Aligizaki)、圣地亚哥·弗拉加博士(Dr. Santiago Fraga)、艾文·缪斯徒普博士(Dr. Øjvind Moestrup)、罗素·奥尔博士(Dr. Russell Orr)、胡安·萨尔达里亚加博士(Dr. Juan Saldarriaga)以及所有的匿名审稿人,感谢他们的认真反馈使书稿得到了改进。

彼得·肯尼格索夫博士(Dr. Peter Königshof)(森肯伯格,Senckenberg)负责本书的编辑工作,伊莎贝尔·克莱逊女士(Ms Isabell Clasen)(森肯伯格)一直为大家加油鼓气,改进文稿质量,完美地完成了编辑和管理工作,作者在此一并表示感谢。莫娜·霍彭拉思对于他们的支持表示特别的感谢。尼古拉斯·乔米拉特和莫娜·霍彭拉思特别感谢阿兰·库特(Alain Couté),其校对既具有批判性又十分详细。

感谢弗里德里希·威廉(Friedrich Wilhelm)和伊莉丝·马克思·斯蒂夫通(Elise Marx-Stiftung),保罗·昂格尔·斯蒂夫通(Paul Ungerer-Stiftung)和森肯伯格自然历史博物馆(Senckenberg Gesellschaft für Naturforschung)为本书提供了资助。

伊莉莎·伯达莱博士(Dr. Elisa Berdalet)(西班牙海洋科学研究所,Institut de Ciències del Mar,Spain)和拉斐尔·库德拉博士(Dr. Raphael Kudela)(美国加利福尼亚大学圣克鲁斯分校,University of California Santa Cruz,USA)在请求全球有害藻类水华生态学与海洋学研究计划(GEOHAB)支持本书项目的过程中提供了咨询和支持,作者对此表示由衷感谢。GEOHAB科学指导委员会在与底栖有害藻类水华(BHAB)核心研究项目有关的类别框架活动中核准了本项目。

甲藻是重要的初级生产者、共生者，但同时也是消费者和寄生者。底栖生境的物种组成与浮游生境截然不同。由于缺乏对这些类群全面的分类学研究，使人们在理解甲藻生物多样性、生物地理学和生态学方面的进展变得复杂。近年来，由于雪卡毒素的影响，底栖有害藻华爆发引起了人们越来越多的关注。雪卡毒素中毒是全球范围内最重要的非细菌性食源性疾病，是由底栖甲藻的一些种类引起的。最近这些产毒底栖甲藻似乎已经扩大了它们的分布范围。

本书首次总结了目前已知的底栖甲藻种类的知识。首次提供了全面鉴定底栖甲藻的资料，是在全球范围内改善监测工作的基础性贡献。本书介绍了45属约190种底栖甲藻，提供了200多张彩色图像、约150张扫描电镜照片和250多张绘图。

SENCKENBERG
World of Biodiversity